KB090420

카지노게임의 실무이론

고택운 · 김정국 · 정록용 · 김수학

CASINO
GAME

 백산출판사

머리말

1995년 국내 최초로 「카지노 실무이론」이라는 카지노관련 책자를 소개한 바 있으나, 지금 돌이켜보면 세인들의 관심도 없었으며, 내용구성상 문제도 많았지만, 어려운 환경에서 국내에 처음으로 카지노게임관련 실무이론으로 학습할 수 있는 초석(礎石)을 세웠다는데 만족하여야 했습니다.

이후, 카지노가 부가가치가 높은 첨단산업이라는 인식의 변화로 많은 대학 또는 실무자 교육기관에서 「카지노게임의 이론과 실무」의 강좌(講座)가 개설되었으며, 특히 고등학교에까지 교과목으로 선택되었다는 것은 매우 고무적인 현상(phenomenon)이라 볼 수 있다.

이에 편승(便乘)하여 국내에도 게임에 관심 있는 독자를 위해 또는 카지노 실무자 입문을 위해 많은 게임관련 책자가 소개되고 있음에도, 본 저자의 「카지노게임의 실무이론 I」은 2003년 초판 1쇄 발행, 2006년 초판 2쇄를 발행하여, 지난 동안 카지노전공 전국 17개 대학 및 교육기관에서 교재로 채택되어 학습(學習)하는 학생 및 카지노 실무자에게 어느 정도 공헌하였다고 자부(自負)하지만, 카지노게임의 실무이론은 학문의 원론(原論)이 아니며, 다양하게 변화하는 게이밍의 실체를 연구하고 적응하는 논리로 개발되어야 한다고 항상 의견을 개진(開陳)하였던 집필자로서는 좀 더 전문성에 가깝도록 접근하고저, 동안에 준비하였던 자료와 20여년 이상 카지노 게이밍 실무에 헌신(elevation)하고 있는 전문가(export)와 공저로 현대 카지노 게이밍에 부합(符合)하는 새로운 「카지노게임의 실무이론 I」을 완전개정판으로 출간하게 되었습니다.

「신 카지노게임의 실무이론 I」은 전 3편으로 편성하여 국내·외적으로 메인게임(main game)에 해당하는 게이밍의 이론을 배경(背景)으로 한 실무를 교과서적 내용으로 구성하였다. 제1편 블랙잭(blackjack)게임의 이론과 실무는 제1부 블랙잭게임의 이론, 제2부 블랙잭게임의 실무진행으로 구분하였고, 블랙잭게임은 스터디

(study)하는 측면에서 카지노게임의 입문(入門)이 되므로 좀 더 이해를 요구하는 내용의 편(編)이기에 보다 많은 지면(紙面)을 할애하였으며 제2편 룰렛(roulette)게임의 이론과 실무도 1,2부로 구분하였고, 특히 국내의 카지노에 익숙치 않은 유럽식(European) 룰렛을 다루어 향후 국내의 도입에 대비할 수 있는 내용으로 구성하여 보았으며, 제3편 바카라(baccarat)게임의 실무이론은 라스베가스 스타일도 다루어 현재의 국내게임 방식과 비교하는 내용이다. 또한 위 모두 이론적 배경은 수학적인 논리로 접근하는 내용으로 집필하였다.

  본 저서를 집필하면서 어떤 부분에서는 논리적인 배경이 공저자들 간에도 합의되지 않은 부분도 있고, 아직 연구할 과제도 너무 많아 아쉬운 점이 있지만, 이 부분 여러분의 충고(忠告)를 기대하면서, 본 저서를 통하여 스터디(study)하는 학생 또는 독자 여러분에게 게이밍을 이해 또는 마스터하는데 이론적으로 실무적으로 절대적 도움이 되었으면 하는 것이 집필자의 소망이며, 본 저서가 출간되도록 성원하여 주신 관계자 여러분에게 다시 한번 감사말씀 드리는 바입니다.

2009년 3월

집필자대표 **고 택 운** 배상

차 례

제2편 블랙잭게임 진행실무(實務) / 110

2부 룰렛(Roulette)게임의 이론과 실무

3부 바카라(Baccarat)게임의 이론 및 실무

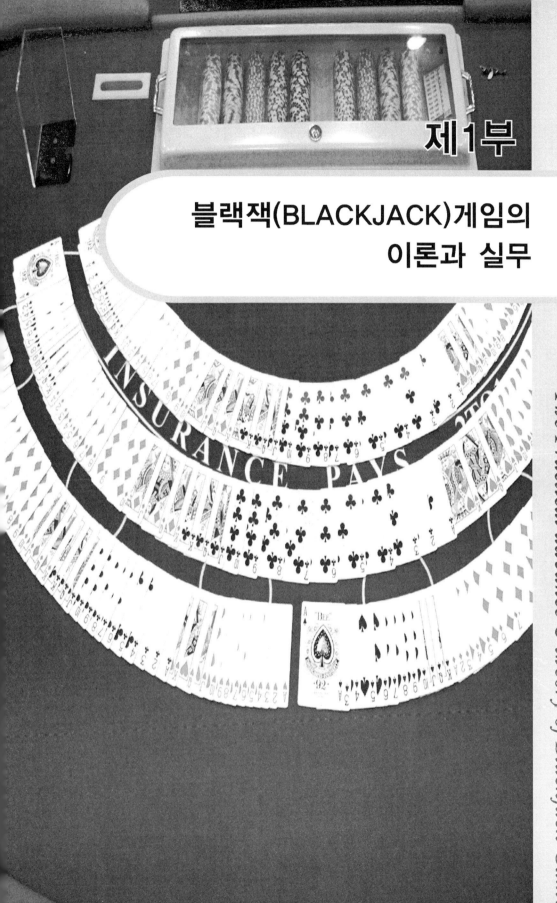

제1부

블랙잭(BLACKJACK)게임의
이론과 실무

The Practical advance & theory of Blackjack Game

The practical advance & theory of Casino games

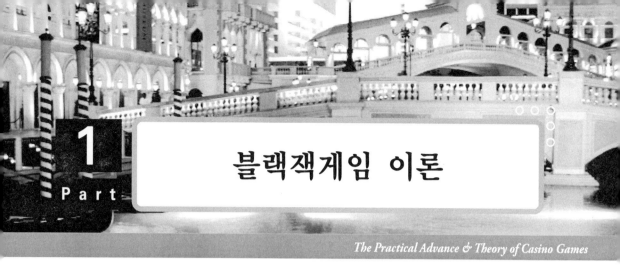

^{Chapter}

Ⅰ 블랙잭게임(blackjack game)의 이해

1. 블랙잭게임의 환경

카지노의 많은 고객들은 테이블에서 진행되는 게임을 선호(選好)한다. 그리고 여러 종류의 테이블 게임중에 "블랙잭(일명 21-게임)"을 가장 좋아한다. 카지노게임하면 블랙잭을 연상할 만큼 카지노의 대명사처럼 일컬어지는 메인(main) 게임으로 전세계 카지노 게임 테이블의 60%를 차지하고 있다. 여타 다른 테이블 게임은 게임별로 지역적, 환경적 또는 전통적 민족기질 등의 여러 가지 요소 (requisite)로 세계적으로 선호도를 달리하고 있다.

실례로 유럽인은 "룰렛(roulett)"게임을 미국인은 "크랩스(craps)" 게임을 일본을 비롯한 아시안인은 "바카라(baccarat)"게임을 선호하는 등 대륙별로 선호분포도를 달리하고 있지만 블랙잭게임만은 세계 공통직으로 선호하는 게임으로, 여타 게임의 추종을 불허하는 메인-게임이라 할 수 있겠다.

이에 게임자가 카지노에 접근(approach)하는 입문 게이밍으로서 모든 초보자 (beginner)가 선택하는 테이블게임은 당연히 블랙잭 게임으로 시작될 것이며, 선택된 블랙잭 게임의 전반적인 룰(rules)과 전략(strategy)을 배우는 것은 필수적(必須的)인 것이다.

2. 블랙잭 게임의 역사적 배경

블랙잭 게임은 게임으로 발전되기 이전에 2차세계 대전중 참전병사들 사이에서 '포커(poker)' 보다 더 대중화 되어졌던 가장 잘 알려진 카드놀이로서 오늘날의 블랙잭게임(21-게임)의 원조(元祖)가 되었다. 역사적으로 고찰하여보면 일찍이 블랙잭원리에 관한 토론 및 연구가 포커, 진러미와 더불어 수학적으로 연구 가치가 있는 대상으로 지적하였다. 그러나 이탈리아, 프랑스, 스페인 등에서는 이를 전통적 연구 대상으로 받아들이지 않았으며 특히 프랑스에서는 'Vinet-et-un' 또는 'Trente-et-quarante'와 상통하는 관계라고 주장하였고, 스페인 사람들은 그들의 게임인 'One & Thirty'를 적용한 것이라 말했다. 또한 이탈리아에서는 그들의 바카라와 'Seven & a half'게임을 부분적으로 변경하여 모방한 것이라고 주장하였다. 아무튼 이들 게임의 구조는 블랙잭 게임 구조 형식에 가장 근접한 것이라고 말할 수 있다. 특히 블랙잭의 '21', 바카라의 '9', 세븐 앤 어 해프의 '7과 1/2' 등의 3가지 게임의 기본 구조(basic structure)는 동일하다.

'세븐 앤 어 해프(seven & a half)'는 40장의 카드를 사용하고, 8, 9, 10은 슈트(suit)에 포함하지 않으며, 그림카드(picture)는 수치의 반값으로 카운트된다. 그 밖에 다른 나머지 카드는 표시된 숫자대로 카운트하며, 다이아몬드(diamond)의 '킹(king)'은 와일드카드로 어떤 숫자로 사용할 수 있다. 게임자가 7과 1/2에 접근하려고 시도하는데 주어진 카드의 합이 '8'이거나 그 이상이 되었을 때에는 블랙잭에서 '21'이 넘었을 때와 똑같이 버스트(bust)가 된다. 이는 다른 어떤 게임보다도 블랙잭에 선구적인 역할을 한 것이 'Seven & a half'라고 유추할 수 있으며또한 카지노 스타일의 블랙잭 게임으로 대중화된 이유라고 말할 수 있다.

블랙잭의 기본원칙은 총합 '21'에 도달하기 위해 카드 숫자를 더해가는 간단한 게임으로 이것과 유사한 게임들이 존재해 왔다. 영국에서는 유명한 귀족인 왕조, 후작 등이 왕궁에서 게임을 즐겼으며 이는 '15'점을 만드는데 목적을 두었으며, 게임 중에 딜러가 그들의 표정을 피하기 위해 종종 가면을 착용하고 게임을 즐기기도 했다고 한다.

스페인 게임 중의 하나인 'One & Thirty'의 참고자료는 1570년 출간된 「The

Cemical History of Rinconete and Cortadillo」에서 살펴 볼 수 있으며, 1875년의 카드놀이에 관한 문헌에는 블랙잭이 "Vinet-un"으로, 30년 후에는 "Vinet-et-un"으로 불리어 졌고, 호주에 거주하는 프랑스인들은 이를 "판툰(pantoon)"으로 불리었으며 "21"을 만들고저 하는 기본 원칙은 동일하였다.

블랙잭 게임을 역사적 고찰을 통해보면 1915년까지는 오늘날의 블랙잭 게임이 없었다는 사실이 입증되었다. 따라서 1915년 이후에 오늘날의 카드게임인 블랙잭 게임으로 완성되었을 것이라고 추정해 본다.

3. 블랙잭 게임과 다른 테이블 게임과의 비교

블랙잭 게임이 다른 테이블 게임과는 어떻게 다른지 비교해 보자. "크랩스(craps)"와 바카라 게임은 단기승부를 하기에는 필요조건이 있지만, 장기적으로 가면 희박한 승률(勝率) 때문에 지루하게 되어 흥미를 잃어버리는 경우가 많다. 또한 슬럿(slot), 키노(keno), 그리고 룰렛(roulette)게임은

확률적으로 승산(勝算)이 없는 공산(公算)만으로 하는 게임이다. 카지노에서 강좌(gambling class)없이 누구나 할 수 있는 게임이 있다면, 슬롯머신을 말할 수 있다. 그러나 최소한 즐기기 위한 목적이 아니라면 슬롯머신(slot machine)게임을 하기 위해서는 비싼 값을 치루어야 할 것이다. 왜냐하면 슬롯머신은 카지노에 최고 10%의 이윤(margin)을 배당하기 때문이다.

그러나 블랙잭 게임은 우선 배우기가 적당하고, 기본전략(basic strategy)만 정복한다면 카지노의 이윤 배당을 줄일 수 있는 잠재적 요인이 충분이 있다는 장점이 있다. 이 뜻은 블랙잭 게임이 카지노의 어떤 기술로 이윤이 발생되는 것이 아니고 오로지 게임자의 스킬(skill)과 의지(volition)에 따라 카지노 어드밴티지 증·감에 영향을 줄 수 있다는 것이다.

4. 블랙잭 게임의 학습(學習)

　　많은 카지노에서는 고객(초보자)를 위한 "갬블링클래스(gambling class)"를 제공하고 있다. 한 마디로 블랙잭이라는 게임은 무엇인지, 어떠한 방법으로 진행되는지, 게임의 개요(概要)만 설명하여 주는 안내 강좌이다. 일반적으로 게임자(player)들은 이 강좌를 통해 블랙잭 게임을 진행할 수 있는 기초적인 방법과 규칙을 배우게 되며, 친구 또는 이 게임을 먼저 배운자로부터 전수 받는 것이 통상적이다. 그러나 위의 방법 중 친구나 먼저 배운자로부터 스터디(study)하는 것은 가르치는 자가 정립한 하나의 가설 논리(hypothesis)인 바, 그것이 곧 블랙잭이론이라고 생각한다면 자칫 위험에 빠질 수 있음을 알아야 한다. 이에 게임을 진행하는 실무자(딜러/테이블관리자)는 특별히 구성된 교육과정(기초 및 진행이론/실습)을 통하여 연수되어진다.

　　모든 게이밍(gaming)이 책자나 언어만으로 설명이 충분치 못한 것은 사실이다. 그 동안 국내에는 카지노 게임을 정확히 이해시킬수 있는 책자가 전무하여 카지노 게임을 소개할 기회조차 없었던 바, 잘못 인식되어 게임의 공정성마저 의구심을 가지게 되었으나 최근에는 외국인출입 카지노의 등장과 더불어 관련된 책자 및 인터넷 등 다양한 채널을 통하여 게임의 실체는 물론 게이밍지식(知識)까지 습득할 수 있어 다행이라 여겨지나, 얼마나 올바르게 이해하는가가 관건이 될 것이다. 대부분의 카지노들은 게임 안내 책자나 게임을 배우고자 하는 카지노 입장객에게 직접시범(showing an example)으로 보여주는 갬블링클래스 또는 DVD해설집을 통하여 서비스를 제공하기도 하지만, 카지노고객 중 특히 초보자들은 카지노게임에 접근하기를 원하면서도 두려워하고 있기 때문에 어떻게 접근시킬 것이며, 게임자들이 거부감없이 게임을 하는 방법을 어떻게 올바르게 전달시킬 것인지 수십년간 카지노는 이 문제를 해결하기 위해 고심해 왔다는 것이 주목할 만한 점이다. 블랙잭게임은 게임자와 게임자간의 대결이 아니라 게임자와 하우스(dealer)의 승부이다. 따라서 어떤 게임자가 개인 욕망을 충족하고자 기초적인 기본전략을 무시하는 것을 보았을 때, 이로 인해 카지노에 이득이 되었다면 상대적으로 게임자에게 불이익을 초래하는 결과가 되어 다른 게임자에게 비난의 대상이 된다.

이러한 사실이 다른 게임자의 게임을 방해(妨害)하는 결정적 역할이 되는 것이 두려워 초보자들이 블랙잭게임을 기피하는 경향이 있다. 특히 여성고객이나 실버세대가 겁내어 사람들 앞에서 실수를 저지르지는 않을까, 혹은 어설픈 솜씨를 다른 사람들 앞에 보이는 자체가 싫어서 게임하기를 주저하게 된다.

이에 본 교재는 블랙잭 게임에 입문하는 게임자가 되었든, 학생 또는 카지노 실무자가 되었든, 이 교본의 초기 전략, 전술을 통하여 자신감을 가질 수 있도록 기술을 소개하여 보았다. 그러나 아무리 좋은 이론(理論)과 기술(技術)이 소개되었더라도 자기의 것을 만들려는 의지가 뒤따른 훈련이 없다면 블랙잭 전문가가 될수는 없을 것이다.

5. 블랙잭 게임을 선호하는 이유(理由)

1978년 중반 애틀랜틱시티(Atlantic City)에 "Resort International"카지노가 처음 개장되었다. 첫 주에 그 카지노는 매일 $438,504의 매출로 기대에 미치지 못하였다. 이는 게임자당 매시간 평균 약 18불의 손실을 가졌다는 통계이지만, 블랙잭테이블에서는 1불 게임당 고객에게 0.77불을 되돌려 주었다는 회계상의 결과 보고

가 나오기도 하였다. 그 다음달의 카지노위닝 합계는 어느 날 최고 일백만불을 마크하는 등 월간 25%의 승률을 기록하였다.

이러한 계수(計數)로 나타난 뜻밖의 결과는 카지노의 모든 게임에 고무적이었고, 특히 블랙잭은 게임자가 자신의 스킬(skill)을 가질 수 있다면 소신껏 게임을 할 수 있다는 "어트렉션 포인트(attraction point)"를 제공하기도 하였다.

모든 다른 게임 즉 크랩스, 룰렛, 바카라, 키노 그리고 슬럿머신 등과 같은 게임은 고객의 스킬과 관계없이 영구한 어드밴티지를 카지노에 주는 구조로 되어 있다. 이러한 게임들은 오랫동안 플레이하면 위닝할 수 없으며, 그 게임에서 이기는 방법은 오직 행운을 잡거나 반드시 유리한 입장에 있어야 할 것이다. 오랫동안 게임을

한다는 것은 수학적인 퍼센티지가 좀 더 확실하다는 것으로 게임자의 지갑만 점점 얇아지게 하는 것 뿐이다. 만약 컴퓨터와 수학적인 논리를 신뢰하지 못하고, 카지노에 갔다면, 그 손님은 오후에는 구경만 하는 신세로 전락(轉落)한다.

다시말해 "루징(loosing)"의 유혹에 직면하게 된다는 것이다. 시스템없는 게임은 승산이 없고 "노-시스템(no-system)"은 언제나 현재의 룰(rules)상황에 종속되어 있다. 결론적으로 블랙잭 게임을 하는 이유는 "시스템(system)"을 가지고 있기 때문이다. 따라서 카지노게이밍에서 "위너(winner)"가 되고자 한다면, 블랙잭 게임을 선택하라고 충고하고 싶다.

6. 블랙잭 시스템의 발전과정

세계이차대전 전에 룰렛과 "스리다이스 하자드(three dice hazard)"는 미국의 플로리다(Florida), 미시건(Michigan), 인디아나(Indiana)주의 휴양지역에 그 게임들이 두드러지게 나타났다. 이후 30년 만에 룰렛을 네바다(Nevada)주에서 크랩스 게임과 함께 카지노에 정착하게 되었으며, 블랙잭은 세 번째 게임으로 등장(登場)하였다.

미국식 룰렛게임은 카지노 어드밴티지가 5.26%로 가장 높다는 특징이 있고, 게임들이오랫동안 즐길 수 있고, 종종 이길 수 있다는 단순한 이유로 크랩스테이블을 선호하는 경향이 있다. 그러나 블랙잭 게임은 다른 게임과 비교할 수 없는 카지노 어드밴티지를 줄이거나 동등하게 만드는 요소가 있음을 본 교재를 통하여 알게 될 것이다.

"블랙잭(blackjack)"게임의 기원은 정확히 알려져 있지는 않으나, "21-게임"에서 유래되어 온 것으로 오늘날의 많은 대중적인 게임과 같이 다른 게임(Vinet-et-un)에서 진화된 것 같고, 그것은 아직도 변화하고 있다는 사실이다. 카지노들은 멀티 플덱(multiple deck)을 사용하거나, 딜링방법의 변화, 테이블에서 특별한 게임자를 위한 좌석제공 등 다양한 변화를 시도하고 있다. 그러나 크랩스 게임처럼 안정되게 개발되려면 블랙잭 게임은 아직도 많은 세월을 보내야 문제점이 개선(改善)되지 않을까 기대하는 것이 전문가의 견해이다. 블랙잭 게임이 카지노를 위한 수익성

있는 게임이라고 최근까지 대다수의 사람들은 그렇게 알고 있었다.

1953년 획기적인 발견이 있었다. Roger Baldwin, Willberty Candy, Herbert Maisel 그리고 James Mc Dermett는 메릴랜드(Maryland) 주의 육군기지 안의 Alerdeen Ploving Ground 연구소에 배속되어 있을 때 여가시간을 활용하여 블랙잭 게임을 책상용 계산기를 사용하여 정밀하게 연구하는데 몰두하기 시작했다. 각고의 노력 끝에 3년만에 믿어지지 않게도 이미 플레이된 "기본전략"만을 가지고도 카드를 기억하거나 계산없이 가장 정확하게 플레이하는 방법을 개발하였다. 그들은 1956년 9월에 발행한 American statistical Association 저널의주제로 그들의 연구보고서를 발표하였으며, 일반 대중을 위한 버전으로 1957년 M.barrow & Company에 의해 출판된 적이 있으나, 불행하게도 이러한 극적인 중요성은 그 시기에는 그다지 느끼지 못한 것 같다.

Edward O. Thorp교수는 이 분야에서 주목할 만한 위인 중의 한 명이다. 그는 그들이 사용한 방법을 연구하여 저술하고저 접근하였으며 MIT의 초고속 IBM704로 "블랙잭-덱"을 분석할 수 있는 컴퓨터 프로그램을 연구한 내용의 저서를 출판하였다. Thorp교수는 후에 광범위한 연구로 블랙잭-덱에 사용하지 않은 부분 중 10가치의 높은 카드의 슈(shoe)안에 불균형(disproportionately)하게 남아있는 것을 발견할 수 있었다. 이는 게임자에게 정말로 유리하게 작용될 수 있도록 그의 산정수치(computation)를 사용하는 것이며, 이 수치는 또한 정확한 기본 전략도 정리할 것이다. 이러한 결과들은 그의 첫 번째 저서인 "Beat the Dealer, Beat the Dealer"에 기술하여 선풍적인 인기로 1963년 "뉴-욕 타임지"이 주간 베스트 셀러로 선정되기도 하였다. Thorp박사의 저서는 "라이프(Life)"매거진에 의해 국제판으로 출간되었고 많은 카지노들은 모든 사람들의 그 방법을 익혀 카지노의 수입을 위협하지 않을까 우려하기 시작하였다. 위협할 만한 요소에 공통적인 인식을 가지고 있는 대다수의 카지노는 위닝(winning)하기 더 어렵게 하는 방안으로 룰(rules)의 변화를 시도하였던 바, 많은 게임자들은 블랙잭 플레이에 불리한 이러한 룰을 거부

하였고, 위닝의 볼륨은 드라마틱(dramatic)하게 떨어졌다. 이것은 불과 이주 동안의 사건이였다. 그러나 카지노들은 종전의 룰을 복원하는 요구를 택하지 않고 법을 보완하는 작용을 선택하였다. 그러나 카지노들은 "Thorp의 이론"을 이용하여 게임자들에게 나타난 것이 없다는 것을 깨닫게 되었으며 오히려 Thorp의 저서는 카지노를 위해 수혜를 주는 출판물이 되었음을 알게 되었다. 게임자 측면에서 종전에는 같은 비율에서 "루징(losing)"을 유지하였으나 지금은 게임자들이 루징요인을 더 가졌다는 것이다. 저서를 구입한 대부분의 게임자들에게는 "10카운트(ten count)"가 해석하기 어려워 그것을 마스트 할 수 있는 능력을 가진자가 소수에 불과하기에 게임자들이 블랙잭 게임에서 이익이 된다는 것은 "유성(流星)"을 본 것과 같다고 판단하였다.

"Beat the Dealer"의 개정판에서 Thorp의 컴퓨터 프로그램을 살펴보면 Julian Braun의 개선안을 정리하여 기술(記述)하므로서 카지노에 대한 블랙잭 수익의 또 하나의 다른 붐(boom)을 조성하는 동기가 되었다. Thorp의 저서가 빠르게 성공한 것은 여타 저  서들이 블랙잭 시스템을 화제로 삼는 것에 편승하였기 때문이다.

블랙잭에 대중적인 인기는 무섭게 성장하였으며 많은 카지노들은 네바다주 안에서 가장 대중적인 카지노게임인 크랩스(craps)의 강력한 경쟁 상대의 게임으로 각인(刻印)되어 블랙잭 테이블에 추가로 설치되었다. 블랙잭 시스템에 "위닝이라는 열매"를 맺는 과정의 하나는 거의 싱글덱 핸들링(single deck handling)이 블랙잭 게임의 인기를 상승시키는 기폭제가 되었다.

Griffith K. Owen은 라스베가스(Las Vegas)의 전설적인 "Lawrence Revere"로 1977년 4월 그가 운명할 때까지 "Leonard" 또는 "Speck"으로 불리우는 목사같은 존재로서 그는 Braun의 프로그램을 이용하여 다양한 복합체의 전략 숫자를 개발하였다. 70년대 초반에 적극적인 광고 캠페인 결과로 수만권의 그의 저서 "Playing Blackjack as a Business"가 폭발적으로 판매되었다.

그의 저서에는 수학자이거나 문외한까지 모든 사람을 위한 시스템이 총망라되었다. 이에 카지노들은 그 "과학적 컴퓨터-고안시스템(science computer-devised systems)"에 다시 나타난 그들의 어드밴티지 감소를 만회하고저 카드 트랙킹을 반전하는 행동으로 싱글덱게임을 멀티플렉게임으로 변경하였다.

블랙잭의 갑작스러운 대중적인 인기의 결과는 연구원들에게 새로운 개발의 계기를 주었고, 시스템을 보다 심층적(深層的)으로 연구하기 시작하였다. 가장 다루기 수월하고, 위닝 조건에 가장 우세하고, 가장 대중적인 포인트-카운트 시스템(point-count system)인 Hi-opt Ⅰ이 "International Gaming"에 의해 1974년 문헌으로 발표되었다. 이 시스템은 Braun의 컴퓨터 프로그램의 도움으로 익명의 "캐나디언 대학교(Canadian University)수학과 졸업생들이 고안하였다. Hi-opt Ⅰ은 통례적으로 수만번 예측하여 만든 데이터(data)였지만, Hi-opt Ⅰ시스템은 이제 블랙잭 게임자의 손에 저작권이 표절(privacy)되었다.

Hi-opt Ⅰ과 "Revere Advanced 플러스-마이너스" 전략(매우 간단하나 Hi-opt Ⅰ보다 우세하지 못함)은 카지노 수입과 절차에 커다란 영향력을 미쳤다. 이러한 전략은 모두 이전의 시스템이 합쳐진 것보다 더 많은 돈을 위닝하고자 하는 많은 게임자들에 대해서 신뢰할 수 있는 시스템이었다. 위닝의 확대를 위해 두 번째로, 멀티덱 게임을 위해 더 많이 소개할 수 있는 계기를 이 시스템이 또한 만들었다.

그 당시에 KenUston의 블랙잭 팀을 "Big Score"라고 불렸다. 그의 저서 "The Big Player"에 상세히 기술된 내용을 살펴보면 Uston과 그의 팀동료는 블랙잭게임에서 백만달러 이상 이겼다고 주장한 바 있다.

Uston의 블랙잭 팀

은 테이블의 좌석을 차지하고 미니멈 벳(minimum bets)을 만들어 카드-덱의 조건으로 트랙을 유지하다가 덱(deck)이 게임자에게 유리할 때, 위닝상황에서는 오백달러 또는 천 달러의 맥시멈 벳(maximum bets)으로 곧바로 공격하는 "Big Player"로 현란한 핸드시그날(hand signal)을 구사하는 것이다. 카지노측 입장에서는 테이블과 테이블을 이동하면서 거대한 벳팅을 만드는 "와이드맨(wild-man)이 보인다는 것이 고무적인 일로 받아들였다. 왜냐하면 그것은 다른 게임자들에게 호기심을 불러일으키기 때문이다. 또한 카지노는 게임자가 장기간 게임을 하면 하

우스가 유리하다는 것으로 여겨지고 있었기 때문이다.

그러나 Uston은 위닝을 계속하여 유지하고 있었다. 드디어 한 영리한 카지노 종업원이 그 시그날(signal)을 해독하여 마치 야구코치의 사인을 반대로, 스틸(steal)하는 것 같이 블랙잭 팀의 정체를 무력화시킨 것이다. 그리고 그들은 카지노에서 다시는 어떤 게임에도 참여할 수 없도록 금지시켰다. 이러한 수단과 방법을 사용한 팀(team)이 테이블로부터 커다란 금액의 돈을 뽑아낼 수 있다는 것은 충격적이었다. 대다수의 카지노들은 이를 사전에 대비하여 싱글-덱과 더블-덱 게임에서 4-덱 게임으로 진행하였으며, 심지어는 8-덱 까지 사용하였다. 오늘날의 많은 카지노들의 게임조건을 견고(堅固)하여 쉽게 공격할 수 없도록 각자의 형편에 맞도록 "게이밍 매뉴얼(gaming manual)"이 만들어져 보호하는 것으로 알고 있다.

Chapter

Ⅱ　블랙잭 게임의 개요

1. 게임의 소개

블랙잭 게임은 시중에서 흔히 볼 수 없는 카지노가 지정한 카드 1덱(52장, 조커 제외)을 가지고 진행되는데, 카지노(하우스)의 고용인으로 딜러(dealer)가 7명의 참가자들과 게임을 하게 된다. 이에 카드는 카지노가 정하는 바에 따라 1, 2, 4, 6덱을 사용할 수 있다. 딜러의 게임 진행 절차는 엄격한 게임 규칙을 기초로 콘트롤 되며, 다른 기술이 필요하지 않으므로 기계적이라 할 수 있다. 여기에 카지노의 속임수를 우려한다면 그것은 카지노의 존재에 관한 문제이며, 카지노 또한 정당한 수익을 추구하고 있으므로 그런 속임수는 걱정할 만한 사안이 아니다. 즉 카지노에서는 속임수가 존재하지 않는다고 단언할 수 있다. 딜러의 손이나 또는 카드를 딜링하기 위한 도구인 "슈(shoe)"로부터 모든 게임자와 딜러에게 두 장의 카드가 주어지는 것으로 블랙잭 게임 진행은 시작되며 이 때 딜러의 카드 한 장은 게임자에 보여진다.

블랙잭 게임을 사전적 해설 측면

으로 소개(紹介)하면, "블랙잭"이라고 불리우는 "카드 게임"으로, 21-게임 또는 빈텐던(vinet-et-un)으로도 불리운다. 이는 6또는 7개의 "홀스(holes)"와 "하우스 뱅크(house bank)"를 위해 게임하는 "블랙잭 딜러"와 함께 하는 테이블 게임이다. "그린 베이즈"위에 지점에 도달하려고 또는 "버스트(bust)"를 하지 않고 21점에 가깝게 만들어 하우스를 상대하려는 각각의 게임자가 베팅을 할 수 있는 간단한 "레이아웃(layout)"이 있다. 게임자와 딜러는 각각 두 장의 카드를 받는다. 게임자들은 "홀-카드(hole-card)"의 가치에 의존하여 추가 카드를 한 장 또는 그 이상 가지는 것을 선택하거나 "스탠드 패트(stand pat)"할 수 있다. 또한 게임자들은 하이 카드에 대한 승산으로 "페인트 미(paint me)"라는 단어와 함께 그가 원하는 것을 표현할 수 도 있고 또는 "핸드 시그날(hand signal)"을 사용하기도 한다. 만약 카드의 카운트가 17점, 18점이라면 그는 "스탠드 스티프(stand stiff)"할수도 있고, 만약 그것이 "소프트 카운트(soft count)"라면 그는 아마도 "힛 미(hit me)"라고 말하며, 오버되지 않기를 바랄 것이다.

"헌치 플레이어(hunch player)"또는 "카드 카운터(card counter)"에게 캘리포니아(California)블랙잭은 자주 도움이 된다. 왜냐하면 만약 딜러가 "Ace"를 보여주는 카드를 가졌다면, "콜 퍼 인슈런스(call for insurance)"를 할 수노 있고, 그 밖에 동시에 게임하는 두 개의 핸드를 게임자에게 주는 "페어-스플릿팅(pair-splitting)"과 동시에 "더블다운(double down)"을 할 수도 있기 때문이다. 카드 카운팅은 딜러의 어드밴티지를 절감(節減)시키므로 카드카운터는 "리스트 오브 익스클루드퍼슨(list of excluded person)"에 들어가있지 않지만 카지노로부터 차단되어질 수 있

으며 또한 "블랙북(blackbook)"이라고도 불리운다. 이러한 전략을 최소화하려고, 블랙잭 딜러는 "컷카드(cutcard)"를 가진 멀티플렉 또는 슈(shoe)안에 "인디케이터(indicator)"카드를 사용하기도 한다.[1]

2. 게임의 목적(the object)

블랙잭 게임의 목적은 카드의 합이 21점에 가깝게 만드는 것으로 딜러의 카드 값과 플레이어의 카드 값과 비교하여 승부하는 게임이다. 이때 Ace는 1점 또는 11점으로, Picture Card(J, Q, K)는 10점으로, 그리고 그 밖의 카드는 카드의 숫자를 점수로 사용한다. 만약 게임자의 카드의 합이 21점을 초과(exceed)하였다면, 자동으로 패할 것이며, 만약 게임자의 카드 값이 21점과 동등하거나 적은 점수이더라도 딜러의 카드값이 21점을 초과하였다면 자동적으로 "윈(win)"하게 되는 것이다. 그러나 양 쪽이 모두 21점이 초과되지 않은 카드 합계의 수치를 가진 경우는 높은 수치의 값을 가진 편이 이기게 된다. 또한 게임자 또는 딜러가 똑같은 값의 카드를 가졌다면 승부가 없이 "Push"라고 불리운다.

3. 게임의 장비(Equipment)

1) 테이블 및 레이아웃

블랙잭 게임을 위하여 특별히 디자인된 테이블에서 진행되며 그 테이블은 강낭콩 모양의 반원형으로 되어 있으며, 바깥쪽 부분은 둥근 곡선으로 7명의 게임자가 앉을 수 있도록 좌석이 되어 있다. 딜러는 칩스트레이(chipstray)가 있는 테이블의 전형적인 레이아웃(layout)은 〈그림 2-1〉과 같다. 딜러의 왼쪽 끝의 좌석은 "First Base"라 불리우고 딜러의 오른쪽 좌석은 "Third Base"라고 불리운다. 테이블에는 일반적인 지불비율(payoff rations)과 플레이룰을 표시한 녹색의 모직천(felt)으로 커버되었다.

---

1) 블랙잭 게임 사전적 해설 자료는 2007. 고택운, 백산, 「카지노 실무 용어 해설」 p.261 참조

〈사진 Ⅱ-1〉 블랙잭게임테이블

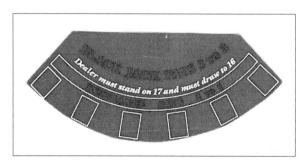

〈그림 Ⅱ-1〉 블랙잭테이블레이아웃

2) 카드덱 및 슈(shoe)

카지노가 동시에 카드를 2덱이상 사용하는 곳에는 "슈(shoe)"라고 불리우는 딜링 장비를 사용하는 것이 관례(customary)이다. 슈안에 카드를 담음으로서 게임에 사용하지 않은 과대한 부피의 카드를 적시에 한 장씩 딜러가 분배할 수 있도록 만들어진 도구로 그 슈를 사용할 때는 딜러의 왼쪽에 놓여져 있어야 한다. 카지노에서 사용되는 카드-덱의 대부분은 스탠다드 사이즈로 52장으로 구성되어 있다. 블랙잭게임에서 카드의 무늬(suit)는 아무런 의미가 없고, 오로지 카드의 수치로만 값을 따진다. 아라비아숫자 2에서 10까지는 카드상에 표시된 숫자 표시 그대로 값을 간주하고 그림 카드(king, queen, jack)는 모두 10점의 가치로 카운팅한다. 에이스(ace)카드는 게임자의 옵션(option)에 따라 1또는 11로 양쪽 다 사용할 수 있다.

카드의 비밀

카지노에서 블랙잭테이블에서 사용되는 큰 글씨의 플레잉 카드(playing card)는 점보 인덱스(jumbo index)카드라 하고, 바카라에서 사용되는 작은 글씨의 카드는 스탠다드(standard)카드라고 한다. 카지노에서 사용하는 플레잉카드는 모서리에서 살짝만 봐도 볼 수 있도록 만들어졌고, 또한 카드에

〈사진 II-2〉 블랙잭 게임용 카드

서 각 문양의 13가지는 한계절의 주를 나타내며, 13주를 4계절로 곱하면 52주가 된다. 그래서 52장이 되었다고 한다. 즉 1년을 뜻하며, 조커는 윤년이 있음을 알고 준비한 것이다.

3) 칩스

블랙잭 게임 테이블에서의 베팅(betting)과 지불(pay-off)수단은 칩스(chips)또는 실버달러(silver dollars)로 이루어지며 칩스의 단위(denominations)는 칩스의 표면 또는 컬러에 의해 표시된다. 통화의 도구로 현금 대신 칩스를 사용하는 것은 딜러의 업무를 쉽게 하여 베팅의 카운팅과 정확한 지불 수단을 행하고저 함이다. 칩스는 또한 어느 카지노 것인지 로고(logo)가 표시되어 있다. 지난 수 년간 대부분의 카지노들은 지역 안에서 베팅을 목적으로 한다면 다른 카지노의 칩스 일지라도 허용하여 왔으나 최근에는 실행하지 않고 있다.

물론 국내의 카지노에도 허용되지 않으므로 다른 장소로 이동하기 전에 칩스를 현금으로 환전하는 것이 필요하다.

〈사진 Ⅱ-3〉 칩스와 트레이　　　　　　〈사진 Ⅱ-4〉 카드-슈

4. 블랙잭 테이블의 인적 구성(The People)

테이블에는 7개의 좌석이 있기는 하지만 블랙잭은 그룹 게임이 아니다. 게임자들이 딜러에 대항하여 팀-워크(team-work)로 게임을 하는 것은 정상적이 아니며, 이는 게임의 본질이 아니다. 각 게임자를 위하여 테이블에서는 조직적인 방법으로 게임을 리드(lead)할 수 없다는 것이다. 테이블에는 "빅 위너(big winner)"가 있다면, 반대로 수백불의 손해를 보는 사람이 있다는 것이다.

블랙잭 게임은 경쟁(승부)대신에 세상의 모든 분야의 사람들을 위한 미팅(meeting)장소이기도 하다. 게임자들의 90%는 기분전환을 위해 즐길거리를 찾아온 손님으로 카지노의 여타 게임보다 블랙잭 테이블에서는 "셔플(shuffle)"하는 동안 혹은 게임게임을 진행하는 동안 많은 대화를 할 수 있기 때문이다. 그리고 만약 느낌이 좋지 않아 장소가 쉽지 않거나 마음에 들지 않은 손님이 이웃에 앉았다면 다른 테이블 또는 다른 카지노로 자유롭게 이동할 수 있다. 또 하나의 환경(분위기) 여건을 제공하는 사람은 "딜러(dealer)"이다. 게임의 운영관점에서 볼 때, 정확한 딜러는 어떤 의사 결정권이 없다. 블랙잭 게임은 딜러에 대해서 기계저인 외무만 요구할 뿐이다. 다시 말하면 딜러는 벳팅금액을 지불(支拂)하거나, 수불(受拂)하거나 어느 쪽도 카드의 순서에 의거하여 게임을 진행하는 인간 기계(human machine)라고 볼 수 있다는 뜻이다. 딜러의 핸드 게임 진행 룰(rules)은 테이블 레이아웃 위에 프린트 되어 있으며 딜러는 오로지 그와 같은 룰에 따라 수행할 뿐이다. 또한 딜러의 업무 중 하나로 게임의 룰에 대한 어떤 질문에 대답해야 하는 손

님에게 도움을 주는 일반적인 사항이 있지만, 반대로 딜러는 손님에게 자신의 카드로, 어떻게 진행할 것인지는 말하여 줄 수 없다. 딜러는 다만 손님의 카드 가치의 값 또는 손님의 옵션에 의한 점수 등을 도와줄 수 있다.

카지노에는 블랙잭 게임에 영향을 주는 두 사람을 찾아 볼 수 있다. "핏보스(pit boss)"와 "아이 인 더 스카이(eye in the sky)"라고 불리우는 감시 요원(suveillance)이다. 핏보스는 딜러의 감독자(supervisor)이고, 피트(pit)내의 게임테이블 문제 또는 논쟁에 대하여 최종결정권을 가지고 있으며, 핏보스의 책임은 카지노 정책에 따라 게임을 원활하게 운영하는 데 있다고 볼 수 있다. 핏보스는 테이블 주위에 눈에 띄지 않는 지역에서 서성이면서 노련하고 예리한 눈빛으로 테이블을 지켜볼 것이다. 다른 관찰자는 내용을 훤히 들여다 볼 수 있다는 이유로 "하늘에 눈"이라고 별명하여 왔다. 블랙잭테이블에서 천장 위를 보면 수많은 검은 돔(dome)또는 테이블 위에 거울이 연속적으로 이어진 것을 볼 수 있다. 검은 돔을 감시 카메라로 모니터를 통하여 테이블 상황을 지켜볼 수 있고, 그 거울은 튀어나온 좁은 통로로 이어져 연결되어 있어 일방적으로 볼 수 있도록 장치한 것이다. 감시 요원들은 잘 훈련된 개인적인 정찰로 첨단 장비 또는 켓워크(cat-work)를 통하여 상공(上空)에서 우위를 점유하여 게이밍을 워칭(watching)하는 것이다.

5. 블랙잭 테이블에서의 기본 행동

블랙잭 테이블에 앉아 첫 번째 행동(action)은 카지노 칩스를 구매하는 것이다. 블랙잭 테이블의 구매룰(buy- in rules)에 제한은 없으나, 하우스가 제시한 테이블 미니멈(minimum)금액 이상 또는 동등한 값의 칩스로 게임할 수 있으며, 게임자는 구매한 자신의 칩스로 테이블에서 테이블로 옮겨 사용할 수 도 있고 기념으로 칩스를 가져갈 수 도 있다. 만약 게임자가 점점 더 큰 베팅으로 위닝을 하였다면 딜러는 종종 큰 금액 종류의 칩스(larger-denomination chips)로 지불하여 칩스 스렉을 업그레이딩 할 것이다. 이것은 게임자의 생각과는 상관없이 커다란 칩스를 제공하여 점점 더 큰 베트(bets)를 가지려고 딜러에 의해 시도되는 것이다. 그러나 게임자가 필요하다면 판단에 따라 언제나 체인지(change)할 수 있다.

만약 게임자가 카드덱 또는 슈의 딜링이 끝나는 상태의 테이블 좌석에 있었다면, 카드의 셔플이 종료된 후에 딜러는 플레이어 옵션의 하나인 컷팅(cutting)을 제공한다. 싱글 또는 더블-덱 게임에서 딜러는 게임자에게 카드를 제공한다. 게임자는 한손으로 컷하여 "컷-오프 포션(cut-off portion)"을 테이블 위에 올려 놓으면 딜러는 그것을 완성시킨다. 사용되는 카드가 한 덱 이상으로 카드가 많아 슈로 딜링할 때는 딜러가 "인티케이트(indicate)"카드로 컷팅 할 것을 요구한다. 이것은 단색의 플라스틱카드로 컷팅을 위하여 카드의 끝을 대고 집어 넣도록 되어 있다. 이것은 게임자에게 카드가 잘 믹스 되어 있고 모든 것이 왼쪽으로 돌아가면서 기회가 있다는 것을 보장한다는 데 목적이 있다.

셔플(shuffle)과 컷(cut)이 종료된 후에 톱카드(burn card)는 통상적으로 게임에서 사용하지 않으며, 보여주지 않은 상태에서 그대로 디스카드 랙(discard rack)에 담아둔다. 모든 웨이저(wager)가 적합한 베팅구역에 놓여진 후에 딜러는 게임자에게 한 번에 한 장씩 첫 번째 베이스(first base)에서 세 번째 베이스(third base)의 시계방향으로 딜링한다. 카드는 앞면(face up)으로 분배되어 질 것이며, 그 카드는 게임자의 베트(bet)앞에 놓여져 있고 게임자는 손을 대서는 아니된다. 딜러의 카드는 항상 카드 한 장은 앞면으로, 다른 한 장은 뒷 면(face down)으로 가지게 된다.

(영국식 버전은 딜러가 한 장의 카드를 앞면으로 갖고, 세컨드 카드는 모든 게임자가 핸드를 완성한 후에 갖는다) 각 게임자가 2장의 카드를 가진 후에 딜러는 첫 번째 베이스로 다시 돌아와 테이블 주위를 시계 방향으로 돌면서 게임자들이 원하는 대로 (hitting), 원하지 않는 카드(standing), 21이 초과하는 카드(busting)를 추가로 제공한다. 버스트 되어

진 모든 플레이어의 벳을 수거(collecting)한 후, 딜러는 자신의 다운 카드를 오픈한다(영국식 버전으로는 이 때 세컨 카드를 가진다). 딜러는 카지노 룰에 의거하여 게임자의 의사(意思)에 따라 히트 또는 스탠드 할 것이며, 수불 및 지불행위는 남

아있는 게임자들 핸드의 결과에 따라 진행된다.

게임자가 플레이를 종료하였을 때는 카지노칩스를 현금으로 환전하기를 원할 것이다. 딜러는 단지 통화(通貨)를 테이블에서 수납만 하므로 환전하여 줄 수가 없다. 카지노는 칩스 환전을 위하여 중앙 케셔 케이지(central cashier cage)를 가지고 있다. 이 시설은 단지 카지노로부터의 도난의 기회를 줄이자는 차원 뿐만 아니라 또한 카지노보스들에게 "빅-위너(big-winner)"를 확인하는데 도움을 주게 된다.

6. 블랙잭(The Blackjack)

블랙잭 게임이 21게임에서 유래되었음은 알려진 사실이나, 이 게임은 처음 미국 카지노에 소개되었을 때 그리 인기를 끌지 못했다. 이에 카지노는 처음 2장의 카드(initial 2 card)로 21이 만들어지면 10배를 지불하기 시작하였는 데 이 때 "Ace"카드 1장과 스페이드 또는 클럽의 "Jack"카드 1장으로 결합된 핸드로서 "블랙잭(blackjack)"이라는 게임명칭은 여기에서 유래되었다 한다. 이 후 처음 두장의 카드가 에이스와 10가치카드(10, J, Q, K)가 결합되면, "내추럴(natural)"또는 "블랙잭"이라 불리운다. 이는 만약 딜러가 내추럴을 갖지 않았다면 게임자는 자동적으로 위너가 된다. 블랙잭 테이블에서 모든 다른 지불은 이븐 머니(even money)이지만 내추럴은 프리미엄이 있어 3 to 2를 지불한다. 예를 들면 윈(win)에 대한 통상적인 지불은 ₩20,000웨이저에 대해 단지 ₩20,000만 지불함에 반해, 내추럴(블랙잭)은 ₩20,000웨이저(wager)에 대해 ₩30,000을 지불하게 된다. 딜러 또한 내추럴을 가질 수 있다. 딜러는 페이스업(face up)카드가 에이스 또는 10가치 카드일 경우 다운카드(down-card)를 보는 것(peeking)이 허용된다. 만약 2장의 카드가 내추럴이라면, 딜러는 내츄럴을 가지고 있지 않은 게임자로부터 자동적으로 윈(win)하게 되는 것이다. 게임자의 내츄럴과 딜러의 내츄럴은 푸쉬(push)로 간주되며, 그 웨이저(wager)는 지불되지 않는다.

영국식 버전은 약간의 변형(variation)을 만들어 게임자 핸드가 딜러의 두 번째 카드가 나오기 전에 종종 종료되므로 딜러에 의해 테이크 되는 경우가 있다. 다음 장에서 볼 수 있듯이 게임자가 확실한 상황에서 핸드의 베트를 증가하여 플레이하는 경우도 있을 수 있다. 만약 딜러가 내츄럴을 가지고 게임을 마쳤다면, 이러한 추가 벳(additional bets)은 게임자가 내츄럴을 갖고 있지 않는 한 되돌려주고 오리지날 벳 금액만 가져오게 된다.

7. 게임자의 선택(Player Option)

블랙잭 게임의 즐거움 중 하나는 게임자가 많은 결정을 만들 수 있다는 것이다. 감각(feeling)이 수반되는 것은 대체로 갬블링 이외에는 어디에라도 어울리지 않는다. 대부분의 경우를 단어로 말하지 않고 결정을 표시할 수 있다는 것으로 실제로 딜러는 핸드 시그날을 사용하는 것을 더 좋아하고 몇몇 카지노는 그것을 요구한다. 카지노의 어수선한 환경(distracting environment), 슬롯머신의 기계음과 종소리, 그리고 모든 방향에서 오는 대화 등 딜러의 말로 하는 시그널을 듣기에는 어려운 시간을 가질 수 있다. 핸드 시그널(수신호)은 딜러가 질문없이 원하는 바를 알 수 있고 그들의 눈은 카드에만 집중하면 된다. 다음은 여섯가지 옵션과 딜러에게 의사표시를 하는 게임자의 시그날 테크닉(signal technic)을 설명하여 보았다.

1) 스탠딩(Standing)

"페이스-다운 게임(single deck game)"에서 게임자가 카드의 숫자 합이 만족하였다면 게임자는 베팅지역안에 있는 칩스스텍(chips stack) 아래에 두 장의 카드를 끼어 넣는 것(slipping)으로 "스탠드"표시를 할 것이다.

"페이스-업 게임(multiple deck game)"에서의 진행은 간단한 손동작(hand behavior)으로도 스탠드를 표시하는 동작(motion)에 통용된다. 그 동작은 보통 손바닥을 아래로(palm down)하여 테이블의 바닥쳐(felt)위에서 균정있게 좌·우로 흔들면, "스탠드(no more card)"의 모션이 된다. 이는 머리를 흔들어 반대로 표시하는 동작의 모방이므로 분명하고 충분한 이해가 요구된다.

2) 히팅(Hitting)

페이스-다운(face-down)게임에서 게임자는 카드를 잡고 레이아웃 위에서 한 두 번 빠른 동작으로 자신 쪽을 향하여 가볍게 문질러준다. 마치 재떨이(ashtray)에 담뱃재를 터는 모양과 같다. 딜러는 이 동작을 확인할 것이며, 베팅지역앞에 한 장의 카드를 앞면으로 딜링할 것이다. 만약 게임자가 다른 한 장의 추가 카드를 원한다면, 게임자가 스탠드를 결정할 때까지 또는 버스트가 될 때까지 "스크래치(scratch)"동작을 계속한다.

페이스-업(face-up)게임에서 게임자는 테이블 위에서 카드로는 하지 않고 손가락의 스크래칭에 의해서만 히트 의사 표시를 한다. 자신의 히팅 동작 표시는 스탠딩 동작표시와는 분명히 구분되어야 한다. 그 밖에 히팅동작으로는 집게 손가락으로 자신의 카드를 가리키며 "hit it", "put it there", "one more card" 또는 "another card"라고 멘트하며 의사표시를 한다.

모범적인 블랙잭 게임에서 오리지날 2장의 카드(original 2 card)의 활용 옵션으로 게임자는 항상 첫 번째 2장의 카드를 받기 전에 벳팅할 것을 딜러에 의해 요구되지만, 만약 벳팅한 후에 히팅 또는 스탠딩하는 게임이 아니라면 대단히 재미없고 활기없는 게임으로 카지노에 많은 이익만을 안겨주었을 것이다. 또한 블랙잭 게임은 딜러와 비교하여 유리한 핸드가 나타났을 때, 게임자가 자신의 벳팅 금액을 증가(increase)시킬 수 있다. 옵션(option)이 더 많은 즐거움을 가질 수 있다는 것이다. 이제부터 이러한 방법을 허용하는 카지노 옵션 활용을 알아보기로 한다.

3) 더블 다운(Double Down)

게임자는 첫 번째 두 장의 카드 상황(initial two card)에서 한 장의 추가 카드 (addictional card)로 대단히 좋은 핸드가 될 수 있다는 느낌을 가졌다면 이는 바로 "더블 다운 벳"을 만들기 위한 이상적인 타입이다. 더블다운의 기본적인 의미는 승률을 높일 수 있는 게임자의 선택사항으로 오리지날벳(original bets)금액과 동등하게 두 번째 금액을 만들고 오로지 한 번의 추가 카드로 한 장의 카드를 받는다는 뜻이다. 이러한 세 번째 카드(추가카드)는 보통 뒷면으로 눕혀(lay down)옆으로 주나, 카지노마다 딜링을 달리하는 경우도 있다. 모든 카지노는 첫 번째 2장의 카드 상태에서 게임자의 카드 숫자 합이 11에서만 또는 10과 11에서 대부분 허용한다. 또한 9, 10, 11에 허용하는 카지노도 있고 심지어는 핸드의 숫자합에 관계없이 첫 번째 2장의 카드이면, 허용하는 카지노도 있다. 이는 카지노별로 특성을 살려 상품화하여 카지노의 수익(收益)은 물론 경쟁수단으로서 사용하는 데 목적이 있으므로 게임 룰을 표준화 하는 데 노력을 기울이지 않는 것 같다. 따라서 카지노는 서로 다른 룰을 필요에 따라 변화시키고 있으므로 게임자들은 게임시작 전에 해당 카지노의 룰을 확인하는 것이 좋을 것이다.

첫 번째 2장의 카드의 "애니카드(any card)"로 더블다운을 할 수 있다면, 소프트 더블링(soft doubling)도 포함된다. 소프트 핸드(soft hand)는 두 장의 카드 중 한 장이 "에이스(ace)"인 것이다. 이런 경우 딜러의 업-카드가 무엇인지에 의존하여, 예를 들면 "A, 7"이라도 더블 다운할 수 있다는 것이다. 특히 페어핸드(pair hand) 중 5페어는 스플릿 할 때보다 두 장의 카드를 10점으로 사용하여 더블다운한다면 윈(win)할 가능성이 더 높다. 딜러에게 더블다운하겠다는 시그널에 게임자가 필요한 동작은 베팅 지역 안에 두 번째 벳팅(추가벳)을 만드는 것이다. 그리고 그것은 오리지날벳 바로 옆에 놓여진다.

페이스-다운(face-down)게임에서 게임자 또한 카드를 딜러가 확인할 수 있도록 넘겨주고 더블링(doubling)을 만들 수 있다. 게임자는 카드를 턴-오버(turn-over)할 때, 베팅 지역의 딜러 쪽으로 카드를 놓아야 한다.

4) 페어 스플릿팅(Pair Splitting)

게임자의 첫 번째 두 장의 카드(original two-cards)가 같은 점수의 가치일 때, 게임자는 옵션을 가지고 그 카드를 나누어 핸드로 분리하여 세임할 수 있다.(Ps카드와 10s는 보통 페어로 간주되기는 하나 20이라는 점수는 거의 스플릿을 원치 않음)게임자는 페어-스플릿에 원하는 만큼의 카드를 드로우(draw)할 수 있다. 단, "에이스스 스플릿(aces split)"은 예외이다. 더블다운 플레이와는 달리 게임자는 언제나 오리지날 벳팅 가치의 금액을 추가 베팅할 수 있으며 각 핸드에는 동등한 가

치의 금액으로 베팅되어야 한다.

페이스-다운 게임(hidden game)에서 게임자가 스플릿을 원할 때는 베팅 지역의 딜러 쪽으로 카드 두 장을 앞면으로 놓는 것으로 페어-스플릿을 하고저 하는 의사표시를 할 수 있다. 그리고 나서 게임자는 베팅지역의 오리지날벳과 동등한 두 번째의 칩스스텍(chips stack)을 자신의 첫 번째 벳의 바로 옆에 놓는다. 다음에 받는 카드를 앞면(face-up)에서는 카드가 이미 게임자의 앞쪽에 놓여져 있으므로 게임자는 단지 베팅지역에 자신의 두 번째 웨이저를 만들어 놓기만 하면 된다. 게임자가 스플릿카드 후에 동등한 수치의 세 번째 카드를 받았다면 이니셜벳(initial bet)과 동등한 웨이저(wager)로 또 하나의 핸드를 만들 수 있으며, 어떤 카지노는 페어-스플릿팅 후에 더블다운을 허용하기도 한다. 그러나 대부분의 카지노는 "에이스스(aces)"만은 적용을 달리한다. As는 페어 스플릿을 1회만 적용하고, 각 에이스카드에 1장만 받을 수 있도록 허용한다. 이에 게임자는 게임에 무엇이, 어디에 허용되는지, 질문하는 것이 유익하다고 충고하고 싶다. 다음은 페어-스플릿(pair split)관련 "라스베가스"의 다운타운 카지노에서 있었던 사례로 더블-덱(double-deck)게임에서 카드 흐름이 게임자에게 유리하게 전개(展開)된 상황으로 그 상황을 알아본다.

페어-스플릿팅 사례로 딜러의 업카드(dealer's up card)가 6이었고, (이 카드는 딜러에게 불리하고 게임자에게는 유리함)게임자는 7, 7을 가졌다. 이에 게임자는 스필릿한 후 첫핸드가 7s가 되어 또 다시 스플릿하였다. 첫 번째 벳이 유니트(unit)4였으므로 이 시점에서 2번의 스플릿으로 테이블 위에 12유니트를 가지게 된 것이다. 다시 첫 번째 핸드의 7카드에서 3점 카드를 뽑아 더블다운하며 16유니트가 되었으며, 두 번째 핸드의 7점 카드에서 에이스카드를 뽑아 다시 더블다운 하였으며, 세 번째 핸드의 7에서는 4점 카드를 받아 역시 더블을 하였더니 그 게임자는 전부 합해서 토탈 24유니트의 베팅이 되었다. 긴장되는 순간 딜러의 다운카드는 5점카드였으므로 딜러의 카드 두 장의 합은 11점이 되었고, 다시 히트하여 5점 카드를 뽑아 딜러핸드의 카드 합의 점수는 16이 되었다. 딜러는 16점 이하이면 히트하여야 하므로 네 번째 카드를 받았으나 9점 카드가 나와 딜러는 버스트가 되었다. 그 게임자는 한 번의 좋은 기회로 48유니트를 콜렉트(collect)할 수 있었다.

5) 인슈런스 및 이븐머니(Insurance and Even Money)

딜러의 페이스-업(face-up)카드가 에이스일 때 딜러는 게임을 중지하고 "Insurance anyone? possible blackjack"이라고 멘트하여 준다. 실제로 "인슈런스"라는 호칭은 오해하기 쉽다. 왜냐하면 어떤 보험에 드는 것이 아니기 때문이다.

블래잭 게임의 인슈런스는 딜러의 다운카드가 10가치 카드인지, 아닌지를 예측하여 "인슈런스벳"이라는 사이드벳(side bets)을 게임자가 만드는 것이다. 딜러는 그의 다운카드를 살펴보기 전에 인슈런스를 제공하지만, 인슈런스벳에 대하여서는 딜러의 권유가 아니라 게임자의 선택사항이다. 게임자는 배팅지역의 오리지날 금액의 반(one half)이하의 추가금액으로 인슈런스벳을 만들 수 있다. 인슈런스벳은 테이블 레이아웃 상에 반원형으로 프린트된 표시의 장소에 놓는다.

그 반원형(semicircle)모양의 장소에는 인슈런스 지불은 2 to 1이라고 프린트 되어 있다. 예를 들면 게임자의 오리지날벳 금액이 ₩20,000이었고, 딜러의 핸드가 에이스를 보여주었다면 반원형 안에 인슈런스 금액으로 ₩10,000을 벳팅할 수 있다는 것이다. 만약 딜러의 버텀카드(buttom card)가 10점으로 블랙잭이 되었다면 게임자의 오리지날 금액인 ₩20,000은 루스(loose)하게 되나, 인슈런스벳인 ₩10,000에 대해서는 윈(win)이므로 두배인 ₩20,000을 돌려받게 된다. 만약 딜러가 페이스다운(facedown)카드에 10점 카드를 갖지 않았다면, 게임자는 임슈런스벳인 ₩10,000을 루스하고 게임은 정상적인 패턴(pattern)으로 계속 진행된다.

딜러의 페이스-업 카드가 에이스 일 때, 딜러는 위에서 설명한 바와 같이 인슈런스벳에 멘트를 하여 준다고 하였다. 그러나 게임자가 첫 번째 두 장의 카드에서 내츄럴(10, A)을 가졌다면 딜러는 "이븐머니(even money)"라고 물을 것이다. 이 뜻은 원래 블랙잭 지불은 1.5배이지만, 딜러의 다운카드카드가 10점이 나와 내추럴(natural)이 되면 푸쉬(push)가 되므로 딜러가 다운키드를 보기 선 상태에서 1배(even pay)만을 지불하는 옵션으로, 물론 게임자의 선택이기는 하나 카지노의 게임자의 대부분은 이런 상황이 만들어지는 경우 "이븐머니"를 선택한다.

6) 서렌더(Surrender)

서렌더옵션은 1958년 필립핀 마닐라 카지노에서 소개되었다. 이러한 플레이는 소수의 카지노에서만 허용되므로 딜러에게 이 옵션이 허용되는지 사전에 문의가 있어야 할 것이다.

서렌더는 이니셜 2-카드 상태에서 게임자가 그 핸드에서 위닝하기 어렵다고 판단될 경우 그 핸드를 포기함으로서 이루어진다. 게임자가 서렌더 의사표시를 딜러에게 보이면 딜러는 게임자의 오리지날 금액의 반(半)을 가져간다.

다시 설명하면, 게임자의 첫 번째 2장의 카드상황에서 딜러의 페이스-업 카드와 비교하여 이길 확률이 없다고 판단될 경우, 오리지날 배팅 금액의 손실을 줄이고자 더 이상의 추가카드와 그 핸드를 기권함으로서 오리지날 금액의 반(one-half)을 돌려받는 것이다. 그러나 딜러의 페이스카드(face card)가 "에이스"또는 "10가치의 카드"일 경우에는 딜러의 다운카드가 무엇인지를 딜러가 사전 확인한 후에 "서렌더"를 허용한다. 왜냐하면 이는 딜러가 만약 내추럴(블랙잭)이라면 그 게임은 종료되기 때문이다. 서렙더 옵션의 의사표시는 특별한 시그날 없이 말(speak)로 서렌더라고 표현하되 이는 히트 또는 스탠드하는 순서가 왔을 때 의사표시 한다. 딜러는 핏-보스에게 "서렌더"라고 콜링하여 주고 베팅지역에서 오리지날 금액의 반을 콜렉트(collect)한다.

7) 소프트 핸드와 하드 핸드(Soft Hand and Hard Hand)

소프트 핸드란 에이스카드를 1점 또는 11점의 가치로 사용하는 것이며, 하드핸드는 카드상에 표시된 숫자의 가치를 그대로 사용하는 것을 말한다. 게임자는 소프트 핸드와 하드핸드를 자기 점수에 유리하게 적용할 수 있다. 예를 들어 게임자가 "A, 6"카드의 핸드라면 7점 또는 17점으로, 딜러의 페이스-업 카드를 고려하여 자신에게 유리하도록 사용하면 된다. 자주 일어나지는 않지만 소프트 17, 18, 19의 상태에서 히트 또는 스탠드를 결정해야 하는 경우가 있다. 보통 소프트 20점에는 스탠드하지만 이는 하드핸드 10점이기도 하여 더블다운하기도 한다. 여기에서 주목할 점은 소프트 핸드에서는 추가카드 한 장으로는 절대 버스트가 되지 않으므로 전략상 카드를 선택할 수 있는 여유가 있다는 것이다. 이미 설명한 바와 같이 딜러의 핸드 숫자 합이 16점 이하면 카드를 받아야 하고 17점 이상이면 스탠드 하여야 한 다고 언급하였으나, 세계적으로 대부분의 카지노에서는 딜러의 핸드가 소프트 17 이라도 스탠드하도록 룰이 되어 있다. 그러나 소수의 카지노는 양상(樣相)을 달리 하여 미국의 네바다주 북쪽 지역과 라스베가스의 다운타운 카지노에서는 딜러가 소프트 17일 경우에도 하드로 적용하여 히트하도록 되어 있는데 이는 게임자가 불 리한 룰(rules)이다.

III 블랙잭 게임의 옵션 룰

1. 옵션룰(Option Rules)의 선택

법률적으로 어느 카지노나 관리제도는 다를 바 없다. 보통 지방 정부(한국은 중 앙 정부)에 의해 통제되고 게임룰 준수(compliance)여부에 대하여 감독 기관에 의 하여 정기적으로 검사를 받으며, 모든 카지노가 대등한 게임룰 옵션을 적용하고 있 다. 1975년, 미국에서 블랙잭 게임의 조사를 최초로 IBC(International Blackjack Club)가 시작하였을 때 놀라운 결과가 발표되었다. 첫 번째 조사에서 충분한 게임 자료를 통한 정당한 통계(統計)였음에도 카지노 전체 회기 중의 승률은 24%의 차 이를 보여주었다. 클럽회원 중의 하나인 "Hilton"은 회기 중 64%의 위닝퍼센티지 를 가졌고, 동시에 "Dunes"카지노는 단지 38%의 승률을 보여 주었다. 그 설명은 공정성의 기준, 투명성, 다른 속임수의 음모 등의 복합적인 이유로 차이(差異)가 있지만, 더 큰 이유는 이미 언급한 바와 같이 블랙잭은 아직 안정적인 카지노 게임 으로 정착하지 못했기 때문일 것이다. 예를 들면, 룰렛(roulette)게임은 승산(odds) 이 대단히 견고하다. 룰렛게임에서 차이는 단지 "European" 대 "American"휠이 있을 뿐이다. 유럽식 게임은 단지 하나의 제로를 가졌으나 반면에 미국식 게임을 승률이 더 높은 더블 제로 휠(double zero wheel)을 가지고 있다는 것이다. 크랩스

(craps)게임은 비교할 대상없이 어디에서 플레이하던지, 문제 없이 본질적으로 같은 레이아웃(layout)을 보여주고 있어 주변의 카지노는 거의 같은 게임 룰(game rules)을 갖고 있다는 것이다. 그러므로 블랙잭 게임에서는 각 카지노가 허용하는 옵션과 무엇을 제한(制限)하는지 살펴볼 필요가 있다.

그 대상은 더블링(doubling), 스플릿팅(splitting), 또는 서렌더링(surrendering)으로 게임자에게 유리하게 작용되는 카지노를 게임자가 선택하는 것이다. 이와 반대로 카지노는 하우스가 제공하는 옵션이 상품이다. 카지노의 블랙잭 테이블에 고객을 유치하려면 카지노간 경쟁(competition)은 불가피하다. 카지노는 각 자의 형편에 맞도록 옵션을 제공하여 게임자들에게 선택되어야 한다.

2. 변동되는 옵션룰의 평가(Evaluating Option Rules Variations)

아래의 목록은 카지노에서 변동하여 제공하는 옵션을 총망라한 것이다. 이 목록은 게임자나 하우스에 중요한 영향을 미칠 것이다. 어떠한 내용인지 살펴본다.

1) 게임자가 유리한 룰(favorable for the player)

- 얼리서렌더(early surrender)
- 어떤 숫자에도 더블링(doubling on any number of cards)
- 어떤 카드 3장에서 더블링(doubling on any three cards)
- 어떤 카드 2장에서 더블링(doubling on any two cards)
- 에이스스 스플릿에 어떤 숫자에도 드로윙(drawing any number of cards two split aces)
- 페어스플릿 후에 더블링 허용(doubling allowed after pair splitting)
- 서렌더(surrender)
- 좌석없이 벳팅(observer betting)
- 인슈런스(insurance)

2) 게임자에 불리한 룰(unfavorable for the player)

- 11점에만 허용되는 하드더블링(hard doubling restricted to 11)
- 2덱 이상의 카드덱 사용(two or more card decks)
- 딜러소프트 17에 히트(dealer hits soft 17)
- 10 혹은 11점에만 허용되는 하드 더블링(hard doubling restricted to 10 or 11)
- 소프트 더블링 허용하지 않음(no soft doubling)
- 딜러의 홀카드 없음(no dealer hole card- British style)
- 에이스스는 한 번만 스플릿팅(no resplitting of Aces)

위의 옵션 룰은 장소와 위치에 따라 과감하게 변화를 줄 수도 있다. 예를 들면 카리브해의 "산마틴(Sint Maartin)"의 카지노들은 4덱게임으로 게임자에 대하여 하우스가 유리한 사항으로 위의 목록에 열거한 모든 좋은 룰은 거의 가지고 있다. 이에 비해 라스베가스(Lasvegas)다운타운에 있는 "El Cortez"카지노는 싱글덱 게임에서 서렌더와 스플릿 후에 더블링을 제공하고 반면에 단지 소프트 17에 히트하는 유리한 룰을 가졌을 뿐이다. 어떤 새로운 카지노의 비즈니스의 첫 번째 아이템(item)은 효과적인 옵션 또는 딜러의 스킬(skill)이 문제이다. 그리고 게임이 손상되기 전에 옵션을 설치하여 어떠한 플레이를 제한한 것이냐가 관건이다. 다음 장은 카지노의 본고장인 미국의 옵션 룰 현황이다. 카지노 시설 규모를 대, 중, 소로 구분하고, 사용하는 카드덱 그리고, 카지노에 영향을 미치는 주요 옵션 룰을 살펴보았다. 전장에서 언급하였듯이 옵션 룰은 다양하게 변동(變動)을 주고 있어 도표와 같이 현재 적용하고 있다고 단언할 수 없음을 주지하기 바란다.

3. 미국의 지역별 주요 카지노 옵션 룰

1) 애틀랜틱시티(Atlantic city)

애틀랜틱시티의 표준적인 일반적 룰은 숫자와 관계없이 카드 두 장이면 더블다운이 되고, 스플릿은 한 번만 허용하며, 페이스스플릿 후 더블다운이 허용되고 딜러는 소프트 17에 스탠드하고 홀-카드는 없다.

〈표 Ⅲ-1〉

카지노	시설규모	카드덱	스플릿 후 더블	레이트 서렌더	딜러히트 소프트 17
Atlantic	L	6/8	※	—	—
Ballys	L	6/8	※	—	—
Caesars	L	8	※	—	—
Castles	L	6/8	※	—	—
Marina	L	8	※	—	—
Nugget	L	8	※	—	—
Resort	L	6/8	※	—	—
Sands	L	6/8	※	—	—
Tropicana	L	6/8	※	—	—
Trump	L	8	※	—	—

자료제공 : RW Directories

2) 라스베가스 스트립(LasVegas Strip)

라스베가스 스트립의 일반적인 표준 룰은 카드 두 장이면 더블다운이 가능하고 페어(pair)는 리-스플릿이 안되며 스플릿 후에 더블다운이 허용된다. 그리고 딜러는 소프트 17에 스탠드한다.

〈표 Ⅲ-2〉

카지노	시설규모	카드덱	스플릿 후 더블	레이트 서렌더	딜러 히트 소프트 17
Bally's Ground	L	6	※	—	—
Circus Circus	L	1/6	—	—	—
Dunes	M	2/6	—	※	—
Flamingo Hilton	L	2/6	—	—	—
Marina	M	1/2/5	—	—	※
Caesars Palace	L	6	※	※	—
Holiday	M	2/6	—	—	—
Riviera	M	2	—	—	—
Sands	M	2/4/6	—	—	—
Stardust	L	2/6	—	—	—

자료제공 : RW Directories

3) 다운타운 라스베가스(Downtown LasVegas)

〈표 Ⅲ-3〉

카지노	시설규모	카드덱	스플릿 후 더블	레이트 서렌더	딜러 히트 소프트 17
El Cortez	M	1/2	※	-	※
Golden Nugget	M	6	※	-	-
LasVegas Club	M	6	※	※	※
Pioneer Club	M	1/6	-	-	※
Mint	L	1/2/6	-	-	※
Fremont	M	2/4	-	-	※
Horseshoe	M	1/6	※	-	※
Palace Stations	M	2/6	-	-	※
Shoeboat	M	6	-	-	※
Union Plaza	L	2/6	-	-	※

4) 리노 / 타호(Reno / Tahoe)

네바다 북쪽의 표준형 룰은 카드 두장의 합이 10혹은 11에만 허용하는 더블다운
을 제외하고는 라스베가스 다운타운 룰과 유사하다.

〈표 Ⅲ-4〉 리노(Reno)

카지노	시설규모	카드덱	스플릿 후 더블	레이트 서렌더	딜러 히트 소프트 17
Eldorado	M	1	-	-	※
Harrah's	L	1/4	-	-	※
Monte Carlo	S	1	-	-	※
Bally's Ground	L	4	※	-	※
Harrah's	L	1/4	-	-	※
Nevada Club	M	1/2	-	-	※
Peppermill	L	1/2/4	-	-	※
Hilton	L	1/2/4	-	-	※
Ramada	M	1	※	※	※
Sundowner	L	1	-	-	※

〈표 Ⅲ-5〉 타호(Tahoe)

카지노	시설규모	카드덱	스플릿 후 더블	레이트 서렌더	딜러 히트 소프트 17
Barney's	S	1/6	–	–	※
Caesars	M	1/6	※	–	※
Harrah's	L	1/2/6	–	–	※
Harrah's Sports	S	1	–	–	※
Harvey's	L	1	–	–	※
High Sierra	L	1/6	–	–	※
John's Nugget	S	1	–	–	※
Lakeside Inn	S	1	–	–	※
Nugget	S	1	–	–	※

주(註) : 위 자료 모두 RW Directories의 「Casino Dorectory for Nevada」에서 인용 참조하였음.
이 디렉토리는 네바다 카지노 정보는 물론, 30개 도시 150개 카지노의 사이즈, 사용하는
카드덱의 수량, 블랙잭 룰, 카지노의 변동옵션, 모든 게임의 벳팅리미트 그리고 포커게임
제공과 베팅 범위와 같은 추가게임정보 등을 상세히 목록화하여 제공하고 있음

4. 세계 주요 국가의 블랙잭 옵션 룰

다음은 세계 주요 국가들의 다양한 블랙잭 옵션 룰을 소개하여 본다. 카지노 룰
에 변화를 줄수 없는 게임의 본질은 훼손하지 않고 일반적인 기분으로 사용하면서
도 세계각국의 블랙잭 옵션룰은 플레이에 영향을 미치는 공통적인 변화 사례가 존
재하고 있음을 알 수 있다. 이 모든 블랙잭 게임 옵션 룰은 "라스베가스 스트립 룰
(LasVegas Strip rules)"의 전형(典刑)에서 변동을 주었다.

1) 오스트렐리아(Australia)

홀카드는 없으며 주목할 점은 딜러의 마지막 카드로 블랙잭이 되었다면 더블벳,
스플릿벳은 모두 루스(loose)한다. (미국의 카지노에서는 오리지날벳만 루스되므로
엑스트라벳은 돌려줌) 더블다운은 2-카드 상황에서 9, 10, 11로 한정되었고 페어
의 리스플릿은 허용되지 않는다.

2) 오스트리아(Austria)

이 곳 역시 홀-카드 없는 게임으로 딜러가 블랙잭이면 모든 더블벳과 스플릿벳은 루스한다. 더블다운은 9, 10, 11 의 2-카드 핸드로 한정되며, 스플릿팅 후에는 더블링이 허용되지 않는다. 이 지역에 한정하는 특징은 "A, 8"카드로 더블다운하여 2의 숫자를 드로우 하였다면, 이 핸드의 카운트는 단지 11이 된다는 것이다. (미국식 버전은 21점으로 간주)

3) 바하마(The Bahamas)

이 지역룰은 2장의 카드 합이 9, 10, 11에만 한정하여 더블 다운을 허용하는 것 이외에는 미국식 게임과 유사하다.

4) 벨기에(Belgium)

딜러 블랙잭에 모든 더블과 스플릿벳은 루스이고, 홀카드는 없다. 더블다운은 9, 10, 11의 2-카드핸드에만 한정되며 페어의 리-스플릿팅은 없다. 이곳에서도 "A, 8"에 더블다운하여 2가 나왔다면 토탈카운트는 11점으로 간주한다.

5) 캐나다(Canada)

이 지역에 더블링은 이니셜 카드 2장의 합이 10혹 11에서만 허용되며 페어스플릿 후에 더블다운은 역시 없다.

6) 잉글랜드(England)

영국은 다른 유럽지역보다 제한되는 옵션 룰의 사항이 나소 많다. 딜러 블랙잭에 모든 더블다운벳과 스플릿벳은 루스하며 더블링다운은 오로지 9, 10, 11의 2장카드의 핸드에 한정된다. 스플릿팅은 페어 4s, 5s, 6s는 허용되지 않으며, 페어 리스플릿팅도 없다. 또한 게임자가 블랙잭일때만 인슈런스를 할 수 있다.

7) 프랑스(France)

홀-카드가 없는 게임으로 딜러 블랙잭에 더블다운과 스플릿벳이 모두 루스한다. 더블다운은9, 10, 11의 2장의 카드에만 한정된다. 그리고 페어 스플릿팅 후에 더블링 다운이 허용됨.

8) 저매니(Germany)

독일 역시 홀-카드 없는 게임으로 딜러가 블랙잭이면 더블다운벳과 스플릿벳이 모두 루스한다. 더블다운은 단지 9, 10, 11의 2장의 카드에만 한정되었고, 리스플릿팅은 허용되지 않는다. 그리고 (A, 8)의 카드에서 더블다운하여 2의 숫자로 히트하였을 때는 11점으로 계산한다.

9) 네덜란드(The Netherlands)

딜러의 블랙잭에서 더블다운과 스플릿벳이 모두 루스하고 더블링 다운은 9, 10, 11의 2장 카드 핸드에 한정되고, 리스플릿팅 페어도 허용된다.

10) 프에르토리코(Puerto Rico)

미국의 카지노와 같이 딜러가 블랙잭을 가졌다면 게임자의 오리지날벳만 루스한다. 더블링은 숫자의 합과 관계없이 카드 2장이면 허용되고 스플릿 후에도 더블다운이 된다. 페어스플릿팅은 허용되지 않는다.

위에서 볼 수 있듯이 블랙잭 게임에 참여하는 장소 문제는 없으나, 최상의 접근 방식은 항상 게임의 지식을 가져야 하는 것이고, 하우스룰의 스펙(specific)이 어떻게 되는지를 딜러에게 질문하여 많은 정보를 얻어내야 한다. 많은 게임 초보자(beginner)들은 질문하기를 주저하며, 무엇을 어떻게 진행할지 모르거나, 두려워하면 당황하게 되

므로 게임시스템을 망쳐버릴 수 있다. 딜러들은 현명한 게이머(gamer)라면 정확한 룰을 알기를 원하는 것으로 알고 있고 딜러는 자주 일어나는 질문에 익숙해져 있다. 본 교재를 통하여 여러분이 살펴보았듯이 세계적 또는 지역적으로 다양한 룰로 블랙잭 게임이 플레이 되고 있으며, 또한 블랙잭 게임 옵션룰(Option rules)이 표준화되지 않은 것을 알 수 있다.

Ⅳ 블랙잭 게임 테이블 조건의 분석

지역적 카지노가 제공하는 옵션(Option)에 대하여 연구한 다음 게임자 입장에서 카지노를 상대로 유리할 수 있는 부분을 확인할 수 있어야 한다. 일단 카지노에 입장하면 테이블에서 테이블로 다양한 여러 가지 분석으로 더 많은 옵션을 가지고 플레이에 직면해야 할 것이다. 이와 반대로 카지노는 테이블 운영에 적절한 옵션 제공으로 많은 게임자들을 흡인(attraction)할 수 있는 구매력(購買力)을 갖춘 조건이어야 한다.

1. 카드덱의 수량(Number of Decks)

일반적으로 카드-덱(card deck)을 더 많이 사용한다는 것은 게임자에게 보다 불리하게 작용된다는 논리이다. 카지노의 첫 번째 움직임의 하나는 "Beat the Dealer"라는 저서를 통해 Thorp교수의 10-카운트 시스템을 마스트한 "카운터(counter)"들이 동기를 유발(誘發)시켜 하우스는 카드 덱의 수량을 증가시켰다. 카지노는 10으로 간주하지 않은 숫자와 10가치의 숫자의 비율을 계산하려는 시도가 208장카드(4덱)에서 흐름읽는 것은 너무 어려워질 것이라고 예상하였다. 물론 당연한 논리이다. 그러나 이것은 1966년 Thorp의 두 번째 개정판이 나올 때까지의 논리이다.

이 후 Hi-opt I으로 "플러스-마이너스"카운트와 유사한 개념으로 소개되어 멀티플덱(multiple deck)의 카운팅은 게임자를 위하여 더 어려움없이 어떤 상황이 발생할 수 있다. 멀티-덱 게임에서는 약 5%의 어드밴티지가 있으며, 이는 전체적인 비율(比率)을 통하여 좋은 카드와 나쁜 카드가 있을지라도 싱글덱 혹은 멀티-덱 게임 양쪽 다 똑같다. 딜러는 멀티-덱으로부터의 드로우(draw)는 유리한 카드의 커다란 풀(pool)을 가지는 것으로 딜러는 보다 적은 버스트를 가지게 된다. 따라서 멀티플-덱 중 4덱은 카지노들이 사용하는 공통적인 수량이다.

One-Deck 게임은 통계학상 위닝의 기회를 가장 높게 제공하는 반면 헤비(heavy)벳팅을 통하여 실질적인 이익(substantial profits)을 산출하려는 바램을 가지기에는 최적의 게임이라고는 볼 수 없다. 왜냐하면 싱글덱 테이블의 딜러와 핏보스들은 게임자들의 시스템에 대하여 극도로 경계하고 카드 트래킹의 용의점이 근소하더라도 어드밴티지가 없도록 셔플하기 때문이다. 이러한 게임 형태는 "하이롤러(high-roller)"를 위해 충분한 이익을 발생하기에는 너무 적게 나타내는 벳팅 수준으로 게임자를 유도하려는 비교적 영세한 카지노들에게는 종종 유용할 수도 있다. 그러나 단순히 게임을 즐기거나, 적은 윈 또는 루스를 원한다면 싱글-덱 게임이 적당할 것이다.

Six-Deck게임은 대부분의 게임자가 플레이하기를 꺼리는 경향이 있다. 그 이유는 이기기에는 대단히 어려움이 있기 때문이다. Julian Brown은 6-덱 게임에서 어떤 강력한 시스템을 가지고 시간을 들여 어드밴티지를 가지려면 적어도 카드덱이 4덱반이 딜링되어야 하고, 베팅의 범위(betting range)는 적어도 매 핸드당 1에서 20유니트(unit)가 되어야 하고, 핏보스에게 객관적인 게임자로 어필(appeal)되어야 한다고 언급하였다. 6-덱 게임에서 오로지 접근이 가능한 것은 팀 플레이와 고난도의 Hi-opt II와 같은 전문 시스템을 사용하는 것 뿐이다. 전체적으로 최상의 타잎(type)의 게임을 지적하라고 한다면 "최소수량의 덱을 사용하여 적절히 딜링되었을 때이다."라고 언급하고 싶다.

2. 딜링의 방법(Method of Dealing)

기본적으로 모든 블랙잭 게임은 딜러가 왼손(left hand)으로는 사용하지 않은 카드를 잡고, 오른손(right hand)으로 카드를 딜링하는 싱글-덱을 사용한다. 4-덱 게임은 Thorp박사의 이론이 두려워서 사용하기 시작하였으나, 핸드-홀더로는 실행할 수 없으므로 바카라 테이블로부터 힌트를 얻어 고안(考案)한 "슈(shoe)"라는 장치로 장기간 사용할 수 있도록 하였다. 슈는 딜러를 위하여 딜링되지 않은 카드를 담는 통(box)으로서, 게임 테이블 위에 놓고 앞쪽에 있는 작은 문으로 한번에 한 장씩 미끄러트려 딜러가 뽑을 수 있도록 고안함으로서, 딜러가 카드덱을 잡는 일로부터 다른 손은 자유로워질 수 있다. 그리고 하우스와 게임자, 양쪽 다 슈게임(shoe game)에 어드밴티지가 있다. 슈게임에는 속임수의 기회가 최소화되기 때문이다. 왜냐하면 그 슈는 톱-카드 이외에는 딜링이 되지 않으므로, 어떤 속임수일지라도 가능성이 희박하다. 반면에 히스토리이지만 라스베가스의 작은 회사가 속임수를 위해 사용할 목적으로 불법적인 슈(shoe)를 제작하여 세계의 카지노에 수출한 적이 있으며 국내의 카지노에도 반입된 흔적을 찾아볼 수 있었다.

핸드 홀더(hand-holder) 게임에서의 속임수(cheat)는 훨씬 더 쉬워 능숙한 솜씨만 있다면 무한한 금액을 어디에서도 가질 수 있다고 가정할 수 있다. 여러분들은 마술사의 카드트릭(card tricks)을 눈을 크게 뜨고 본 적이 있었을 것이다. 카드덱의 카드가 손에 의하여 어떻게 되어졌는지는 매직(magic)에 가깝다고 생각하면 이해하기 쉬울 것이다. 또 하나의 특징은 게임자에게 페이스-업 또는 페이스-다운 카드를 디바이드(divide)하느냐, 안하느냐에 달려 있다. 카드덱이 많은 게임에서는 딜링한 모두 카드를 볼 수 있으므로 게임자에게 더 많은 유리함이 있다. 카지노들은 그 이유로 게  임자들에게 카드를 만지는 것을 절대 허용하지 않는다. 게임자로부터 카드에 손을 대지 못하게 하는 것은 손님에 의하여 속임수를 당하는 카지노를 위하여 보다 적은 기회를 차단하고자 함이다.

3. 딜링의 程度(Depth of Dealing)

블랙잭을 이기기위해서 게임자가 고려해야 할 가장 중요한 사항의 하나는 리셔플(reshuffle)전에 딜링된 카드의 수량이다. 이것은 통상 딜링된 덱의 퍼센트 또는 덱의 통찰력(penetration)으로 3분의 2, 2분의 1덱 등을 표현한다. Arnold Snyder는 그의 저서 "The Blackjack Formula"에서 보여준 덱의 통찰력은 어떤 시스템으로 묘사(describe)된 수준으로 사용하여 윈(win)을 결정하는 비율에 통계학적으로 가장 중요한 단 한 개의 요소라고 피력하였다.

게임에서 최고 좋은 플레이는 가능한 자주 일어나는 딜러의 리-셔플에 있다. 이상적인 것은 거의 모든 카드가 셔플전에 딜링이 거의 종료되는 상태일 것이다. 멀티플-덱으로 실행한다면 셔플전, 반덱과 3분의 2덱 사이에서 딜링이 거의 종료되는 상태일 것이다. 멀티플-덱으로 실행한다면 셔플전, 반덱과 3분의 2덱 사이에서 딜링이 종료되어야 하며, 4분의 3덱의 통찰력 수준을 두드러지게 준비하여 계속하는 딜러는 경험있는 게임자를 위해 위닝(winning)기회를 증가시킨다. 카지노를 위한 리-셔플을 자주 하는 것은 하이-덱(high-deck)통찰력의 균형을 이루고 또한 느슨한 플레이로 하우스의 테이블당 매시간 대 최소의 핸드를 제공하기도 한다. 셔플링 후에 단지 카드 수량의 반만 딜링되었다는 것은 시스템을 알고 있는 게임자를 방해하여 그들로부터 카지노를 보호하자는 것이다. 여전히 딜러들은 셔플보다 오히려 핏보스에 의한 리미트 조정을 포함한 플레이에 무게를 두고 있지만, 딜러는 결과의 상황에 따라 정규적인 "디프덱(deep deck)"을 제공할 것이다.

4. 카드의 타입(Type of Cards)

이미 전장에서 설명한 바와 같이 블랙잭은 포커 타입 플레잉 카드의 단일 셋트를 가지고 게임에 사용한다. 고품질의 종이임에도 불구하고 견고한 가공, 라미네이팅(laminating), 애나밀링(enameling) 등을 입히어, 플레이에 약 40분 이상 견디는 평균치의 카드덱을 사용한다. 카드는 빠르게 더러워지거나, 구부러지므로 복원력이 있어야 한다. Reno의 Harol's Club은 네바다주에서 규모가 비교적 적은 카지노임에도 불구하고 매달 거의 1,000덱씩 사용한 바 있다. 이때 Harol's Club에 의해 소비된 카드는 1902년 U. S Playing Card Company에 의해 처음 소개된 다이아몬드-백(diamond-back)의 "Bee"카드로 레드와 블루의 두 컬러 종류였다.

그 카드의 소개에는 부정적인 치팅(cheating)이 불가능한 공정성을 주제로 왜 카지노는 "Bee"를 사용하기 좋아하는지, 그리고 왜 게임자들은 "Bee"카드를 사용하기를 원하지 않는지 등의 이유를 상세하게 설명한 이래 오늘날 이 타입의 카드가 대부분의 카지노를 점유하고 있다. 전형적인 예로 카드의 연속되는 디자인의 패턴(pattern)은 카드의 뒷면에 "마크(mark)"를 거의 불가능 하게 제작되었다. 왜냐하면 뒷면의 디자인에는 참조할 만한 포인트가 없었기 때문이다. 그리고 두 가지 컬러를 카드에 사용하므로 교체하는 덱과 의 컬러(color)를 비교하기 위함이다.

카드의 기원 및 발달

카드의 정식 명칭은 "플레잉 카드(playing card)"이다. 플레잉 카드는 보통 52장의 카드와 별도의 엑스트라 카드(조커)가 1~2장 추가되어 1덱(deck)을 이루고 있다. 52장의 카드에는 스페이드(spade ♠), 다이아몬드(diamond ◇), 클럽(club ♣), 하트(heart ♡)의 4가지 모양의 무늬로 마크된 카드가 13장씩 구성되어 있다. 이 마크를 카드 용어로 "슈트(suits)"라고 하며, 각 슈트에는 Ace, King, Queen, Jack, 10, 9, 8, 7, 6, 5, 4, 3, 2, 1 의 13장으로 4그룹의 슈트를 합하면 52장이 되고, K, Q, J는 픽쳐카드(picture card)또는 페이스 카드(face card)라고 한다.

카드의 기원(起源)에 관해서는 지역에 따라 여러 가지 전래되는 설(說)이 많이 있지만, 일반적으로 동양에서 생성하여 서구 유럽으로 전해졌다는 설이 가장 유력한 것으로 받아들여지고 있다. 카드의 유래에 관하여 문헌에 알려진 내용을 소개하

면 다음과 같다.

첫째, 중국 기원설은 점(占)을 칠 때 쓰이던 화살이 점을 치는 것 외에 유희나 놀이를 하는 데 사용되는 막대기로 변했고, 이후 중국에서 종이가 발명됨에 따라 이 막대기가 다시 카드로 변화되었다는 것이다. 이 카드는 BC 2세기에서 AD 2세기사이에 초기 형태가 만들어진 것으로 추정되며, 이것이 실크로드(silk road)를 통해서 서양으로 전해졌다는 설이다.

둘째, 인도 기원설은 카드와 장기 즉 서양의 체스가 유사점(類似點)이 많다는 데 근거를 두고 있다.

셋째, 이집트 기원설은 1781년 프랑스의 "크루드 제 블랭(Court de Geblin)"이 주장한 설로서, 카드의 옛날 형태인 "타롯(Tarot)"은 일종의 상형문자와 그림을 담은 이집트의 "무의파"에서 비롯된 것이기에 카드는 고대 이집트가 뿌리라는 것이다.

카드의 발달(發達)과정을 살펴보면 고대 중국에서 카드가 유럽에 전해진 것은 11세기에서 13세기로 추정되는데, 14세기에는 상당히 많은 나라에 퍼져 있었다. 유럽에 보급된 경로에 대해서는 집시가 가지고 왔다는 설, 사라센인이 문화·오락과 함께 전했다는 설, 11세기에 원정한 십자군의 군인들이 가지고 돌아왔다는 설 등이 있다.

당시의 카드에는 칼, 폴로스틱, 컵, 화폐 슈트가 있고 한 팩에 52장이 들어 있었다. 각 슈트에는 1부터 10까지의 숫자와 3장의 그림카드가 들어 있었고, 본래의 그림 카드에는 그림이 들어 있지 않았다. 하지만 유럽 문화의 영향을 받아 왕, 기사, 시종이 그려진 카드로 변하였고, 나중에 기사는 여왕으로 바뀌었으며, 영국에서 시종은 잭(Jack)으로 통용하게 되었다. 14세기의 카드는 원본을 보고 손으로 일일이 그려서 만들었기 때문에 값이 비쌌으나, 15세기에는 목판 인쇄로 대량 생산되면서 값이 싸져서 일반인에게도 보급되었음은 물론 디자인도 계속 바뀌었다. 심볼(symbol)은 나라마다 달랐다. 이탈리아 카드에서는 화폐, 컵, 칼, 바톤을 볼 수 있다. 한편 독일 카드에는 하트, 나뭇잎, 벨, 도토리가 그려져 있었으며 현대 플레잉 카드에서 볼 수 있는 심볼(하트, 스페이드, 다이아몬드, 클럽)은 프랑스 카드에서 유래한 것이라 전한다. 19세기 말에 네 귀를 둥글게 하였고, 인덱스(index)도 붙였으며 1벌 52장에 조커를 추가해서 오늘날 일반적으로 사용되는 카드의 형태가 완성되었다. 현재는 플라스틱으로 만든 카드도 선보이고 있다.

V 블랙잭 게임 딜러

여러분은 아마도 본 교재 내용 중 가장 관심을 보이는 것이 제 4장이 될 것이다. 여러분의 직업적 선택, 블랙잭 딜러의 프로정신, 그리고 테크닉(technic), 운영방법 등에 관심이 있기 때문이다. 본 장 역시 서두(序頭)에서 언급한 바와 같이 객관적인 입장에서 기술(記述)하였던 바, 이 점 오해 없기 바란다. 딜러가 부정직하다는 것은 위닝(winning)에는 비판적(eritical)이다. 게임자의 전략이 아무리 강력하더라도 또는 수학의 천재라 할지라도 딜러의 스캠(scam)에 대항해서는 위닝할 수 없다는 것이다. 최고의 치팅 딜러는 자기가 원한다면 모든 핸드에 이기는 방법으로도 딜링할 수도 있다고 한다. 유명 작가인 Mario Puzo는 "갬블링을 한다는 것은 치팅(cheating)을 보여주는 것이라고, 갬블링 역사에 기록되어 있다."고 주장하면서 네바다(Nevada)주의 딜러 10~20%는 스캠행위를 할 수 있다고 추정하는 보고서를 제시한 바 있다. 그러나 평생을 정직한 직업관을 가지고 나의 직업에 충실하여온 저자(著者)나 소신을 가지고 딜러라는 직업에 입문하려는 여러분에게 위의 수치에 대하여서는 놀랄만한 일이며 아무리 어림짐작이라도 실망스러울 것이다. 그러나 본 차트는 정상적이지 아니한 극소수의 딜러를 비교하자는 목적이 아니므로 어떻게 딜러는 승인되고 어떠한 업무를 수행하는지 알아본다.

1. 직업적인 딜러(The Dealer's Job)

훌륭한 거래를 하는 행위를 "딜링(dealing)"이라고 한다면, 이를 직업적으로 수행하는 자를 "딜러"라고 한다. 에틀렌틱시티의 Resort International Casino에서 600명의 딜러직 구인광고를 냈을 때 약 5,000명 이상이 지원한 적이 있었다. 이와 같이 딜러라는 직업은 매력적이고 수입이 비교적 높은 전문 노무직으로 등장하게 되었다. 그러나 딜러(dealer)라는 직업은 대단히 힘든 직종(職種)이다. 실제로 Atlantic City 딜러는 카지노 오픈 초기에는 주 6일 근무하였고, 거의매일 10시간

씩 근무하였다. 그 직업에 대한 필요 조건(requisite)이 너무 많다. 딜러는 서서 일해야 하며, 1시간 일하고 20분 휴식, 포켓이 없는 카지노 유니폼으로 정장해야 하며 그리고 더욱 어려운 일은 무례하고 호의적이 아니며, 미신적인 습관 또는 부정 행위를 하는 갬블링대중과 직면(face to face)하는 것이다. 또한 딜러는 핏보스의 엄격한 감독하에 서베일런스(Surveilance)등의 감시하에 근무에 임하고 있다. 초기에는 직업에 대한 보장이 존재하지 않았다. 만약 시프트(shift)상에 누군가의 부정 행위가 있었다면 시프트 전체가 그만두어야 한다. 시프트상의 부정행위는 모든 다른 딜러에 의해 통상적으로 알고 있을 것이라는 전제하에 그들이 관여하였던, 아니하였던 결백한 딜러들도 관여하였던 멤버에 대해 언급(言及)하지 않았다 해서 그만 두어야 한다는 논리였지만 현재에는 이 논리를 적용하지 않으며 직업에 대한 완전한 보장이 이루어지고 있다.

1) 딜링(dealing)은 교육, 훈련, 숙련

매뉴얼 적응, 그리고 훌륭한 집중력을 요구한다. 딜러지원자는 카지노가 제시한 "Manual"에 빈틈없는 카드핸들링을 보여주어야 하고 집중하는 충분한 능력과 룰의 지식(knowledge)등이 수습(apprent)딜러가 되는 요건에 필요한 사항이다. 첫 단계의 수습딜러의 딜링은 경험자가 옆에

서서 어떤 미스테이크를 고쳐주고, 기술상의 조언을 해준다. 수습과정을 통과한 딜러는 통상적으로 스스로 완전하고 자신있게 운영할 때 까지 핏보스(pit boss)의 밀착 윗치(close watch)에 의해 딜러는 혼자서 게임을 수행할 수 있다. 애틀랜틱시티에서는 리조트 인터내셔날 카지노 이후 뉴저지(Newjersey)주의 거주자만 고용을 하였고, 그 딜러들은 "딜러스쿨(dealer school)"이라는 카지노 종사원 교육기관을

통하여 공급받는다. 라스베가스에서의 뉴-딜러는 사설 딜링 스쿨을 통하여 자체적으로 수급하고 있다. 그렇더라도 경험없이 메이저급 카지노에 취업하기란 거의 불가능하다. 뉴-딜러는 라스베가스 스트립(LasVegas Strip)과 같은 메이저 지역 밖의 변두리에 작은 카지노에서 출발하여야 한다. 그러면 왜 이러한 문제를 안고도 딜러가 되려고 하느냐고 반문하여 본다면, 딜러의 직업은 그 딜러가 어떤 게임파트에서 액션(action)이 어떤 수준(class)에 있느냐에 따라 그 양상을 달리하지만 그 답은 "Money(수입금)"이다. "Gambling Times"매거진에 Walter Tyminski(Rouge et Noir News 편집장)는 네바다주 게이밍과 관련하여 추정하는 논문을 분석한 바 있다. 그 논문 중 카지노 종사원 급여부분 분석에서 그는 2천만불을 위닝하는 카지노의 딜러의 평균급여가 연봉 12,370불이 되는 것으로 분석하였다. 분석결과 평균급여는 비교적 낮았지만 그러나 딜러의 주수입원은 "팁(tip)"이다. 라스베가스의 스트립지역 카지노의 딜러들은 일일평균 약 50~100불씩 팁을 받는다. 이를 연봉으로 계산하면 약 18,000~36,000불 정도가 되므로 딜러는 연봉 약 35,000~60,000불 이상이 보장되므로 적은 수입이 아니라는 것이다.

2. 딜러의 직무 사례

아래의 수칙은 최근 "LasVegas Downtown"카지노에 고용된 블랙잭 딜러가 지켜야 할 룰(rules)의 수칙이다. 이 사례는 각 카지노 마다 룰을 달리하고 있어 딜러의 직무와 카지노의 관점포인트를 주제로 게임의 복합성 개념으로 목록화하여 딜러의 직무내용을 제시해 본다.

① 테이블의 리미트(limit)는 1불에서 500불이다.

② 스플릿은 "Any pair" 혹은 "Any face card", 스플릿 Aces는 단 한 장만 각 핸드에 주어진다. 난, 세 번째 에이스를 리스플릿하는 경우는 제외한다.

③ 더블다운(double down)은 어떤 두 장에서도 할 수 있다.

④ 딜러는 각 핸드에 개별적으로 펼쳐서(spread)지불해야 한다. 손으로 펼치면서 지불금액이 만들어진다. 무승부(stand-off)는 테이블 상의 플레이어 핸드를 그대로 두고 무승부를 표시해야 한다.

⑤ 가능하면 딜링 전에 모든 지폐(bill)는 칩스로 체인지하고 만약 게임자가 지폐로 벳팅하기를 고집한다면 그 지폐를 플로어맨과 모니터실에서 확인할 수 있도록 금액이 얼마인지 스프리드해야 한다.

⑥ 딜링이 시작한 후에 그의 벳을 변경하는 게임자를 허용해서는 안 된다.

⑦ 딜러가 브레이크(break)일 경우, 21이 오버되었음을 확인하는 동작으로, 게임자의 핸드를 카운트하면서 종결한다.

⑧ 딜러는 소프트 17에 히트하고, 하드17에 스탠드 해야 한다.(downtown rules)

⑨ 만약 딜러가 실수로 하드 17에 히트하였다면, 그 히트한 카드는 묻어두고 (burry), 오리지날 17로 스탠드하여ㅓ 승부한다.

⑩ 만약 그 덱의 게임이 종료되기전에 리-셔플을 원한다면, 딜러는 그것을 하기 전에 플로어 퍼슨으로부터 승인을 받아야 할 것이다. 그러나 이러한 실행이 게임자의 요구대로 받아들인다면, 딜러는 너무 많은 셔플링 시간을 소비할 수도 있다.

⑪ 많은 핸드에서 딜러는 대충 산만한 딜링은 있어서는 안 된다. 집중력을 가지고 항상 안정된 페이스를 효과적으로 유지하는 것으로 최상의 게임을 가지게 될 것이다.

⑫ 모든 벳은 "박스(place)"안에 확실히 만들어야 하며 박스 바깥쪽은 어느것도 벳팅으로 간주할 수 없다.

⑬ 딜러의 핸드를 히트할 때에는 카드를 스프리드하여 "side by side"로 놓는다. 이 방법은 플로어퍼슨과 서베일런스 요원이 모든 카드를 쉽게 읽을 수 있게 위함이다.

⑭ 카드 딜링은 항상 왼쪽에서 오른쪽으로 "디바이드(divide)"하며, 첫 번째 핸드와 라스트 핸드의 상황을 주의해야 한다. 이 경우들은 카드를 받은 후에 "펀치(punch)"또는 "프레스(press)"벳을 하려는 게임자들에 대해 가장 가능성 있는 장소이기 때문이다.

⑮ 딜러는 오른손은 오른쪽에서 왼쪽으로(시계 반대방향) "테이크와 페이(take

& pay)"를 하고 왼손으로는 왼쪽에서 오른쪽(시계 방향)으로 테이크와 페이를 한다. 블랙잭 핸드의 카드는 테이블에 그대로 두었다가 마지막에 지불하고 픽-업(pick-up)한다.

⑯ 싱글-덱 게임에서 하나의 핸드보다 많은 플레이를 하는 게임자는 각 핸드의 차례가 되었을 때, 플레이 해야 한다. 비록 모든 핸드를 볼 수 있도록 허용될지라도, 플로어 퍼슨이 그 게임자가 "카운터(counter)"임을 알았다면, 그는 모든 핸드의 카드를 볼 수 없다.

⑰ 게임자의 더블링다운은 오리지날벳과 같은 동일한 벳을 가져야 한다. 단 딜러는 게임자의 마지막 벳팅이 금액이 부족하다고 인정되면 같은 부분으로 나누어 더블링 할 수 있다.

⑱ 벳팅에 대해 지불할 때는 스텍(stack)으로 사이즈 컷팅한다. 블랙잭을 지불할 때는 언제라도 벳팅의 캡핑(capping)은 없다. 2개의 동등한 스텍을 만들고 3번의 사이즈로 만들어 지불하며, 홀수의 칩스라면 그것은 마지막으로 계산한다.

⑲ 게임자의 카드를 컷팅할 때는 카드-덱의 일정구역에 정확히 하도록 유도한다. 또한 싱글덱에서는 5장 이상, 멀티 덱에서는 반덱이상이어야 한다. 또한 컷팅하는 덱에서 시선(視線)이 벗어나는 딜러가 되어서는 안된다.

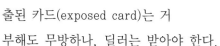
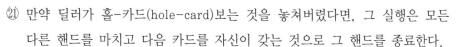

⑳ 테이블 레이아웃의 박스(betting place)보다 많은 핸드에 딜링은 허용하지 않으며, 게임자는 노출된 카드(exposed card)는 거부해도 무방하나, 딜러는 받아야 한다.

㉑ 만약 딜러가 홀-카드(hole-card)보는 것을 놓쳐버렸다면, 그 실행은 모든 다른 핸드를 마치고 다음 카드를 자신이 갖는 것으로 그 핸드를 종료한다.

㉒ 만약 게임자가 딜링(card divide)후에 2장의 카드보다 더 많이 가졌다면, 그 핸드는 취소(void)되며 액션이 없는 것으로 간주한다.

㉓ 만약 딜러가 블랙잭인지, 체크하는 행위(turn over)를 놓쳤다면, 그것은 21

로 카운트되므로 어떤 게임자가 21을 가졌다면 무승부가 될 것이다.

㉔ 카드가 핸드에서 벗어난 경우, 그 핸드의 카드로 간주하여 추가카드를 주는 일이 있어서는 안 된다. 핸드에서 벗어난 카드로 인해 두 개의 핸드로 만들어 질 수 있으므로 이는 논쟁의 소지가 된다.

위의 24가지 기본사항의 규정은 실행할 수 있는 결단을 단편적(fraction)으로 제 시하였다. 가장 좋은 상황은 효과적으로 판단하여 종료하는 것이다. 17번 항목에서 보여준 사항은 카지노가 고객으로부터 벳의 루스보다 오히려 진보적인(progressive) 룰의 변화를 가졌다.(게임자는 완전하게 분명하지 않은 어떤 사항을 질문할 경우 딜러는 주저하지 말고 즉시 멈추고 거기에 어떤 오해가 있었는지 절차가 유지되어 야 한다) 고액의 지불에 대해서 딜러는 가장 엄격한 룰의 지배하에 게임의 절차가 유지되어야 한다.

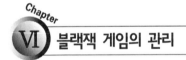

Chapter Ⅵ 블랙잭 게임의 관리

핏–보스는 카지노 머니(money)를 보호하고 제일선에서 게임 테이블의 관리 측 면에서 방어를 한다. 딜러와는 달리 정직한 핏–보스는 게임자가 벳팅할 돈이 없이 루징하든가, 위닝하든가 어느 쪽 입장도 아니다. 핏보스들은 팁(tip)이 전혀 없다. 하지만 가능한 많은 카지노 머니를 만들어 보이는 게 핏보스의 직무이다. 유능한 핏보스는 위너(winner)로부터 멀리 떨어져 시선을 자신에게 던져 게임자를 불편하 지 않게 하면서 위닝을 유지하거나 또는 게임의 흐름을 방어하고 보호할 수 있는 다수의 접근 방법을 가지고 있다. 이미 언급한 바 있지만 다시 한 번 심도(深度)있 게 연구하기로 한다.

1. 카지노 대응

고객들은 매번 "위닝(winning)"이라는 블랙잭 시스템을 가지고 카지노에 출입한다. 그러나 카지노 관리자들은 이러한 어떤 시스템에 대하여 전혀 걱정하지 않았다. 왜냐하면 그들은 카지노 게임은 무너질 수 없는 확률이 있다고 확신하고 있었기 때문이다. 결국에는 Torp박사의 "Beat the Dealer"라는 저서로 정당한 위닝 시스템(winning system)이 외관상으로 나타났으며, 그 방법이 라스베가스 카지노를 상대로 현실화 되었을 때 그들은 당황하기 시작하였다. 그 해에 카지노는 블랙잭의 기본 룰을 변화시켰다. 더블링(doubling)은 2장의 카드 합이 11점으로 하였고, 에이스페어(ace pair)는 더 이상 스플릿을 연장할 수 없게 하는 등 단 1퍼센트라도 하우스 어드밴티지를 어느곳이고 추가하였다. 결과는 비판적이고 냉소적이었다. 블랙잭 테이블의 플레이는 충동적인 매력이 없어 갬블러(gambler)에게는 하급 게임으로 인정하였고, 모든 테이블에 플레이는 줄어들었으며, 라스베가스(LasVegas)관광객의 인파마저도 외면하였다.

이 상황은 단지 2주내지 3주만에 카지노 매니저 멘트에 나타난 현실이다. 이는 전체 카지노의 경비(expensive)에 카드 트랙킹(card tracking)이 도전하는 양상의 "위닝(winning)"전쟁이었다.

이 전쟁의 이슈(issue)로 게임자입장에서는 새로운 제한(restrictions)을 제거(除去)하자는 것이고, 카지노는 어렵기 전의 수준으로 복원(復元)하는 것이다. 그것은 카드 트랙킹없이 문을 닫는 것보다는 카드 트랙킹(card tracking)을 인정하는 것이 다소 유리하다는 결론이 나온 이래, 그 룰(rules)은 빙빙돌아 70년대에 가장 대중화된 멀티플덱(multiple deck)게임으로 정착하였다. 세계의 카지노 대부분은 이제 4-덱 게임을 독점적으로 플레이하고 있다.

싱글덱게임(single deck game)은 아직도 네바나주의 많은 카지노가 운영하고 있지마, 이 게임은 뒷면(face down)으로 카드를 딜링하여 각 핸드별 보안을 유지하여 카드 트랙킹을 최소화하고, 하이-스테이크(high-stakes)가 있는 테이블에서는 2덱 또는 그 이상의 덱을 믹스하여 사용한다.

멀티플덱(multiple deck)사용은 룰과 함께 대중적인 겜블링으로 수용할 수 있는 것처럼 보였다. 해서 카지노들은 "4덱-카드트랙킹을 유지할 수 있는 것은 아무 것도 없다."라고 그들의 논리를 제시하였다. 사실 3덱을 추가하여 카지노에 도움이 되었다. 그러나 1964년 공황(panic)동안 도움이 되었던 변경된 룰과 같은 만큼의 기대하였던 효과는 양쪽 다 없다는 것이다. 4덱에서도 게임자가 시스템을 멈추지 않는다면 속도만 늦어지는 것 뿐이고, 추가하는 덱은 약 0.5%하우스 어드밴티지를 가산하여, 게임자에 대해서는 유리한 벳팅상황이 조금 감소한다는 것 뿐이다. 그러나 추가덱은 게임을 이기려는 게임자에게 적용하는 능력을 제거하는 방법은 없다. 오늘날 현행되는 룰의 상황 아래서 블랙잭 테이블로 부터의 이익은 카지노에 대해서 만족할 만한 모습을 보여주고 있다. 그 이유는 아직도 게임자의 대부분은 "사커 (sucker)"이기 때문이다. 운좋게도 게임은 게임자 경험에 의해 소신을 가지고 이기려고 참가한다는 것이다. 룰의 변화는 하우스를 위해 유리하게 제공되었고 오로지 남아있는 옵션마저도 반대로 게임자의 시스템에서는 실망스러운 것이다. 이러한 게임자의 문제 대책이 다른 게임자들은 소외당해서 안되는 이유는 다음장의 주제로 다시 공부하기로 한다.

2. 카드 셔플-업 (Card Shuffle Up)

게임자 시스템을 방해하거나 혹은 위닝(winning)게임자를 실망시키는 기초적인 무기(武器)는 셔플-업이다. 딜러는 게임자가 어떤 어드밴티지를 가지고 있다고 느낌을 가졌거나 혹은 핏보스의 오더(order)가 있을 때는 언제든지 셔플(shuffle)을 지시받게 된다. 만약 딜러가 카드 트랙킹을 할 수 있다면 게임자에 대하여 어떤 유리한 상황을 배제(排除)할 수 있을 것이다.

만약 게임자가 성공적으로 카드 트랙킹을 하고 있다면 핏보스는 딜러에게 셔플 후에 각 핸드에 문제가 없는 형태가 되도록 지시한다.

초기에 혹은 당면하여, 덱의 셔플링을 실시하는 두 경우는 모두 유리한 게이밍(playing)조건을 찾으려는 기회에 치명적인

손상을 주거나 제거시키려 함이다. 셔플-업(shuffle-up)은 카지노에 유리한 것만 아니라 불이익(disadvantage)도 초래한다. 만약 테이블에 오로지 싱글덱 시스템 게임자만 만석으로 있었다면 다른 여섯명을 쫓아버리는 것은 카지노의 모험(冒險)이다. 게임을 지루하게 유도하며 자주 셔플링하고, "지불하는 손님(playing customer)"에게는 초조하게 하여 신경을 건드린다. 때때로 셔플-업은 다른 사람에게 행복한 테이블로 제공하기도 하고, 한편으로 게이머의 시스템 플레이를 보다 쉽게 하는 역할도 한다는 것이다. 만약 플레이어 시스템이 너무 무게 없이 위닝벳팅에 실려있다면, 이는 재정상태가 나쁜 탓도 있지만, 게임자시스템에 어드밴티지가 없기 때문이라고 볼 수 도 있다. 카지노는 이를 간파(看破)하고 테이블 위에 갑자기 커다란 벳(larg bet)이 놓여지면 언제든지 딜러는 셔플-업을 가질 것이다.

3. 카드덱 컷-오프(Cut the Card Deck Off)

Thorp박사는 벳팅전략을 지적하여 "End Play"라고 불렀다. 카지노는 게임에 딜링(dealing)되는 카드는 딜링이 종료된 모든 카드를 다시 사용하는 것을 허용하고 있다. 카지노는 사용했던 카드 즉 디스카드(discard)를 매개(媒介)로 각 카드를 기억할 수 있는 것과 무시해도 안전한 것을 구분하여 덱 안에 남아있는 카드 즉, 사용하지 않는 카드의 비율(ratio)을 계산할 수 있는 많은 게임자(player)가 있다는 것을 뚜렷이 느끼게 되었다. "엔드 플레이"의 숨은 전략은 오로지 약간의 카드가 남아있을 때 카드덱의 구성을 흔들어 놓음으로서 어드밴티지를 가지려는 전략(strategy)이다. 카드를 구성한다는 뜻은 메이크-업(shuffle)으로 딜러 또는 게임자에게 어드밴티지의 영향을 미치기 위함이다. 엔디플레이란 유리한 덱의 조건에서 자주 발생하는 빈도수의 최대값을 구하는 방법이다. 예를 들면, 싱글덱 게임 중에 남아 있는 카드가 단지 16징이 있나는 것은 내재(內在)하고 있는 카드의 대부분이 게임자에게 불리하다는 것이다. 만약 딜러와 혼자 상대하여 게임을 하게 된다면 ₩5,000 미니멈 테이블에서 5핸드벳으로 정확한 엔드플레이를 가지게 될 것이다. 이것은 어느 해당 핸드에 게임을 종료시키는 것으로 "reshuffle"하는 동기를 만들 수 있다. 리셔플을 하는 동안 남아 있는 테이블의 핸드는 그대로 머물러 있어야 하

므로 이제 5핸드의 벳은 유리한 국면의 상황을 가지게 될 것이다. 따라서 불리할 수 있는 카드는 테이블 위에 있는 것이고, 새롭게 셔플된 남아있는 36장의 카드는 유리한 구성을 가진다.

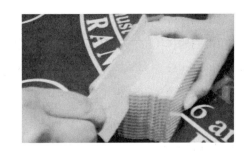

Thorp박사의 저서에 의하면 「"엔드 플레이"는 어떤 새로운 아이디어로 어드밴티지를 가지려는 영리한 게임자에 의해 순간 속임수를 당하는 것이다.」라고 정의하였던 바, 카지노는 엔드플레이에 대해 슬기롭게 대응하여야 한다. 모든 게임에서 카드덱의 끝에는 딜링을 마감시키고, 카드 트랙킹(card tracking)을 하는 의심스러운 어떤 게임자를 감지(感知)하였을 경우, 딜러는 "Cut the deck off"하는 것으로 교육되었을 것이다. 4-덱 게임에서 컷-오프 딜러는 단지 2덱만 플레이 한 후 리셔플한다. 싱글덱 게임에서는 풀 테이블 게임 또는 멀티플 핸드상에 게임자 벳팅이 혼자라도 딜러는 엔드플레이의 어떤 가능성을 각 라운드에 배제한 후 리-셔플 한다.

4. 카드 히딩(Card-Hiding)

카드를 트랙킹하려고 유난히 노력하는 게임자가 있다면, 아마도 그는 카드를 눈으로 확인해야만 가능할 것이다. "페이스-업(face-up)"게임에서는 문제가 없다. 그 카드를 모든 게임자에게 보여주기 때문이다. "페이스-다운(face-down)"게임에서는 포커 게임처럼 다른 게임자들로부터 그들의 카드를 보호할 것이므로 카드를 본다는 것은 어느 정도 더 어려워질 수 있다. 대책이 있다면 딜러에게 히딩(hiding) 카드를 가능한한 조금 더 볼 수 있도록 허용하게 하는 것 뿐이다.

히딩카드(hiding card)의 공통적인 형태의 대부분을 버닝(burning)카드이다. 손으로 잡고 하는 게임(hand hold game)에서는 통상적으로 카드 한 장을 앞 쪽으로 돌린 다음 덱의 맨 밑장으로 집어 넣으며, 슈게임(shoe game)에서는 2~4장 정도를 뒷 면으로 디스카드 트레이에 넣는다. 한 장 이상 버닝하는 것은 관습(慣習)이라기보다, 카지노는 4-덱 슈게임에서 카드덱의 맨 위쪽에서 특별히 5장에서 10장의 카드까지 언제든지 버닝하여 카드 트랙킹을 방해하기도 하고, 각 딜링 라운드(round) 사이에 한 장 씩 버닝하기도 한다. 이 역시 정확한 카드 트랙을 불가능하게 함이다.

또 하나의 다른 카드-히딩의 함정(trap)은 딜러가 테이블에서 카드를 보지 않고 게임자의 루징 핸드를 집어가는 것이다. 이는 하우스 머니로 플레잉하는 "실(shill)" 과 같이 하는 게임에서 버스트 핸드(bust hand)에 대하여 종종 볼 수 있다. 딜러는 실(shill)에 미스 카운팅하지 않는다는 것을 알고 있으며, 또한 실(shill)은 그의 카 드를 보지 않는 것에 불평하지 않는다. 딜러가 내츄럴(blackjack)을 잡았을 때와 목적에 실패하여 노출된(exposed)게임자의 카드는 딜러가 게임자의 벳팅금액과 카 드를 집어 간다.

5. 실즈(shills)

"실즈(shills)"는 하우스머니(house money)를 가지고 플레이하는 카지노 고용인 이다. "실즈"는 기본게임으로 플레이하며 보통 하우스가 규정한 전략을 따르며 그 의무와 책임은 카드 트랙킹으로부터 어느 장소에서 누군가에 의해 손실을 가질 우 려가 있다면 그 유리한 덱을 엷게(diluting)하는 것이다. 만약 어떤 게임자가 딜러 와 혼자 대항하는 플레이로 위닝하였다면, 이는 카드 트랙킹을 위해 최상의 상태로 위닝했다고 볼 수 있다. 이때 카지노는 "실즈"를 보내 게임자와 합류토록 할 것이 다. 실즈는 게임자의 플레이에 직접 손해를 입히지는 않지만, 게임자의 유리한 상 황카드의 반(半)을 가져올 수 있다는 것이다. 실즈(shill)또한 "스캠(scam)"행위를 할 수 있다. 이것 중 하나가 "앵커맨(anchor man)"이라 불리우는 역할로서, 이는 실 즈가 세 번째 베이스에 앉아 딜러가 히트하기 전에 마지막 카드를 가지는 것이다. 만약 딜러가 "peeking"이 있었다면, 딜러가 히트 혹은 스탠드 할 것인지를 앵커맨 에게 신호할 수 있다. 만약에 그 다음 카드가 딜러에게 좋은 상황일 것이라고 예측 되면 앵커맨은 스탠드하고, 딜러에게 나쁜 상황일 것이라고 예측되면 "히트"한다. 이러한 방법으로 딜러가 두 번째 딜링의 위험없이 그의 핸드를 만들 수 있고, 단지 피킹을 위해 "프리즘(prism)"을 가진 슈와 같은 상황에서 딜링되지 않은 세컨드- 카드 일 때 할 수 있다.

6. 히트(heat)

이미 설명한 바와 같이 만약에 불리한 조건(uncomfortable condition)과 카지노의 대응책(counter measures)이 있음에도 불구하고 게임자가 위닝한다면, 카지노는 게임자에게 "히트(heat)"를 느끼게 만들 수 있다. 히트(heat)라는 것은 핏보스에 의해 위닝 게임자에게 심리학적 압박(psychological pressure)을 가하는 것이다. 이것은 게임자를 위해 대단히 불편하게 만드는 위협적인 행위임에 틀림없다. 다음은 국내의 모 카지노에서 일어난 외국인 고객의 경험사례중 "히트"와 관련된 행위로 카지노가 인위적으로 만든 심리적 압박을 묘사한 진술 내용이다.

> 「오래전에 모 카지노에서 평소보다 높은 고액의 칩스로 게임을 하게 되었는데, 내가 한화로 십만원 가치의 칩스를 벳팅하여 약 천만원이 되었을 때, 핏보스는 말벌(hornet)처럼 테이블 주위를 바쁘게 돌아다니기 시작했다. 나중에는 그들이 나의 테이블을 에워쌓았고 그들중의 두명은 딜러의 각 사이드에 서 있었으며, 그리고 그 사람뒤에 양쪽으로 한 명씩 두명이 서 있었다. 그것은 위압(heat)이었다. 그들은 모두 내가 게임을 그만두도록 압박하는 행동이었다.」

위 사건은 종종 비교적 손님이 없는 영세한 극소수의 카지노 테이블에서 일어날 수 있지만, 카지노 매니지멘트 측면에서 볼 때는 적절치 않음으로 무엇이 카지노를 위한 것인지, 히트(heat)행위는 재고(再考)할만한 방법이다.

7. 게임자 저지(Barring Players)

만약 게임자가 너무 협박하는(threatening)매너로 위닝하고 있다면 핏보스는 본질을 유연하게 걸러내는 것으로 근본적인 대책으로 게임자를 저지시키는 것은 당연하지만, 그 저지(沮止)에 하찮은 이유를 들어 수위를 높이는 것은 문제가 있다. 이에 게임자 저지관련 저자의 경험사례를 인용(引用)하여 기술하여 본다. 해외 생활 중인 1988년 카리브해 연안국인 프에르토리코(Puerto Rico)의 어느 카지노에서 한 번 공식적으로 "바드(barred)"당한 적이 있다. 그들이 제공한 알콜로 약간의 취기와 능숙치 못한 영어 탓이라기에는 이유가 납득이 가지 않았다. 그런데 이유는 다른 데 있었다. 「그 날 나는 지독히도 운이 좋아 테이블의 카드가 전부 들여다 보이는 것처럼 필링(feeling)대로 플레이를 하다보니, 스타트 금액 100불로 단 번에 2,000불이 되었을 때는 핏보스가 히트(heat)로 나를 견제(restrain)하였지만, 나의 운을 막지 못해 10,000불 까지 되었을 때, 나의 직업이 딜러라는 것과 매너(카드카운터로 판단)를 문제삼아 게임을 저지당했다. 당시 정황으로는 나의 능력은 카지노를 통째로 마셔버릴 기세였었다. 이에 강력한 어필(appeal)을 하였던 바, 카지노에 의해 이번에는 일방적으로 퇴출(退出)당하였다. 이에 카지노에서 내가 떠나야 되는 이유를 여러 차례 질의하였으나, 그 카지노는 명쾌한 답을 주지 않아 명예회복차원에서 소정의 양식을 만들어 소송을 준비하고 있던 중 그들이 화해를 요청해와 없었던 일로 한 적이 있었다.」

여기에서 내가 권리를 주장할 수 있었던 것은 법률상에 제한하는 게임자에 해당되는 사항이 아무것도 없는 정당한 플레잉(playing)이었기 때문이다. 나의 경험으로 비추어 볼 때, 카지노는 손실을 우려하여 함부로 게임자를 "바링(barring)"할 수 없음을 알아야 한다.

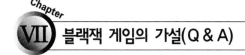

VII 블랙잭 게임의 가설(Q & A)

이제 여러분은 "블랙잭 게임(black jack game)"이 무엇인지, 게임의 정체(identity)를 공부하여 왔다. 여러분이 배워왔던 지식으로 블랙잭 게임이 어떤 게임인지, 다음의 가설(myths)을 통하여 분석(分析)하여 보기로 한다. 또한 이러한 가설은 블랙잭 게임자 측면에서 잠재적인 위닝에 대한 생각이 구름에 가린 형상임을 입증할 수 있을 것이다. 각 문항의 가설은 "카지노 실무자를 위한 카드 카운팅의 수학적 접근"을 마스터 한다면 그 해법을 찾을 수도 있을 것이다.

1. 가설 1항

카지노의 블랙잭 테이블에서 윈(win)하는 순서에는 행운이 필요하다.

이것은 잘못된 판단이다. 블랙잭은 게임자가 영구(永久)하게 장기간의 수학적 어드밴티지(mathmatical adventage)를 자신의 스킬(skill)로 활용하여 하우스를 상대하는 카지노게임일 뿐이다. 게임을 배우는 기간의 초기에는 게임의 어드밴티지를 요구하기 보다 win/lose가 될 것이다. 그러나 본 교재를 통하여 게임하는 방법을 배워, 롱텀(long-term)게임자의 입장으로 정확한 이익퍼센티지를 실현 시킬 수 있을 것이다. 믿기지 않는다하여 섣불리 카지노에서 입증(立證)하려할 필요가 없다. 전략(strategy)을 하나씩, 하나씩 배우고 수천번의 핸드로 연습하여, 그 과정의 결과를 보존(保存)하고 또는 컴퓨터가 있다면, 그 자료를 저장한다. 윈(win)하는 순서에는 행운(幸運)이 필요하기 보다 많은 핸드의 게임 연습이 필요하다.

2. 가설 2항

블랙잭 테이블에서 윈(win)하는 방법을 배우는 순서에는 수학적 소질이 있어야 한다.

이 관념은 1962년 수학교수 Edward O.Thorp박사가 저술한 "Beat the Dealer"라는 저서를 출판하여 베스트셀러가 된 후 시작되었다. "Ten count"라고 불리우는 그의 저서는 대단히 까다로운 전략을 가졌다. 따라서 신문과 미디어 매체는 그를 수학교수로서 조명(照明)하였고, 이로 인해 수학적 마인드와 대단한 지능을 가진 사람만이 블랙잭에 이길 수 있는 것처럼 비추어졌다. 그러나 이것은 지금에와서 총체적으로 잘못된 판단이었다. Thorp박사의 1966년 "Beat the Dealer"개정판에서는 단지 라지카드(large card)와 스몰카드(small card)의 상태를 테이블에서 유지할 수 있는 매우 간단한 "포인트 카운트(point count)"시스템을 소개하였다. 이는 10까지의 숫자에 "플러스/마이너스(plus/minus)"그에 의한 카운트로 활용하기에 충분한 가치가 있었다. 이 방법은 초등학생도 실행할 수 있도록 되어 있으나, 실제로는 테이블에 적응하는 연습이 필요할 것이다.

3. 가설 3항

블랙잭 게임에서 윈(win)하는 순서에는 세밀한 기억력이 있어야 한다.

유명한 겜블러들도 흔히 자기는 정신없는 사람이고들 한다. 블랙잭 게임에서 세밀한 기억력은 필요없고, 어떤 상황에 접근할 수 있는 정도의 기억력은 필요하다. "윈(win)"을 배우는데 가장 어려운 부분은 가능성 있는 핸드에 다양한 플레이를 위해서 기본 전략을 암기(暗記)하는 것이다. 그리고 전략에 수반(隨伴)되는 카드를 순간적으로 기억하는 일이다. 자신 앞에 보이는 카드를 메모리 하는 것이 아니라 지나가는 카드는 모두 물 흐르듯이 카운팅(running counting)하는 것으로, 이것은 단 숫자(single number)를 기억할 수 있다면 누구든지 카드를 트랙킹 할 수 있다.

4. 가설 4항

딜러는 카드 트랙을 유지하려는 게임자에 대한 딜링속도는 너무 빠르다.

딜러가 아무리 빠른 속도의 딜링을 하더라도 게임자의 플레이보다 결코 빠를 수는 없다. 왜냐하면, 게임자가 원하는 표시를 보낼 때까지는 기다려야 하므로, 이를 무시할 수 있는 딜러는 없기 때문이다. 몇몇 딜러는 천천히 시작하다 점차 속도를 빠르게 딜링하는 것으로 게임의 리듬속에 게임자가 말려들도록 노력할 것이지만, 이는 게임자가 자신의 핸드에 게임 방법을 컨트롤 하기에 달렸다. 딜러틀 카드 트랙(card track)을 유지하려는 게임자에 대해 절대 너무 빠른 딜링을 할 수 없다.

5. 가설 5항

게임테이블에서 사용히는 카드 4덱 또는 6덱에 상대하여 윈(win)하기는 불가능하다.

4덱 또는 더 많은 카드덱을 동시에 믹스(mix)하여 사용하는 게임에 도전(挑戰)하기에는 위협적일 수밖에 없다. 그러나 문제가 더 어려워진 것은 아니다. 그것은 단지 52장의 카드와 비교해서 208장의 카드트랙을 유지하는 데 시간을 더 길게 가진다는 것과 자주 쉬지 못한다는 것, 그리고 얼마간 더 피로(fatigue)하다는 것 뿐이다. 싱글덱 게임에서는 딜러가 셔플을 할 때마다 쉴 수 있는 시간이 있다. 4덱또는 더 많은 덱의 게임에서 셔플은 싱글덱보다 빈번하지 않은 것은 당연하고, 카드 트랙킹의 복합성도 동일하며, 트랙(track)하는 카드의 타입은 비교할 만한 특별한 사항은 없으나 단지 카드의 수량이 많다는 것 뿐으로, 싱글덱 게임에서와 똑같이 간단한 플러스/마이너스 포인트 시스템을 사용할 수 있다. 만약 게임자가 멀티플-덱 게임에 집중력을 충분히 길게 유지하는 데 걱정이 있다면, 카드 4덱을 믹스(intermix)하여 카드의 트랙을 유지하는 연습을 한다면 카운팅의 스킬(skill)에 효과적일 것이다.

6. 가설 6항

블랙잭 게임에서 윈(win)하는 순서에 적정한 금액은 백만원 이상의 자금이 필요하다.

필요한 자금은 이십만원(미니멈 : ₩20,000 테이블)이라고 말하고 싶다. 이 자금(資金)으로 적게 시작하여 백만원을 윈(win)할 수도 있다. 이는 일반적으로 인정(appreciate)하는 금액으로 많은 시간을 가지고 적게 시작하므로 처음에는 작은 벳팅만 만들었기 때문에 작은 금액으로만 위닝할 것이다. 그러나 그것은 매 핸드 수백만원씩 벳팅하는 어떤 "베터(bettor)"와 win/lose 비율은 똑같은 논리이다. 게임 시간이 경과되면 돈은 더 축적(accumulate)될 것이고, 이 자금(bankroll)으로 한번에 더블로 만드는 것과 동등한 금액으로 두 번 벳팅하는 방법 등이 있고, 게임 시간의 반(fifty)을 경과시킨 후, 커다란 벳팅을 만들어 4번내지 5번을 위닝(winning)시킬 수 있는 자신있는 방법으로 플레잉하는 것이다.

7. 가설 7항

대형 카지노에는 부정행위(scam)가 없다지만, 하이-롤러에게 만은 예외이다.

저자의 해외경험과 정보에 의하면 대형 카지노에는 부정행위를 하는 전문적인 딜러는 없다고 볼 수 있다. 그러나 세계에서 가장 큰 초대형 카지노에서도 딜러에 의해 수만, 수십만 달러가 사취당해 왔다는 여러 가지 보고서가 있다. 어떻게 부정행위(scam)가 이루어질 수 있는가를 보여주는 저서 "카지노 갬블링 스캠(고택운저, 2007, 한올출판사)"을 통하여 소개한 바와 같이 노련한(expert)딜러는 마음만 먹으면 누구든지 속일 수는 있다. 그 대상자가 오만원을 벳팅하였던, 오십만원을 벳팅하였던 간에, 스캠행위를 하는 딜러는 특별한 게임자에게 나쁜 핸드를 딜링하기 보다 스스로에 좋은 핸드를 가지는 딜링이 더 쉽기 때문에 어떤 흥미(興味)의 동기가 없는 한 구분(discriminate)하지 않는다. 단, 딜러들은 건강한 직업정신으로 그 의무와 책임을 다하고 있음에 추호의 의심할 여지가 없다.

8. 가설 8항

배드 플레이어(bad player)는 굿 플레이어(good player)의 게임을 손상시킨다. 그리고 세 번째 베이스 플레이어는 다른 어떤 플레이어보다 딜러의 버스트(bust)에 영향을 미칠 수 있다.

테이블에 배드 플레이어는 실제 카지노 게임에서 플레이 할 때마다, 굿 플레이어에게 도움보다 방해가 되는 것으로 수학적으로 증명되었다. 위닝 게임자는 다른 게임자의 플레이로 인한 손실에 대하여 결코 비판해서는 아니되며, 위너(winner)는 좋지 않은 게임이 나중에 되었을 때, 배드 플레이어에게 고마움을 표시해야 한다. 세 번째 베이스의 게임자(third base player)여할에 대한 가설 문항은 그가 마지막 카드를 드로우(draw)하므로 모든 게임자의 시선이 그에게 집중되므로 이러한 현상이 나타난 것 뿐이다. 현재로서 게임자들이 테이블에서 히트, 더블, 스플릿 또는 스탠드를 다르게 하는 경우보다 딜러에게 주는 영향이 없는 것으로 되어 있다. 매번 단 한 번의 플레이로 딜러가 받는 카드의 순서를 바꿀 수 있다. 그러므로 누가

마지막 인지는 문제가 아니다. 어찌하였던 딜러핸드에 미치는 영향의 조건, 무슨 카드의 종류가 얼마나 되는지는 모든 플레이어들이 함께 드로우(draw)하였다는 것이다.[2]

블랙잭 게임의 기본 전략

 기본 전략을 공부하기 전에 여러분은 게임자의 입장에서 접근해야 한다. 이미 설며한 바와 같이 블랙잭 게임자가 실행할 수 있는 전략(戰略)이지, 하우스가 실행할 수 있는 전략이 아니기 때문이다. 다만 하우스는 전략을 방어할 수 있는 옵션(option)을 제공하고, 게임이 가진 수학적 어드밴티지를 유지하는 것이다. 그러므로 수학적인 원리로 블랙잭 게임의 구조적 기능을 분석하면서 게임자의 측면에서 전략을 전개(展開)할 수 있도록 본 차트는 구성하였다. 기본전략(basic strategy)에는 감각적으로 자신있게 내릴 수 없는 상황에서 알고 있는 지식(knowledge)을 안전하게 활용하여 딜러가 어떤 상황의 핸드를 제공하더라도 정확한 플레이를 만들 수 있다는 것이다.

---

2) 주(註) : 본자의 가설 문항은 게임자의 입장에서 하우스를 상대하여 어드밴티지를 가지려는 문항을 나열한 것인 바, 문항의 대답은 게임자(player)를 위한 솔루션(solution)의 내용에 비중(比重)을 두었음을 주지하기 바람.

1. 루징전략(losing strategies)

블랙잭 게임 플레잉에 대해 일반적으로 알려진 2가지 루징 전략이 있다. 그 하나는 "노-버스트(no bust)"전략이다. 이 전략은 핸드를 개선(改善)하려는 라운드에 버스팅(busting)을 너무 많이 갖지 않는 플레이를 말한다. 게임자는 이 전략에 접근하기 전에 딜러의 버스트 확률을 사전에 체크할 필요가 있다. 다음의 도표는 다양한 핸드가치로 히팅하였을 경우, 버스팅의 확률(probability of busting)나타낸 것으로 가장 낮은 핸드의 가치인 12는 버스트확률이 31%임을 보여준다. (표 Ⅶ-1참조)

〈표 Ⅶ-1〉 버스트의 확률(probability of busting)

Hand의 가치	Hit하면 Bust되는%
21	100
20	92
19	85
18	77
17	69
16	62
15	58
14	56
13	39
12	31
11이하	0

노-버스트 전략 플레잉이 가진 문제는 점차 게임자금이 감소(減少)되는 것을 알수 있다. 게임에서 윈(win)과 딜러 버스트(bust)가 있었던 모든 핸드사이에 돈을 꾸준히 잃었다는 것을 알 수 있었다. 그 이유는 낮은 가치의 숫자에 항상 스탠드하는 전략을 고집하기에는 딜러가 충분한 버스트를 자주 하지 않는다는 것이다. 아래의 도표를 보고 어떻게 일이났는지 살펴보면, 딜러는 누적계수(cumulative)값의 30%보다 적게 버스트되며 핸드의 72% 가깝게 스탠드 핸드를 성공시킨다.(표 Ⅶ-2 참조)

〈표 Ⅶ-2〉 **딜러의 최종핸드의 확률(Dealer Final-Hand Probabilities)**

딜러화이날-핸드가치	%	누적계수
natural 21	4.83	4.83
21(3장 이상의 카드)	7.36	12.19
20	17.86	29.77
19	13.48	43.25
18	13.81	57.06
17	14.59	71.64
bust	28.36	100.00

이제 아래의 도표 Ⅶ-3를 살펴보자. 만약 노-버스트 전략으로 플레이하였다면 이니시얼(initial)2장의 카드핸드의 61.3%는 스스로 플레이 된다. 그것은 내추럴(natural)21, 하드 스탠딩(hard standing)17~20, 또는 버스팅(busting)의 위험이 없는 히팅(hitting)이다. 핸드의 38.7%는 12~16핸드의 수치로서 딜러가 버스트되지 않는 한 루스(lose)할 수 있으며, 이러한 핸드의 11.0% 만 윈(win)할 수 있다. 이러한 확률은 혼자 플레이하는 핸드에 대하여 딜러에게 16.7%의 어드밴티지가 있다.

〈표 Ⅶ-3〉 **2장카드-카운트 빈도율(two-card-count frequencies)**

2-카드카운트	빈도수%
natural 21	4.8
Hard-standing	30.0
(17~20)	38.7
Decision hands	26.5
(12~16)	100
No-bust	

낮은 수치(low values)에서의 "스탠드"로 윈(win)할 수는 없다. 가장 높은 수치(high values)의 핸드를 가지고 스탠드하여도 딜러를 이기는 것조차 안될 수 있다. 딜러-핸드(dealer-hand)의 확률도표에 의한 핸드의 값 18을 살펴보더라도 장기간의 결과는 딜러에게 루스(lose)하게 된다는 것이다. 그 확률 계산은 살펴보면 딜러는 19의 수치 또는 누적계수의 43.25%의 값을 가지고 게임자를 이기게 될 것이고

17의 수치 또는 42.94%의 버스트 확률을 가지고 루스하게 된다. 그 밖에 13.81%는 타이핸드(tie hand)의 값이 된다. 따라서 계수 18을 가지고는 핸드의 0.31%(43.25 -42.94)가 루징(losing)된다는 계산이다. 이에 딜러를 이길 수 있는 좋은 확률의 핸드는 19와 일치하는(consistent)핸드 이상이어야 한다.

노-버스트 전략은 18이 보장되지 않았을 경우, 확률상으로 이익을 바랄 수 없다. 왜냐하면 거기에는 내츄럴(blackjack)에 3 to 2 지불하는 것과 같은 하우스에 대한 토탈 어드밴티지를 결정하는 다른 요소가 있기 때문이고 노-버스트 전략에 대항하는 전체 하우스 어드밴티지는 5%~8%사이가 된다고 Thorp교수에 의해 이미 증명(證明)된 바 있다. 이제부터, 정확한 Thorp교수의 이론 접근에 어떤 노력을 하여야 할 것인지, 그리고 빠르게 감소되는 자금을 어떻게 관리해야 할 것인지는 게임자의 결심 여하에 달려있다.

블랙잭 게임에 논리적인 접근으로 두 번째는 "딜러-모방(dealer-mimic)"전략을 들 수 있다. 만약에 어떤 전략이 딜러를 위하여 유익한 전략이라면 그것은 게임자에게도 유익할 것이라고 추론할 수 있다. 이는 파이널-핸드(final-hand)의 수치를 가지고 있는 딜러의 것과 똑같은 승산(odds)이며, 그래서 그 게임은 이븐(even)으로 나타날 수도 있다. 그러나 이 전략은 게임자가 버스트하면 항상 루스(lose)하고, 딜러와 게임자 양쪽 다 버스트 일 때는 딜러가 이긴다는 데 문제가 있다. 이는 게임자가 먼저 히트 또는 스탠드를 하여야 하기 때문에 딜러를 모방하는 "미미킹(mimiking)"전략으로는 어떠한 불이익으로부터 결코 벗어날 수 없다. Thorp박사에 의한 확률계산에 의하면 "딜러모방전략"을 가진 하우스 어드밴티지는 "노-버스트"전략과 유사한 5.7%이다(Peter Griffin은 5.5%로 발표)

2. 정확한 기본전략의 개발
(Development of an Accurate Basic Strategy)

기본전략(basic strategy)이란 이미 플레이된 카드의 트랙(흔적)을 가지고 가장 큰 벳팅을 산출하여 플레이에 공급하는 시스템에 사용되는 용어이다. 이것은 3년 동안 각고(刻苦)의 노력으로 열심히 계산기를 두드린 Messrs.Baidwin, Cantey,

Maisel, 그리고 Mcdermott 가 이와 같은 전략을 연구하였다. 전장(前章)에서 소개한 바와 같이 그들의 작업은 MIT컴퓨터를 사용하여 Thorp교수의 논리를 집중적으로 발전시켰다. 또한 IBM의 Julian Braun은 후에 Thorp교수의 "Beat the Dealer" 개정판의 내용에 대해 그의 계산법으로 정밀하게 보완하는 것으로 Thorp박사를 조력하였다. 이러한 결과로 기본 전략을 결정하는 2가지 방법을 보여주는 것으로 계산법(calculation)과 시뮬레이션(simulation)이 있다. Baldwin과 그 일행이 만든 계산 방법을 사용하려면 대단히 부지런 해져야 할 것이다. 정확한 플레이의 전략을 결심하면 확률의 계산으로 딜링되어진 카드의 결합을 가능한한 모두 고려하여 윈 (win), 루스(lose), 푸쉬(push)로 할것인지, 어떻게 할 것인지를 결심해야만 한다는 것이다.

특히, 4명의 오리지날 연구원들이 A, 2, A, 2, 7, A, A, 6등의 카드를 차례대로 가진 딜러의 핸드에 대한 확률을 계산하였는지 여부는 의문이 가지만, 이러한 핸드를 가진다는 것은 대단히 희귀하다. 그러나 이러한 핸드는 현실적으로 존재하는 것으로 드물게 나타나는 다른 결합(結合)에 정확한 결과를 줄이는 역할을 한다.

이러한 이유에 대하여 Braun은 게임자와 딜러핸드의 모든 가능성에 상호작용하여 결합하는 "사이클(cycle)"을 통하여 프로그램을 만들었다. 그러나 프로그램이 개발되긴 하였지만 초기 연구된 내용이 복잡하였으므로 컴퓨터 사용에 의해 완전한 수학적인 조합(組合)을 분석하여 기본 전략으로 활용할 수 있는 데이터(data)를 만들었고, 이것은 확실한 결심으로 간단하게 가져갈 수 있도록 개발되었다. 이러한 결과는 실제로 기본 전략을 결심하려고 블랙잭 핸드는 수백만번 플레잉(playing)하는 것 보다 훨씬 빠르고 과학적임에 틀림없다.

또한 Braun은 카운트 시스템의 실행을 평가하는 시뮬레이션 프로그램(simulation program)을 연구하여 왔다. 시뮬레이션에서 컴퓨터는 스스로 일정치 않게된 결과의 기록으로 핸드에 "Deals"하였다. 매초마다 계산을 수백만번 실행하여 핸드의 거대한 수량을 컴퓨터에 "Played"된 데이터를 입력되었고, 시간당 총계의 단위(單位)를 측정하였다.

본 교재의 모든 기본 전략 시스템은 개발·평가된 이론으로, 정확한 계산에 의해 실행을 결정하려고 적어도 백만번 이상의 모의실험을 가진 자료이다. 이것은 연구한 첫 번째 결과의 하나는 많은 갬블러들이 경험으로 예측한 것을 수학적으로 확인한다는 것이다. 게임자의 어드밴티지는 딜러의 "페이스-업(face-up)"카드에 의존(依存)된다는 것이다.

아래의 도표는 딜러의 "페이스-업(face-up)"카드가 각각 버스트(bust)될 가능성과 정확한 기본 전략을 가지고 대응(對應)하는 게임자 어드밴티지의 확률을 보여준다.

〈표 Ⅶ-4〉 게임자 어드밴티지 대비 딜러-업 카드(player Advantage vs. Dealer Up Card)

딜러 업-카드	딜러bust(%)	기본 전략을 가진 P/A(%)
2	35.30	9.8
3	37.56	13.4
4	40.28	18.0
5	42.89	23.2
6	42.08	23.9
7	25.99	14.3
8	23.86	5.4
9	23.34	-4.3
10, J, Q, K	21.43	-16.9
A	11.65	-36.0
Overall	28.36	0.0

※ P/A=Player Advantage

위의 도표에서 보여준 바와 같이 딜러는 5에서 버스트할 가능성이 가장 높고, 게임자는 6의 업-카드를 가졌을 때, 가장 커다란 어드밴티지를 가졌다. 그 수치는 멀티플-덱(multiple-deck)과 룰(rule)의 변동(變動)에만 오로지 근소한 차이가 있다.

기본전략은 딜러의 업-카드가 무엇이냐에 따라 블랙잭 플레이에 게임자가 받을 수 있는 핸드를 어떻게 전개하느냐를 보여주는 것이다. 이 전략은 다음과 같은 3가지 사례를 인용하여 여러분의 이해를 돕도록 "Lose Less", "Win More", "Win Instead of Lose" 등으로 디자인 하여보았다.

1) 기본전략 사례 Ⅰ : Lose Less

사례 Ⅰ은 "루즈레스(손실의 최소화)"를 가지려는 기본전략상황이다. 모든 핸드에
₩10,000의 기본적 웨이저(wager)를 가지고 싱글덱 게임을 가진다고 가정하였다.
게임자가 A, 7을 가지고 "미믹(mimic)"전략을 따른다면 스탠드 할 것이고, ☞딜러
는 10카드가 업-카드로 게임자가 이길 수 있는 확률보다 높은 18%로 플레이 하는
바, 게임자가 루스할 것이라는 것이다. 이 뜻은 아래와 같은 사례의 상황에 게임자
웨이저 ₩10,000이 장기간에 180원씩 루스하게 된다는 뜻으로, 만약에 게임자가
아래의 전략에 따라 A, 7에 딜러 10에서 히트하려는 것은 스탠드하면 윈(win)보다
더 많은 루스(lose)가 있기 때문이다. 그러나 이러한 상황에서 "Lose Less"와 같은
전략을 사용한다면 기대치 손실은 0.04%(40원)줄일 수 있다.

〈표 Ⅶ-5〉

P'핸드	D'업카트	의사결정	벳팅금액
A, 7	10	Stand	₩10,000
A, 7	10	Hit	₩10,000

P'Win %	D'Win %	Net %	Net 결과
41	59	-18	-₩180
43	57	-14	-₩140

2) 기본 전략 사례 Ⅱ : Win more

〈표 Ⅶ-6〉

P'핸드	D' 업카드	의사결정	벳팅금액
A, 7	6	Stand	₩10,000
A, 7	6	Double	₩10,000

P'Win %	D'Win %	Net %	Net 결과
63	37	26	₩260
59.5	40.5	19	₩380

사례 II의 도표는 루저(loser)가 전략 하나만을 가지고 실행할 수 있는 것과는 달리 위닝의 수준을 얼마만큼 우세하게 만드느냐에 대한 전략이다. 다시 게임자가 A, 7을 가지고 딜러가 6의 업-카드를 가졌다면, 게임자를 위해 가장 좋은 가능성 상황이 있는 것이다. 만약 게임자가 "mimic strategy(노-버스트 전략포함)"에 따라 스탠드 하였다면, 게임자는 윈(win)하게 될 것이다. 그러나 만약에 "더블(double)"을 하였다면 네트윈(net win)확률은 19%로 줄어드나, 베팅금액은 ₩20,000으로 증가되므로, 이 플레이의 기대치 값은 윈 퍼센티지(win percentage)곱하기 더블 웨이저(doubled wager)이다. 그 공식은 0.19(net%)×₩20,000(betting amount) =₩380(net amount)이 된다. 이는 "Win more"전략을 사용하여 더블링하면 0.12% (120원)의 순익(純益)을 가질 수 있다는 결과이다.

3) 기본전략 사례 III : Win Instead of Lose

〈표 VII-7〉

P' 핸드	D' 업카드	의사결정	벳팅금액
6, 6	4	Stand	₩10,000
6, 6	4	Split	₩10,000

P'Win %	D'win %	Net %	Net 결과
42.5	57.5	-1.5	-₩150
51	51	2	₩40

사례 III는 동일한 상황에서 루징(losing)상황을 우세하게 만들어 위닝(winning)하는 것이다. 노-버스트의 전략을 따르면 31%의 버스트 확률을 피해서 6.6을 가지고는 스탠드 할 것이며, 이러한 상황의 결과에 대한 기댓값으로, 150원(-1.5%)의

손실을 가져올 것이다. 그러나 만약에 6s의 페어를 스플릿하고 2핸드플레잉(playing)에 의해 최초(original)의 벳에 더블링하면 각 핸드 상에 2%의 근소한 어드밴티지가 없다. 동등한 웨이저(wager)로 더블링된 2%는 40원(0.04%)의 기댓값을 가질 수다. 따라서 스플릿(split)대비 스탠딩(standing)전략은 190원(0.19%)차이의 결과를 가져온다.

3. 기본 전략의 구성(Organization of the Basic Starategy)

위에서 3가지 사례를 살펴본 바와 같이 정확한 기본 전략 결정은 딜러의 업-카드 크기(specific)대비 게임자 핸드의 특별한 평가에 의해 만들어진다. 전체적으로 기본 전략은 딜러-업 카드의 10, J, Q, K를 포함한 모든 카드를 대항(對抗)하여 모든 가능성있는 핸드에 대하여 적절한 플레이 결정을 보여준다. 덧붙여 설명하면 그것은 "인슈런스(insurance)"와 같은 사이드벳을 만드는데 적절한 지침(指針)을 제공하고, 페어스플릿(pair split), 더블다운(double down), 또는 서렌더(surrender)와 같은 카지노 옵션룰에 대해 해당되는 정보를 제공함에 그 목적이 있다. 본 차트의 항목에서는 보다적은 노력의 결과를 가지고 원하는 것을 실행하는 수준에 도달하도록 구성하여 보았다. 우선 확실하게 실행하려면 배우는 것이 제일 중요하며 그리고 이득이 될 수 있는 정보가 첫 번째이다. 아래의 세 가지 질문에 대답할 수 있는 지식을 가져야 한다.

1) 질의사항

① 기본전략을 실행하는 곳에 옵션은 무엇이 있는가?
② 얼마나 자주 각 옵션과 자주 충돌(encounter)하는가?
③ 정확한 각 옵션플레이를 아는 것은 얼마나 이득을 가질 수 있는가?

이러한 질문과 대답(Q & A)을 가지고 플레이에서 발생이 대부분 가능하고 가장 높은 승률을 가진 옵션을 선택하는 것이다. 그 기본 전략 옵션은 다음과 같다.

2) 기본전략옵션

- Hard hitting and standing(hands with no Aces or pairs)
- Soft hitting and standing(hands containing an Ace)
- Hard doubling(no Aces, no pairs)
- Soft doubling(hands with one Ace)
- Pair splitting
- Pair splitting where doubling is allowed after splitting
- Insurance
- Surrender

(1) 기본 전략 사용빈도율 및 이익의 결과
(Basic strategy Frequency of Use & Resulting Benenfits)

아래의 도표 VII-8은 옵션을 가지고 자주 사용하는 것을 보여주는 도표로서 첫 번째 두 장의 카드에서 충돌하게 될 것이다. 간소하게하기 위해 본 장(章)에서는 2장의 카드에서 나타나는 모든 빈번도율(frequency percentage)을 기록하였고, 도표의 결정은 다른 방법으로 알려진 경우를 제외하고 나타나는 정보도 명시하였다. 단순 히팅과 스탠딩은 딜링되어진 카드의 두 장에 대한 세 번째 카드로 만들어지는 의사표시이다. 페어스플릿팅과 하다 더블링은 모든 가능성이 있는 핸드의 합계 100%에는 벗어나는 라운드이다. 그러나 100%위한 가산(加算)에 서렌더 또는 소프트 더블링은 포함되지 않는다. 왜냐하면 그것은 다른 목록(catalog)에 이중으로 중복되기 때문이다. 인슈런스 역시 토탈 카운트하지 않는다. 그것은 사이드벳(side bet)이기 때문이다.

〈표 Ⅶ-8〉

Initial 2-card 에 기본전략	빈도수(%)	게임자 어드밴티지(%)
• Hitting & Standing Hard nonpairs soft(A, 2 ~ A, 10)	53.1 14.5	2.45
• Doubling Hard nonpairs(5-11) Soft(A, 2 ~ A, 9 vs dealer 6 or less)	19.3	1.59 0.14
• Pair Splitting Doubling Allowed After Split	3.7 13.1	0.46 0.10
• Insurance	14.9	0.00
• Surrender Allowed Early Surrender allowed	3.6 10.4	0.06 0.62

이 도표는 또한 기본 전략의 여러 가지 부분에 이득과 관련된 사항을 배울 수 있도록 보여주고 있으며, 그 계산 방식은 전형적인 "라스베가스 룰(딜러 17스탠드, 노서렌더)"로 플레이된 싱글덱 게임에서 산출(産出)한 것이다. 2.45%의 게임자 어드밴티지(P/A)는 하드(hard) 및 소프트(soft)두 핸드에 구성된 계수이며, 페어 스플릿에 대한 1.31%의 빈도수율(frequency percentage)은 더블링이 허용되던 아니되던 적용하고, 핸드의 수는 단지 전략의 변화만 있을 뿐 똑같이 머무르는 스플릿(split)이 될 수 있다.

(2) 기본 전략을 가진 누적이율(Cumulative Advantage with Basic Strategy)

여러 가지 전략이 있는 게임 목록에서의 결과는 본 항목(項目)의 아래 도표에 의해 보여주고 설명된 것이다. 플레이의 기준과 옵션을 공부하는 순서는 기본적으로 자주 일어날 수 있는 전략에 의존하며, 우선 게임자의 수익성을 살피고, 그리고 여유를 가지고 배우라고 충고하고 싶다. 예를 들면, 인슈런스는 기본적이기는 하지만 만족할만한 추가 어드밴티지가 없고, 모든 사람이 카지노 플레이에 사용할 수 있도록 힘들지 않게 배우므로 돈을 세이브(save)할 수 있다.

〈표 Ⅶ-9〉

카지노 룰(Rules)	P/A(%)	P/A 누적(%)
• House Advantage	−6.97	−6.97
• Blackjack Pays 3:2	2.33	−4.64
• Common Rules		
Correct Hitting & Standing	2.45	−2.19
Hard doubling	1.59	−0.60
Insurance	0.00	−0.60
Pair splitting	0.46	−0.14
Soft doubling	0.14	0.00
• Options		
Pair splitting(double allowed after split)	0.10	+0.10
Surrender	0.06	+0.16
※ Early surrender	0.62	+0.88

　　플레이를 계획하는 사람들은 각자 정확한 히팅과 스탠딩 전략을 익혀야 할 것이다. 이것은 순간적으로 결정하여야 하고 절반으로 하우스 어드밴티지(H/A)를 줄일 수 있다. 소수의 핸드 보다 많은 플레이를 한 번에 시도하려는 게임자역시 간단한 "하드-더블링(hard doubling)"전략을 익혀야 할 것이다. 이것도 7가지 이상의 요소에 의해 추가로 어드밴티지를 줄이는 것이다. 종종 게임자를 위해 "페어스플릿팅(pair splitting)"목록에서 첫 번째 두장(first 2-card)의 룰을 익히는데 거의 이익도 손해도 없는 플레이를 지시하기도 한다. 만약에 좀 더 진지한 플레이를 계획하거나 또는 "Hi-opt I"을 사용하기 바란다면 완전한 블랙잭 게임의 기본전략 도표의 셋트(sets)를 익혀야 할 것이다.

4. 기본전략의 프로그램(The Correct Basic Strategy)

1) 스탠딩 및 히팅(Standing & Hitting)

첫 번째 도표는 어떤 하드핸드(hard hand), 논페어 핸드(nonpair hand)를 가졌을 때, 히트하여 버스트로 갈지라도 히팅 또는 스탠딩에 대한 적절한 전략으로 보여진다. 도표전체는 간소한 룰(rules)로 요약되어졌고 2장의 카드에서 자주 일어나는 순서로 목록화하였다

① 게임자 12~16 vs. 딜러 7 이상의 카드는 항상 "히트(hit)"=23.1%

② 게임자 17 이상 항상 "스탠드(stand)"=15.7%

③ 게임자 12~16 vs. 딜러 6 이하의 카드는 항상 "스탠드(stand)"=13.1% 단, 딜러의 업-카드 2, 3에서는 제외

④ 게임자 12 vs. 딜러 2, 3은 "히트"=1.2%

〈표 Ⅶ-10〉 4덱 하드스탠딩 및 히팅

게임자의 하드핸드	딜러의 Up-Card									
	2	3	4	5	6	7	8	9	0	A
17 혹은 그 이상	S	S	S	S	S	S	S	S	S	S
16	S	S	S	S	S	H	H	H	H	H
15	S	S	S	S	S	H	H	H	H	H
14	S	S	S	S	S	H	H	H	H	H
13	S	S	S	S	S	H	H	H	H	H
12	H	H	S	S	S	H	H	H	H	H

※ S=Stand, H=Hit

딜러의 6과 7사이의 목록 구분은 대단히 중요하다. 이미 보여준 바와 같이 딜러 버스트 확률은 6 up과 7 up사이에 크게 떨어지는 것을 주목할 필요가 있으며, 모든 도표에 이 지역을 표시하였다. 또한 빈도수가 적은 4항을 유의해야 한다.

다음 〈표 Ⅶ-11〉은 2장 또는 그 이상의 카드를 가진 어떤 소프트 핸드(soft hand)를 가졌을 때, 히팅 혹은 스탠딩에 대하여 전략을 준다. 그러나 어떤 2장의 카드는 더블링이 되지 않는다. 그 도표는 3가지 룰로 요약되어지고, 자주 일어나는 2장의 카드순서로 목록화하였다.

① 소프트 19이상은 "스탠드(stand)"=7.2%

② 소프트 17이하는 "히트(heat)"=6.0%
③ 게임자 소프트 18 vs. 딜러 8 이하는 "스탠드"
　게임자 소프트 18 vs. 딜러 9, 10, A는 "히트"

룰(rules)의 3은 히트 또는 스탠드 둘다 변형(變形)할 수 있음을 기억하고 어느 쪽을 선택하던 가장 여유가 있다. 그러면 이제 모든 기본 히팅과 스탠드 결정을 정확히 어떻게 만드는지 알아야 할 것이다. 만약 혼자서 이러한 두 가지 도표에 의해 플레이 한다면 게임자는 카지노 가진 어드밴티지 보다 더 가져야 할 것이다. 플레이를 하려면 블랙잭 게임에서 정확한 플레이의 지식으로 이것을 시작할 때까지는 다른 게임자의 방법을 먼저 지켜본다.

〈표 VII-11〉 4덱 소프트 스탠딩과 히팅

게임자의 소프트핸드	딜러의 Up-Card									
	2	3	4	5	6	7	8	9	10	A
19 혹은 그 이상	S	S	S	S	S	S	S	S	S	S
18	S	S	S	S	S	S	S	H	H	H
17 혹은 그 이하	H	H	H	H	H	H	H	H	H	H

※ S=Stand, H=Hit

2) 하드더블링(Hard doubling)

스포츠이벤트(sports event)의 관점으로 블랙잭 게임을 생각한다면, "하드 더블링"은 "압도(break)"하는 어드밴티지를 가지는 것과 같다. 더블링으로 게임자가 좋은 핸드로 어드밴티지를 가지고 있을 때, 딜러의 업-카드 가치가 상대적으로 적으면 게임자의 위닝(winning)을 증가시키는 전략이다. 다음은 가상 중요한 하드 더블링의 게임자 결정에 대하여 적절한 플레이 전략을 아래의 도표에 묘사하였다.

〈표 Ⅶ-12〉 4덱 하드 더블링

게임자의 하드핸드	딜러의 Up-Card									
	2	3	4	5	6	7	8	9	10	A
11	D	D	D	D	D	D	D	D	D	H
10	D	D	D	D	D	D	D	D	H	H
9	H	D	D	D	D	H	H	H	H	H
8 이하	H	H	H	H	H	H	H	H	H	H

※ D=Doubling, H=Hit

세계적으로 카지노들은 대부분 2장의 카드 핸드에만 더블을 허용하고 있다. 그러므로 자주 일어나는 빈도수의 퍼센티지는 완전하게 정확한 확률이라고 보아야 한다. 도표는 이러한 룰(rules)에 의해 요약되어진 것이다.

① 게임자 8이하는 항상 "히트(hit)"=7.2%

② 게임자 11 vs. 딜러 10이하는 더블=4.8%

③ 게임자 10 vs. 딜러 9이하는 더블

　게임자 10 vs. 딜러 10, A는 히트=3.6%

④ 게임자 9 vs. 딜러 3~6은 더블

　게임자 9 vs. 딜러 2와 7~ A는 히트=3.6%

3) 인슈런스(Insurance)

이미 전장에서 언급한 바와 같이 "인슈런스벳"은 보험을 드는 것이 아닌 잘못 불리워진 명칭(名稱)이라 했다. 그것은 딜러의 업-카드가 에이스 일 때, 다운카드가 10가치의 카드가 있는지, 없는지를 확인하는 단지 사이드벳(side bet)일 뿐이다. 기본 전략은 이러한 플레이에 대해 단순하다. 인슈런스는 게임자에게 평균적으로 "사커벳(sucker bet)"이다. 영리한 게임자는 만약에 내추럴 21을 가졌다면 루스(lose)하지 않을 것이다. 예를 들면 1만원의 벳을 가졌다면 5천원의 보험을 만들 수 있다. 만약 딜러가 내추럴을 가졌다면 정상적인 1만원 벳은 루스할 것이다. 그러나 인슈런스 벳팅금액인 오천원은 2배(2 to 1)로 지불되어 오리지날 금액인 1만원을 돌려 받는다. 여기에서 문제의 요점은 딜러가 베팅 금액의 손실(損失)이 우려되는 그의 Ace카드 밑에 10-가치 카드를 자주 가지느냐가 문제이다. 그 대답은 "No"라고 할 수 있다.

만약 어떤 카드를 의식하고, 무시(ignore)하는 플레이를 하였다면, 10가치의 다운카드를 가지는 딜러의 확률을 정확히 계산될 수 있다. 한 덱에는 52장의 카드가 있고, 10의 가치를 가진 카드는 16장이다. 그러므로 36장의 카드는 10의 가치가 없는 카드들이다. 딜러의 Ace 그리고 게임자의 A, 10 등의 3장카드는 볼 수 있는 카드이다. 그러므로 덱안의 49장의 카드는 보여지지 않은 카드로서 이는 15장의 10카드와 34장의(non-10)카드가 있다는 것이다. 이러한 상황을 장기간의 게임자 입장에서 결과를 보면:

> 딜러의 15핸드의 10 value – down card × ₩10,000 페이오프(pay off) = ₩150,000원(won)
> 딜러의 34핸드의 non 10 value – down card × ₩5,000 bet lost(side bet) = ₩170,000(lost)
>
> 결과 ₩20,000 손실

이 상황에서 문제는 인슈런스 벳에 대한 지불(pay off)49핸드에 15번 이기는 데 반하여 게임자가 인슈런스벳을 하면 모든 45번 핸드에 15번이 일어난다는 것이다. 이러한 핸드의 차이는 게임자의 "네트로스(net loss)"로 계산된다. 이는 앞면의 카드만 보고 카드 트랙킹없이 그대로 루저(loser)가 되는 가능성이 높은 인슈런스 상황이 되는 경우이다. 만약 게임자가 내추럴을 잡지 않았거나 또는 딜러의 다운카드가 non-10으로 계산된다면:

> 딜러의 16핸드는 10 value – down card × ₩10,000 페이오프(pay off) = ₩160,000원(won)
> 딜러의 33핸드는 non 10 value – down card × ₩5,000 bet lost(side bet) = ₩165,000(lost)
>
> 결과 ₩5,000 손실

어떠한 인슈런스 벳을 만들기를 원할 때에는 이전의 카드 트랙킹이 있어야 한다. 인슈런 벳이 있을 때 웨이저(wager)의 이익이 게임자를 위해 충분한 개연성이 있는지는 "카지노 수리학(數理學)"에서 좀 더 심도있게 공부하기로 하고, 여기에서 지적하는 것은 더 이상 하우스-어드밴티지를 줄이는 요소를 가지고 있지 않다는 것이다.

4) 페어 스플릿팅(pair splitting) I

〈표 VII-8〉에서 설명한 바와 같이 더블링 후에 페어스플릿팅을 기본전략의 가장 중요한 옵션으로 마스터 하도록 언급한 바 있다. 다음의 도표에서 보여준 적당한 스플릿 전략을 사용하면 단 1퍼센트의 소수점이라도 가산(加算)하여 하우스 어드밴티지를 줄일 수 있다.

〈표 VII-13〉 4덱 페어 스플릿팅

게임자의 페어핸드	딜러의 Up-Card									
	2	3	4	5	6	7	8	9	10	A
A, A	SP	SP	SP	SP	SP	SP	SP	SP	SP	SP
10, 10	S	S	S	S	S	S	S	S	S	S
9, 9	SP	SP	SP	SP	SP	S	SP	SP	S	S
8, 8	SP	SP	SP	SP	SP	SP	SP	SP	SP	SP
7, 7	SP	SP	SP	SP	SP	SP	H	H	H	H
6, 6	H	SP	SP	SP	SP	H	H	H	H	H
5, 5	D	D	D	D	D	D	D	D	H	H
4, 4	H	H	H	H	H	H	H	H	H	H
3, 3	H	H	SP	SP	SP	SP	H	H	H	H
2, 2	H	H	SP	SP	SP	SP	H	H	H	H

※ S=Stand, H=Hit, D=Double, SP=Split

위 도표에 자주 일어나는 빈도수(frequency)를 가지고 요약한 룰(rules)을 다음과 같이 목록화하였다.

① (10, 10), (5, 5) 및 (4, 4)에는 스플릿 하지 않는다＝10.0%

② (A, A) 그리고 (8, 8)에서 항상 스플릿＝0.9%

③ 게임자(2, 2), (3, 3) vs. 딜러 4~7은 스플릿한다.
　 게임자(2, 2), (3, 3) vs. 딜러 2, 3, 8, 9, 10, A에서는 히트＝0.9%

④ 게임자(9, 9) vs. 딜러2~6, 8, 9에서는 스플릿한다.
　 게임자(9, 9) vs. 딜러 7, 10과 A에서는 스탠드＝0.5%

⑤ 게임자 (6, 6) vs. 딜러 3~6은 스플릿.
　 게임자(6, 6) vs. 딜러 2, 7, 8, 9, 10, A는 히트＝0.5%

⑥ 게임자(7, 7) vs. 딜러 7혹은 이하는 스플릿
　 게임자(7, 7) vs. 딜러 8혹은 이상에는 히트한다＝0.5%

모든 기본 전략 게임자는 "페어 스플릿팅"의 첫 번째 두 장의 카드룰(card rules)을 통하여 익숙해져야 할 것이다. 예를 들면, "Aces Split"이 비록 한 장의 추가 카드만 받는다 할지라도 "Aces"의 강력한 세트(sets)안에 가장 낮은 2또는 12로 되돌아가도, "Aces Split"을 하였을 때는 40%이상의 어드밴티지를 게임자에게 제공한다. 전체적인 기본 전략을 가지는 것으로 각각 정확한 플레이로 조금 더 윈(win)하는데 도움이 되어야 한다.

5) 소프트 더블링(Soft Doubling)

만약 카지노가 허용한다면 "에이스"가 포함된 일정한 2-카드 핸드상에 더블링 다운에 의해 역시 하우스 어드밴티지를 줄일 수 있다. 이것은 오로지 딜러가 6혹은 이하의 업-카드를 보여주었을때만 유익(benifical)하다. 이에 소프트 2-카드 전략은 이미 검토한 것은 더블링 하지 않으며, 소프트 더블링(soft doubling)결정을 요약한 룰(rules)은 다음과 같다.

<표 VII-14> 4덱 소프트 더블링

게임자의 소프트 핸드	딜러의 Up-Card				
	2	3	4	5	6
A, 8 또는 그 이상	S	S	S	S	S
A, 7	S	D	D	D	D
A, 6	H	H	D	D	D
A, 5	H	H	D	D	D
A, 4	H	H	D	D	D
A, 3	H	H	H	D	D
A, 2	H	H	H	D	D

※ S=Stand, H=Hit, D=Double

① 게임자의 (A, 8) 과 (A, 9)는 스탠드=1.0%

② 게임자의 (A, 6) 과 (A, 7) vs. 딜러 3, 4, 5, 6은 더블=0.9%

③ 게임자의 (A, 4) 와 (A, 5) vs. 딜러 4, 5, 6은 더블=0.9%

④ 게임자의 (A, 2) 와 (A, 3) vs. 딜러 5, 6은 더블=0.9%

비록 소프트 더블링(soft doubling)은 0.14%의 적은 추가 어드밴티지를 얻긴하지만, 위 도표로 경비(expensive)의 부담없이 전형적인 카지노 블랙잭 게임을 즐겨보았다고 가정한 전략이다.

6) 페어 스플릿팅(Pair Splitting) II(스플릿후에 더블링이 허용되는 룰)

만약 스플릿(split)을 가진 후에 핸드의 양 사이드 상에 더블 다운(double down)을 허용하였다면 대략 0.10%이상의 어드밴티지를 가지게 될 것이다. 이러한 전략은 이전에 보여준 룰보다 더 스플릿을 사용하도록 묘사하였다.

다음의 도표사례는 더욱 자유스러운 스플릿 전략이고, 실제로 이러한 두 가지 전략은 대단히 유사하므로 룰의 요약은 다시 목록화하지 않았다. 두 가지 전략의 비교는 "이탤릭체(Italics)"로 강조하여 아래와 같이 요약(要約)하여 보았다.

〈표 VII-15〉 더블링 허용된 4덱 페어 스플릿팅

게임자의 페어핸드	딜러의 Up-Card									
	2	3	4	5	6	7	8	9	10	A
A, A	SP	SP	SP	SP	SP	SP	SP	SP	SP	SP
10, 10	S	S	S	S	S	S	S	S	S	S
9, 9	SP	SP	SP	SP	SP	S	SP	SP	S	S
8, 8	SP	SP	SP	SP	SP	SP	SP	SP	SP	SP
7, 7	SP	SP	SP	SP	SP	SP	H	H	H	H
6, 6	SP	SP	SP	SP	SP	H	H	H	H	H
5, 5	D	D	D	D	D	D	D	D	H	H
4, 4	H	H	H	SP	SP	H	H	H	H	H
3, 3	SP	SP	SP	SP	SP	SP	H	H	H	H
2, 2	SP	SP	SP	SP	SP	SP	H	H	H	H

※ S=Stand, H=Hit, D=Double, SP=Split

페어 스플릿팅 후에 더블링이 허용되어진다면:

① 게임자 (2, 2) 와 (3, 3) vs. 딜러 2, 3에서는 스플릿한다.

② 게임자 (4, 4) vs. 딜러 5, 6은 스플릿

③ 게임자 (6, 6) vs. 딜러 2에서 스플릿

④ 게임자 (7, 7) vs. 딜러 8에서 스플릿한다.

이러한 핸드는 분리(separate)하여 플레이 되어진 것으로, 어떤 더블링 결정을 가지고 각 핸드에 적용된 것 같이 기본 전략에 따라 만들어진 것이다.

7) 서렌더(surrender)

만약 카지노가 허용하는 "서렌더"플레이에 참여할 의사가 있다면(핸드를 포기하여 Bets의 반을 포기하는 옵션)2장의 카드 핸드에 대해 다음의 도표에 따라 이익이 되는(profitable)결정을 만들 수 있다. 3장의 카드에서 서렌더 플레이는 없다. 왜냐하면 대부분의 카지노는 오로지 첫 번째 2장의 카드상에서만 서렌더를 허용하기 때문이다. 3장 또는 그 이상의 카드에 대한 서렌더 기본 전략은 대단히 복잡하고 기억하는 노력의 수치로는 너무 적은 결과가 수반된다. 위와 같이 묘사된 서렌더플레이에 새로운 변화(variation)가 있는데 "얼리서렌더(early surrender)"라는 것이다. 이것은 핸드를 포기하기에 더 자유스러운 서렌더 가치의 허용으로 딜러가 언더카드(under card)또는 홀-카드(hole-card)를 딜링하기 전에 오리지날벳(original bets)의 반을 포기하는 룰이다.

예를 들어, 라스베가스(LasVegas)에서는 딜러가 내추럴 21을 가지고 있지 않은 것만 결정되었을 때 서렌더를 허용하고 있다. 여기에서 설명한 것도 같은 맥락으로 "얼리서렌더(early surrender)"는 애틀랜틱시티(Atlantic City)도 동시에 제공되어 지고 있다.

〈표 Ⅶ-16〉 4덱 서렌더

딜러 Up-Card	서렌더 Holding	P/A 누적 %
Ace	9, 7과 10, 6	0.5
10	9, 7과 10, 6	3.7
	9, 6과 10, 5	
9	9, 7과 10, 6	0.5

〈표 Ⅶ-17〉 멀티덱 서렌더

딜러 Up-Card	Surrender
Ace	모든 하드 5-7
	모든 하드 12-17
10	모든 하드 14-16

위의 도표는 어떤 멀티플덱(multiple deck)게임에 대한 정확한 멀티-서렌더 전략을 보여준다. 4덱게임에서 이 전략을 따른다면 후자는 0.62%를 게임자에게 제공한다. 이것은 0.54%로 하우스에 세워진 4덱어드밴티지를 지워버릴 것이고, 게임자에게 0.08%의 근소한 이익의 기대치를 줄 것이다.

8) 4덱 기본 전략으로 변형(modification)

여기에서 유의해야 할 사항은 초기의 도표계산에 의한 실행은 싱글 덱 게임에 대한 것이 있다. 블랙잭의 많은 수학적 연구로 싱글덱 게임을 실행의 기본으로 사용된 전형적인 라스베가스 룰을 가지고 플레이되었다. 이러한 교과서적 단순한 표현에서 오로지 4덱 기본전략은 도표의 형식만 제공할 뿐이다.(1덱, 2덱, 6덱 전략은 간소화된 도표의 부족에서 찾아볼 수 있다) 다음의 도표는 싱글덱(single deck)게임을 위하여 4덱 기본 전략으로 체인지(change)하여 기술한 것이다.

(1) 싱글덱-변형(modification)의 기본 전략

① Hard Standing & hitting

　- 게임자 (7, 7) vs. 딜러 10은 stand

② Hard Doubling

　- 게임자 hard 11 vs. 딜러 A는 double

　- 게임자 hard 9 vs. 딜러 2는 double

　- 게임자 hard 8 vs. 딜러 5, 6은 double

③ Soft Doubling

　- 게임자 (A, 8) vs. 딜러 6은 double

　- 게임자 (A, 7) vs. 딜러 A는 stand

　- 게임자 (A, 6) vs. 딜러 2는 double

　- 게임자 (A, 3)와 (A, 2) vs. 딜러4는 double

④ Soft Standing & hitting

　- 게임자 (A, 7) vs. 딜러 A는 stand

⑤ Pair Splitting

　- 게임자 (7, 7) vs. 딜러 10은 stand

　- 게임자 (6, 6) vs. 딜러 2는 split

　- 게임자 (4, 4) vs. 딜러 5, 6은 double

　- 게임자 (2, 2) vs. 딜러 3은 split

⑥ Surrender

　－ 게임자 (7, 9) vs. 딜러 A는 play

　－ 게임자 (7, 7) vs. 딜러 10은 surrender

　－ 게임자 모든 핸드 vs. 딜러 9는 play

⑦ Doubling After Pair Splitting

　－ 게임자 (7, 7) vs. 딜러8은 split

　－ 게임자 (6, 6) vs. 딜러10은 stand

　－ 게임자 (6, 6) vs. 딜러7은 split

　－ 게임자 (4, 4) vs. 딜러4는 split

일반적으로 스탠드, 더블, 스플릿은 싱글덱에서 보다 많이 가지고 있고, 그리고 히트, 서렌더는 적게 가진다. 싱글덱 게임의 결과로서 게임자에 대해 0.54%의 이익률이 더 있다.

(2) 추가되는 변형의 기본 전략(additional modification)

이렇게 추가되는 변형은 2덱 또는 6덱으로 플레잉할 때 4덱 기본 전략에 보다 작은 변화를 보여준다. 2덱 게임은 단지 3가지 변화만 요구하고 반면에 6덱게임은 한 가지의 보기 드문 플레이의 변동을 요구한다.

① 2-Deck play

　• Hard doubling

　　－ 게임자 (7, 4)와 (6, 5) vs. 딜러 A는 double

　　－ 게임자 hard 9 vs. 딜러 2는 double

　• Surrender

　　－ 딜러 9에서는 no surrender

② 6-Deck play

　• Surrender

　　－ 게임자(8, 7) vs. 딜러 10은 surrender

이와 같이 4덱 기본전략이 근거가 되는 또 하나의 다른 이유는 처음 사용하고,

익히는데 최선이기 때문이다. 만약 카지노들의 플레이에 아직도 싱글덱 게임을 제공한다면 다시 뒤로 돌려 변형(變形)을 익힐 수 있다.

5. 하우스 어드밴티지 산정(Calculating the House Advantage)

컴퓨터 작업으로 정리한 방대한 총계를 가지고 정확히 어떻게 유리한지 알고 있지만, 게임에서 모든 변동은 플레이의 방법에 있으며, 또한 여기에는 하우스 승률에 장기간 영향이 미치는 블랙잭 룰에 공통적인 변동의 수치가 있다. 〈표 VII-18〉은 이러한 변동에 각각 변화하는 "퍼센티지(percentage)"를 묘사하였다.

1) 룰 변동의 영향(effect of rules variation)

〈표 VII-18〉은 딜러가 어떤 17상에 스탠딩을 가진 싱글덱 게임에서 소프트 또는 하드 핸드의 더블링, 페어 스플릿팅 후에는 더블링이 없는 것으로 그리고 노-서렌더 등의 기본전략 플레이를 기초로 산정(culculate)한 것이다. 이러한 상황에서 게임자의 어드밴티지는 정확히 0%(even game)가 되나, 멀티플덱 사용시에는 부정적 영향에 주의해야 한다.

2덱 또는 4덱 게임은 게임자에게 가장 불리한 변동이 두 가지가 있다. 다른 공통된 변화는 최종 어드밴티지에 작은 차이를 만들고 있다. 서렌더와 스플릿 후에 더블링을 가진 싱글 덱 게임을 제공하는 "라스베가스 다운타운"카지노의 샘플에 대하여 게임 어드밴티지를 결정하는 계산법을 살펴보면,

예1)

기본 싱글-덱 게임	0.00%
딜러 소프트 17 히트	-0.20%
서렌더	+0.02%
스플릿 후에 더블	ㅣ0.10%
게임자 어드밴티지	-0.08%

위의 승산(odds)은 라스베가스 스트립이 가진 샘플이다.

예2) 기본 싱글-덱 게임   0.00%
        2-덱   -0.38%
        스플릿후에 더블   +0.10%
        ───────────────────
        게임자 어드밴티지   -0.28%

애틀랜틱시티에서는 게임자가 실제로 하우스 어드밴티지를 약간 길게 가졌다.

예3) 기본 싱글-덱 게임   0.00%
        4-덱   -0.54%
        얼리 서렌더   +0.62%
        스플릿후에 더블   +0.10%
        ───────────────────
        게임자 어드밴티지   +0.18%

일반적으로 카지노 어드밴티지는 게임자가 기본 전략에 따라 플레이 하였을 경우 좀처럼 1%가 넘지 않는다.

〈표 Ⅶ-18〉 룰 변동의 영향

전형적인 라스베가스 스트립 룰에서 변동(variations)	기본 전략을 가진 P/A (%)
• 얼리서렌더-4덱	+0.62
• 카드의 어떤 수치상에도 더블	+0.20
• 어떤 3장의 카드상에도 더블	+0.19
• 6장카드 보너스-4덱	+0.17
• Aces 스플릿에 어떤 숫자라도 드로윙	+0.14
• 페어 스플릿팅 후에 허용되는 더블링	+0.10
• 6장카드 보너스-1덱	+0.10
• 서렌더 -4덱	+0.06
-1덱	+0.02
• 딜러 wins ties	-9.00
• 10카드상에 노-더블	-0.56
• 4-덱 이상	-0.54
• 2-덱	-0.38
• 소프트17에 딜러 히트	-0.20
• 9점 카드상에 노-더블	-0.14
• 노-소프트 더블링	-0.14
• 노-홀 카드	-0.13
• 노-페어 resplit	-0.05
• cheating 딜러	-100.00

6. 기본 전략을 학습하는 방법(How to Learn Basic Strategy)

우선 소재 구성의 모형(pattern)을 만든다. 만약 우리가 머릿속에 무엇을 기억할 수 있다는 것은, 시각적(visually)으로 90%, 청각적(auditorially)으로 9% 그리고 나머지 1%는 잠재적인 감각(senses)으로부터이다. 우리는 또한 대부분의 정보는 어떤 방식(manner)안에 구성(構成)되었음을 알 수 있다. 기본 전략은 가장 쉬운 방법으로 기억(retention)하기 위해서는 단계적으로 구성해야 한다. 그러므로 기준 형식을 통하여, 시각적으로 가장 좋은 자료를 가지고 "블랙잭 플레이"를 공부하는 것이 필수적이다. 그렇지만 약 150개의 모형을 4가지 문자로 기억한다는 것은 쉬운 일이 아니다. 다행히도 학습을 쉽게 만드는 구성(organization에 대한 3가지 다른 방법이다. 각 챠트(chart)는 결정(decisions)한 값을 요약한 룰(rules)을 가지고 기술하였다. 대부분의 사람들은 가장 쉬운 문자로 기억하려한다. 이러한 맥락에서 다음의 도표를 공부하는 표준 모델로 제시하며, 그 룰은 발생 빈도수에 의해 목록화하였다.

〈표 Ⅶ-19〉 발생 빈도수에 의한 4-덱 룰

Rules	Frequency(%)	Total Hand(%)
① 하드 12~16 vs. 딜러 7 또는 이상이면 히트	23.1	23.1
② 하드 17 혹은 이상이면 스탠드	15.7	38.8
③ 하드 12~16 vs. 딜러 6혹은 이하(2와 3은 제외)이면 스탠드	13.1	51.9
④ 4s, 5s 또는 10s는 노 스플릿	10.0	61.9
⑤ 소프트 19 또는 이상이면 스탠드	7.2	69.1
⑥ 하드 8 또는 이하이면 히트	7.2	76.3
⑦ 소프트 17또는 이하이면 히트	6.0	82.3
⑧ 11 vs. 딜러 10 또는 이하이면 더블	4.8	87.1
⑨ 10 vs. 딜러 9 또는 이하이면 더블	3.6	90.7
⑩ 9 vs. 딜러 3~6이면 더블	3.6	94.3
⑪ 소프트 18 vs. 딜러 8 또는 이하이면 스탠드	1.3	95.6
⑫ 12 vs. 딜러 2 또는 3은 히트	1.2	96.8
⑬ Aces와 8s는 항상 스플릿	0.9	97.7
⑭ 2s와 3s vs. 딜러 4~7은 스플릿	0.9	98.9
⑮ 9s vs. 딜러 2~6, 8과 9는 스플릿	0.5	99.1
⑯ 6s vs. 딜러 3~6은 스플릿	0.5	99.6
⑰ 7s vs. 딜러 7 또는 이하이면 스플릿	0.5	100.0

다른 형으로 결합(oriented)하는 방법이 있다. 이는 문자와 수치에 적은 영향력(impact)을 미치지만 도표를 쉽게 기억할 수 있다. 우리들의 대부분은 숫자를 가지고 거래하는데 익숙해져 있으므로 단지 수표장을 대조(對照)하는 것 같이, 전체의 차트(chart)를 간단하게 수치의 라인(line)을 감소시켜, 세 번째 방법으로 모든 구성을 기억하기 가장 쉽게 학습할 수 있도록 하였다.

〈표 Ⅶ-20〉 4덱요약(스플릿 후에 노-더블)

Player Hand		Dealer Up Card									
		2	3	4	5	6	7	8	9	10	A
min hard std #'s		13	13	12	12	12	17	17	17	17	17
min soft std #'s		18	18	18	18	18	18	18	19	19	19
min hard doubling		10	9	9	9	9	10	10	10	11	−
Pair Spliting											
	9.9	SP	SP	SP	SP	SP	S	SP	SP	S	S
	7.7	SP	SP	SP	SP	SP	SP	H	H	H	H
	6.6	H	SP	SP	SP	SP	H	H	H	H	H
	3.3	H	H	SP	SP	SP	SP	H	H	H	H
	2.2	H	H	SP	SP	SP	SP	H	H	H	H
Soft doubling											
	max #'s	−	18	18	18	18					
	min #'s	−	17	15	13	13					
surrender		(9,7), (10,6) vs. dealer A,10,9 (9,6), (10,5) vs. dealer 10									
early surrender											

※ Note : ① (A,A)와 (8,8)은 항상 스플릿
　　　　　② (10,10), (6,6)과 (4,4)는 노-스플릿
　　　　　③ 노-인슈런스(Never taken Insurance)

IX 블랙잭 게임의 위닝에 대한 필요조건

갬블링을 할 때 여러분에게 무엇이 일어나는지 살펴본다면, 갬블링에 의해 본성이 드러나는 점은 느끼지 못하였을 것이다. 본 차트에서 매주 20시간 정도를 경마로 즐기는 갬블러를 근거로 보통 수준의 갬블링 활동을 하는 사람의 입장에서 정리하여 보았다. 그들의 견해는 갬블링은 자연스럽고 건강한 활동이라고 주장하고 있으며, 갬블링에 많은 시간을 낭비하는 사람을 갬블링 중독자(compulsive)라고 생각할 수 도 있지만, 실제로는 반대로 갬블을 하지 않는 사람보다 신체적으로나, 정신적으로 더 건강하다는 논리이다. 갬블러들은 가장 행복한 긍정적인 사고방식으로 보다 적은 적개심, 적은 불안감과 적은 노이로제(neurotic)로 스트레스(stress)를 받지 아니하는 것으로 갬블러가 아닌 자(nongambler)의 그룹과 비교된다. 우리가 또한 자주 볼 수 없는 것처럼 갬블러들은 자신만만하게 벳팅한다는 것이고, 그들은 자신들이 사람들과 함께 있다는 것을 만족스러워 한다는 것이다.

이 논리로 여러분을 요법(療法)으로 갬블링을 시작할 것을 제안하는 것이 아니라 단지 갬블을 하지 않는 사람보다 갬블을 하는 사람이 적어도 발견될 수 있다는 표현을 빌린 것 뿐이다. 만약 여러분이 여러분의 삶에 흥분과 기쁨을 가지려고 갬블링을 즐긴다는 것은 결코 부끄러운 일은 아니다. 그렇지만 과격하고 지나친 갬블로 가는 것은 많은 댓가를 지불하게 될 것이다. 어떤 활동이 과도(過度)한다는 것은 심리학적으로 유해(有害)한 것으로 틀림없이 귀결(歸結)된다. 이에 "갬블(gamble)"은 통제(統制)와 함께 실행되어야 한다. 갬블을 하는 많은 사람들이 있지만 탁월한 게임자(prominent players)들은 절대로 과도하게 갬블링을 하지 않으며 성공한 직업적인 갬블러는 위닝(winning)갬블링 시스템을 자신이 경첩에 접목(接木)하여 개발하기도 한다. 이에 블랙잭(blackjack)게임을 위닝하는 플레이(play)의 필요조건(requirements)을 10가지 항목으로 각각 전개하여 다음과 같이 제시해 본다.

블랙잭 게임의 위닝 필요조건

① 전반적인 게임의 지식(知識)
② 기록의 유지
③ 자기인식(自覺)
④ 사고(思考)와 행동의 독립(Independence)
⑤ 충분한 집중력을 위한 정신무장(Mental Readiness)
⑥ 신체적인 무장(Physical Readiness)
⑦ 카드의 승산(勝算)에 관한 기본지식
⑧ 자제력(自制力)
⑨ 게임방법의 계획(Game Plan)
⑩ 경험(經驗)

1. 전반적인 게임지식(A Complete Knowledge of the Game)

게임의 정체(正體) 또는 본질을 이해하지 못하고 "윈(win)"하기를 바란다는 것은 있을 수 없다. 이에 위닝하는 구성요소를 확인하기 전에 "블랙잭"에 대한 지식을 전반적으로 배우는 것이 필요하다. 여러분의 이해를 돕기 위해 본 항목에서는 적절하게 루스(lose)하는 것조차 서투른 게임자를 사례로 저자의 경험을 인용하여 설명하여 본다.

사 례

라스베가스 다운타운 카지노에서 동양여자딜러를 상대로 미국생활시절 게임을 한 적이 있다. 각양각색의 결과를 가진 다른 게임자의 벳(bets)과 함께 착실하게 관리하여 나는 천천히 위닝(winning)하고 있을 때, 중년의 동양의 신사가 비어있는 좌석에 앉아 게임을 조심스럽게 시작하고 있었다. 그러나 그의 플레이(play)는 테이블의 다른 사람보다 더불어 할 것도 없이 그는 연이어 여러 핸드를 루스(lose)하였다. 또한 그의 적절치 못한 추가 카드에 의해 "위닝핸드(winning hand)"를 손상(damage)시킬 때, 나 자신은 물론 다른 게임자들까지 서로 불신으로 바라보기 시작했다. 그 남자는 나의 왼쪽 방향으로 가로 질러 있는 바, 자연스럽게 관심을 가지게 되었고, 그래서 나는 그에게 "위닝핸드 (winning hand)"를 잡았을 때는 또 다른 카드를 가질 수 없다는 것을 그 신사에게 정중하게 제안하기도 하였지만, 성급한 성정(temper)을 가진 그 "올드맨"은 어깨를 으쓱거리며 충고를 무시하더니 마침내 테이블 전체의 핸드가 "루스핸드"에서 "루스핸드"로 계속되었으며 격분한 나의 이웃은 올드맨의 플레이를 일제히 비난하기 시작했다. 그 올드맨은 갑자가 그의 칩스를 끌어모았고, 묵직한 악센트로 딜러를 이기기에 부족한 것은 주위의 탓이라고 중얼거렸다. 이는 그가 딜러에게 돈을 줄려고 작정했기 때문에 루징한 것은 아닌가, 그 올드맨은 게임지식이 부족한 것인지, 아니면 지식이 있으면서도 딜러에게 돈을 주었는지, 다만 확실한 것은 딜러는 소리없이 하우스를 풍요롭게 만든다는 것이다.

위의 사례에서 보았듯이, 룰과 절차의 무지(無知)에서 비롯되는 것은 아닐지라도, 게임을 모른다면 그 올드맨보다 더 좋은 게임을 할 수 없다는 것이다. 게임의 지식이라 함은 "기본전략(basic strategy)"은 물론이고, 카드 트랙킹 시스템, 적절한 벳팅방법 그리고 속임수 행위로부터 스스로를 보호하는 지식까지 포함된 것이다. 이러한 문제는 다음 장(章)에서 다시 연구하기로 한다.

2. 기록의 유지(The Keeping of Record)

블랙잭 게임의 기록을 유지하는 것은 결정적으로 중대하다. 다음에 제시한 형식은 게임기록 양식의 견본(見本)이다. 이것은 작아서도 안되지만, 부피가 큰 스프링 노트북 또는 받침이 있는 것도 사용하지 않는다. 그것은 비밀 정보이므로 만약 카지노 종업원이 본다면 편안한 게임자로 보지는 않을 것이다. 그러므로 그것은 포켓에 보이지 않게 접어가지고 갈 요량으로, 다른 작은 종이 조각 또는 체크하는 공간의 뒷 장에 기록하고 또한 숨기기에 충분한 연필을 가지고 있지 않았다면, "키노 (keno)"지역의 연필을 사용하면 된다.

이러한 형태의 기록양식을 유지하는 것은 여러 가지 이유가 있다. 여러분이 위닝 게임자로 있을 때, 카지노의 "핏보스(pit biss)"또는 "딜러(dealer)"는 누구였는지를 아는 것은 필요하다. 만약 여러분이 일정하게 위닝을 하여왔다면 그들이 여러분의 존재를 확인하려고 할 때, 게임을 피할 수 있다. 이것은 "딜러와 핏보스 콤멘트 (dealer & pit boss comments)"의 항목에 기재하는 것으로 도움이 될 수 있다. 기재사항은 딜러의 이름, 성별 그리고 게임의 정직함 또는 속임수행위가 있는 딜러인지, 여부의 느낌을 기록한다. 또한 핏보스가 게임을 관찰하는 정도(程度), 카드를 추적하는지 여부(與否)도 기록한다. 만약 그 종업원이 의심스럽게 보인다면, 그들이 근무할 때는 게임을 하지 않는 것으로 그들을 회피할 수도 있다. 원(won)/로스트(lost)기록은 자금 관리에 필수적인 단계로서, 위닝(winning)과 루징(losing)의 패턴을 추적할 수도 있고, 게임자금 또는 카지노자금 둘 다 모니터 할 수 있으며, 상대하기에 어려운 딜러는 누구인지도 모니터 할 수 있다. 또한 이 기록은 다른 기간의 결과와 비교하여 다음 게임 계획의 일정에도 도움이 될 수 있다.

〈게임기록서식(sheet)〉

Date	Time	Casino	W/L	Dealer and Pit Boss Comments

3. 자기인식(Self-Knowledge)

여러분이 견실하게 윈(win)을 하려면 갬블러로서 자신에 정통(精通)해야한다. 갬블링은 심리학적인 측면에서, 심경 변화에 따라 영향이 지대하다. 그러므로 게임에 임하는 감정은 냉정하게 지켜볼 필요가 있다.

이러한 감수성으로 "루징(losing)"할 때 그만 둘 것인지 또는 배후에서 갬블링을 보전(保全)하는 유형의 사람으로 남아있을 것인지의 사례를 냉철하게 판단할 수 있어야 한다. 또한 다른 게임자와의 관계에도 기술적인 방법을 알아야 한다. 왜냐하면 여러분의 돈, 경비에 예상을 뒤엎는 사람과 함께 게임을 하기 때문이다. 또 다른 자각(自覺)으로 좋아하지 않는 딜러를 상대하여 게임하는 동안 침착하게 오래 견딜수 있느냐 하는 것도 문제이다.

그 밖에 카지노 안에서는 다양하게 심리학적으로 반응할 수 있는 물리적(物理的) 조건을 발견할 수 있다. 예를 들어, 대부분의 게임자들은 얼굴에 담배연기를 불지 않는다면, 담배를 피우는 사람이 옆에 앉아 있더라도 참고 견딜 수 있지만, "시가 스모커(cigar smoker)"가 가까이 있으면 못 견디어, 아마도 다른 테이블 또는 게임을 찾으려 할 것이다. 하지만 불행하게도, 거기에는 쉽고, 빠르게 견문을 숙지하는 모범적인 방법은 없다. 이것은 오로지 게임에 참여하여 획득하는 것 뿐이고 그 댓가를 지불하게 된다.

4. 사고와 행동의 독점(Independence of Tought & Action)

전설적인 경마광(horeplayer)으로 백만장자인 "피츠버그 필(Pittsburgh Phil)"은 「스스로 판단을 갖지 않은 사람의 벳팅 금액을 만드는 것은 무수한 찬스를 한 번도 갖지 못한 것이다.」라고 말하였다. 이 뜻은 자신을 위해서만 생각하라는 익미로, 자신의 판단에 확신을 갖고, 주관적으로 실행하는 것으로, 이는 친구, 상대자, 딜러들, 동료 등의 외부영향에 의해 스스로의 결정을 허용할 수 없는 것을 말한다.

5. 충분한 집중력을 위한 정신무장
(Mental Readness for Sufficient Concentration)

정신수련이라는 것은 또 다른 심리적인 필요조건으로 게임을 통하여서만 얻어질 수 있다. "멘탈 레디니스(Mental Readness)"는 조심한다는 뜻뿐만 아니라, 무엇이 주위에 진행되고 있던 개의치 않고 카드에만 집중하는 능력을 말한다. 이는 카드를 추적하는 데 필요한 만큼 숙련되어야 하고, 동시에 딜러 또는 게임자들과의 대화도 수반되어야 한다. 만약 "Opt I포인트 시스템"과 같은 간단한 시스템을 사용한다면 특별히 어렵게 보이는 것만은 아니다. 물론 많은 연습은 필요하다. 항상 테이블에서 최종테스트를 하는 동안에는 집에서 카지노와 같은 환경을 만들어 모의실험(simulation)을 하는 것이 도움이 된다. 연습을 위한 방법은 무엇이던지 사용하며, 정신적 준비의 개발을 위해서는 시간의 투자가 필요하다. 이러한 투자(投資)가 어느 정도 지나면, 카지노 게임을 편하게 즐길 수 있는 자신을 발견하게 될 것이다.

6. 신체적인 무장(Physical Readness)

"신체적인 무장"이라는 뜻은 매일 적어도 4시간 동안 게임에 임할 수 있는 육체적인 체력을 준비하는 것이다. 이것은 신체적인 건강상태를 유지하기 위해 충분한 수면을 취하는 것 역시 연결되어 있다. 카지노 현장에서의 대부분의 문제는 그 곳에서 잠을 잔다는 것이 대단히 어렵다. 우리가 종종 휴가 중에 느끼는 일이지만, 귀중한 여행시간에 잠을 자려는 것으로 시간 낭비를 하지 않으려는 것과 같이 카지노는 성인용 "디즈니랜드(Disney land)"이다. 그곳에는 시계도 없고, 식사시간도 준비되지 않는다. 이러한 주위의 분위기는 생태학적(biological)인 균형을 유지하기에 대단히 어렵다. 이에 "피로의 경보(fatigue alarm)"시스템을 설정하여 주·야 상관없이 적당한 수면을 취할 때까지는 다시 게임을 해서는 안 된다. 사람들은 이것 한 가지를 지키지 못하고, 한 번에 모든 것을 끝장을 내려는 탐욕 때문에 건강, 돈 모두를 잃어버리는 경향이 있다.

7. 카드의 승산에 관한 기본 지식
(A Basic Knowledge oh Odds in Cards)

여러 가지 이유로 카드의 승산(勝算)에 관한 지식이 필요하다. 우선 첫 째로, 기댓값은 무엇이며, 연속적인 결과를 이해하는 것이다. 여러분이 분명히 알 수 있는 것은 윈(win)과 루스(lose)두 가지로 진행된다는 것이고, 승산의 기본 지식을 가지는 것으로 윈(win)의 우위(優位)가 장기간 함께 갈 수 있다는 것이다. 기대할 수 있는 값이 연속적인 루징(losing)으로 가는 성질이 무엇인지 모르는 경우는, 딜러가 속임수 행위를 하지 않는가 조금 의심을 하는 경향이 있다. 이러한 지식의 부족은 자칫 모든 중요한 감각을 의심으로만 가는 어리석음을 가지게 된다. 확률 지식의 또 하나의 가치는 착수(着手)자금을 결정한다는 것이다. 전체의 자금을 결정하려면 각 시스템(기본 전략, Hi-opt I 카드 카운팅)의 지식과 함께 유리한 비율을 알아야 한다. 이 지식(Knowledge)은 게임의 변동으로 인한 자금을 부적절하게 낭비하지 않으려는 것은 물론 "뱅크롤(bankroll)"과 "벳팅(betting)"수준을 유리한 기대치 값으로 밀접하게 결합되게 하는 것이다.

마지막으로 기대치의 평가로 "위닝(winning)"을 결정할 수 있는 유리함의 비율을 이해하여야 한다. 만약 장기간 진행하는 동안 가장 낮은 비율의 위닝이라면, 순간순간에 속임수가 있음직하고 볼 수 있다. 이것은 "확률(odds)"의 지식을 가지고 있지 않다면 영원한 무지(無知)로 속임수를 당할 수 있다는 뜻도 된다.

8. 자제력(Self-control)

자기 콘트롤은 블랙잭 게임의 위닝(winning)요소에 가장 중요한 심리학적 필요한 조건이다. 이것은 얼마나 강한 시스템을 가지고 잇는기, 얼마나 재기(才氣)가 뛰어났는지, 기억력이 얼마나 훌륭하였는지, 위 모두와는 상관없이 자제심(自制心) 없이는 시종일관 "윈(win)"한다는 것은 결코 있을 수 없는 것으로 이것은 "루징 (losing)"할 때 특별히 중요하며, 루스(lose)할 때는 무조건 쉬어야 함을 언급하는 것으로 고집(stubborn)만으로는 절대 이길 수 없음을 의미한다.

9. 게임계획(A Game Plan)

어떤 시도로(endeavor), 가지려는 계획은 성공과 실패 둘 사이의 차이점이 될 수 있다. 이것은 블랙잭 게임의 진실이다. 여기에는 "게이밍 플레이(gaming play)"의 판단력(判斷力)에 대하여 스스로를 반문할 수 있는 많은 문제가 있다. 예를 들어 「확실하게 이기는 돈으로 가져갈 것인가, 또는 그것을 블랙잭 게임을 즐기는 수준으로 갈 것인가」 만약 즐기기 위한 게임이라면, 위닝(winning)과 함께 하려는 자신을 관련시키지 말고, 단지 평범한 방법으로 아주 쉬운 목표를 설정하여도 무방하지만, 만약 위닝하려고 냉철하게 게임하려면 전체적인 게임계획을 가져야 할 것이다. 블랙잭 게임에서 그 결정(decision)은 다음과 같은 그 게이밍과 관련된 다양한 상황모양을 만들 수 있다.

결정 상황의 사례

① 여러분은 한해에 얼마나 많은 갬블링 여행을 하는 경향이 있는가?
② 여러분은 그 곳에서 몇일 동안 머무를 것인가?
③ 어떤 성향(性向)의 위치(location)에서 게임을 할 것인가?
④ 하루에 몇 시간이나 게임에 임(臨)할 것인가?
⑤ 언제 그만 둘 것인가?
⑥ 사람과 함께하는 사교적(社交的)차원에서 참여할 것인지 또는 엄밀한 비즈니스인가?

사례와 같은 내용들은 계획의 활동무대에 대한 대답일 것이다. 게임계획의 부족함은 치명적일 수도 있고, 게임계획이 없다는 것은 그 게임에 여러분이 콘트롤 당하고 있으며, 여러분의 게임이 아니라고 단정 지을 수 있다.

10. 경험(Experience)

블랙잭 게임 테이블에서 말로 하는 것(saying)같은 경험(經驗), 그보다 더 위대한 선생님은 없다. 이에 블랙잭(blackjack)게임의 지식을 얻는 방법은 오로지 경험하는 것이며, 그것도 매일 다른 상황에서 열정적인 게임에서 찾을 수 있다. 대형카지노와 "다스트 조인트(dust joint)"[3]에서 젊은 딜러, 올드 딜러, 잘난 딜러, 못난 딜러, 또는 싱글 덱 게임, 더블 덱 게임, 4, 5, 6 그리고 8덱 게임, 프라이베트(private)게임 또는 "키친 테이블(kitchen table)"에 앉아 가공(可恐)의 딜러를 상대하는 게임을 하여 본다. 블랙잭 게임의 10가지 필요조건을 설명하였지만, 위 모두 전력을 다하는 노력만이 일관된 위너(winner)를 만들게 될 것이다.

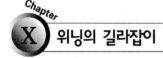

X 위닝의 길라잡이

1. 위닝을 위한 웨이저링(How to Wagering for Winning)

돈을 거는 것, 즉 베팅(betting)에 관한 모든 종류 그리고 시스템과 이론은 각각 한 권의 부피를 차지할 만큼의 전문 서적이 있지만, 이 모두 저자 나름대로의 오피니언(opinion)정도이고 보니, 베팅을 어떻게 해야 윈(win)할 수 있다던가, 아니면 베팅(betting)에 의해 상황을 유리하게 전개할 수 있다는 보장(保障)또는 원칙이나 공식이 있는 것은 절대 아니다. 다만 배팅 기술이라고 단정 지을 수는 없지만 소개할 가치가 있는 베팅 방법이 있다면 "점진적인 베팅(betting progressions)"일 것이다. 이는 전형적인 베팅기술로 1-2-3-1-2의 방법으로 널리 알려져 있다. 이 방법의 첫 번째는 기본 단위(unit)만큼 벳팅하고, 두 번째는 첫 번째 유니트의 두 배를 벳팅하고, 세 번째는 첫 번째 유니트의 3배, 네 번째는 다시 기본 단위로 돌아

---

3) 규모가 작거나 또는 게이밍 시설의 모양을 갖춘 카지노로, 이러한 시설은 보통 희생자를 빠르고, 완전하게 속이는 행위를 한다.

가는 방식이다. 그러나 이러한 모든 위닝(winning)방식만으로 상황을 바꿀 수 있는 특별한 기술(技術)이라고 볼 수는 없는 것 같다. 왜냐하면 위닝할 가능성이 불리하게 작용되는 확률(確率)게임에서 게임자의 벳팅사이즈의 변화는 장기적인 결과에 아무런 영향을 미치지 않기 때문이다.

블랙잭(blackjack)테이블에서 하우스나 게임자가 윈(win)할 가능성은 항상 변화한다. 그러나 양자(兩者) 또는 게임자에 의해 가능성이 만들어지는 특성이 있다. 이에 게임자(player)의 변화되는 카드의 판단력이 우선이지, 벳팅의 기술만 가지고 불리한 가능성을 유리한 가능성으로 변경시킬 수는 없다고 본다.

The Main Point for Wagering

• **betting의 일반적인 rules**

일반적으로 윈(win)하고 있을 때는 베팅(betting)의 사이즈를 늘리고, 루스(lose)하기 시작하면 벳팅을 줄이는 것이 통례(通例)로 되어 있다. 이는 표면상 상당한 의미가 있으며 아주 안전하고 보수적인 것이다. 다시 말하면, 윈(win)하였을 때, 위닝 몫을 다시 벳팅하여 위험을 피하면서 실제로 더 많은 벳팅할 수 있다는 것이 일반적인 포인트(point)이다. 이 방법은 공정한 게임장소와 기회의 빈도수(frequency)가 높다면, 최선의 방법이 될 수도 있지만, 실제로 위닝하는 동안만 벳팅사이즈를 늘린다는 것의 유리한 점은 단지 플레잉(playing)에서 밀려나가지 않는다는 것 뿐이다. 왜냐하면 이길 수 있는 기회가 다시 올 것인지, 아닌지는 누구도 예측(豫測)할 수 없기 때문이다. 그러나 장기적으로 게임의 흐름과 카드를 기억하는 경우를 제외하고, 벳팅에만 의지해서 결과를 얻으려 한다면 그 결과에 아무런 영향을 미칠 수 없을 것이다.

• **안전하게 betting하라**

전문가가 권유하는 말이다. 이뜻은 무엇보다도 나는 결코 루스(lose)할 리 없다는 식으로 벳팅을 하거나, 자신을 불안하게 만드는 벳팅을 하여서는 안된다는 충고(advise)이다. 우선 비기너(beginner)는 블랙잭 테이블의 리미트(limit)를 익히는 것이 상식이다. 카지노는 통상 그들의 칩스컬러(chips color)와 똑같은 컬러-코드(color-code)를 따르며 테이블의 벳팅 한도 금액을 최소(minimum)금액과 최대(maximum)금액으로 구분한다. 이는 각 카지노마다 매우 다양하게 허용되며, 이 리미트는 바쁜 주말이면 변동될 수 있다는 것을 고려해야 한다. 소제(小題)와 같이 안전하게 betting하라는 충고는 장소와 시간적 활용에 대한 고찰과 특히 자신을 콘트롤(control)할 수 있는 능력이 필요하다는 것이다. 예를 들어 위닝을 위한 테이블 리미트의 선택은 최소 금액과 최대 금액의 범위(range)가 타이트한 장소에서는 자제할 것이며, 가능하면 주말은 피하고, 아침 이른 시간에 게임을 하는 것이 좋다.

2. 위닝을 위한 학습(A Studying for the Win)

다음은 블랙잭(blackjack)게임을 위닝하는 학습요령 또는 지침(指針)으로 소개하여 본다. 이 방법은 카지노를 상대하여 일관되게 이기는 데 필요한 순서로서 단계별로 요약하여 보았다. 이 부분은 게임자의 입장(立場)에서 도움말을 제시한 것이며, 제시한 단계별 내용을 숙지 또는 스킬(skill)이 완성되었을 경우에 그 효력이 있음을 강조하고 싶다.

단계별 요약

1. 기본 학습 단계

- 제1단계 : 집에서 기본전략(basic strategy)을 학습(學習)
- 제2단계 : Hi-opt I 카드카운트와 함께 집에서 카드 트랙킹(tracking)을 학습
- 제3단계 : 집에서 다양한 벳팅에 Hi-opt I 카운트를 사용하며, 기본 전략에 따르는 게임을 실행
- 제4단계 : 윈(win)과 로스(lose)의 기록을 유지
- 제5단계 : 적어도 500벳팅 단위 이상으로 진전될 때까지, 집에서 계속해서 게임을 한다.(위닝시스템이 실제로 확산이었을 때까지 게임을 유지한다.)

2. 실전단계

- 제6단계 : 유효한 "라지벳(large bet)"의 크기로 50회 정도 벳팅할 수 있는 자금을 확보

- 제7단계 : 제Ⅷ장에서 제시한 목록에 따라, 안전한 10가지 조건을 가지고 카지노를 선택
- 제8단계 : 가장 유리한 딜러와 함께 하는 테이블에 위치(location)
- 제9단계 : 게임상에 유리함이 보여질 때까지 그 딜러와 상대하여 "플레이(play)"함
- 제10단계 : 게임이 유리하게 전개되면, 그 게임을 유지(維持)함.
- 제11단계 : "루스(lose)"하기 시작하였거나 또는 다른 딜러와 교대하였을 경우는 곧바로 게임을 그만둔다.
- 제12단계 : 그만 둔 후에는, 카지노를 곧바로 떠난다.
- 제13단계 : 카지노를 떠나기 이전에 게임 기록 양식에 그 게임(event)에 일어났던 내용을 기록한다.
- 제14단계 : 칩스의 현금화(現金化)는 다른 사람을 시키거나, 또는 다른 시간대에 다시 돌아와 "캐쉬(cash)"한다.
- 제15단계 : 위 단계와 같은 전체 과정을 또 다른 안전한 카지노를 선택하면 반복(反復)도 함
- 제16단계 : 전문적인 게임을 위해, "Hi-opt I"전략을 반드시 마스터(master)해야 함

3. 위닝의 실패로 가는 길(The Load to Losing)

본 항목에서는 "위닝(winning)"으로 가는 요령을 아는 것이 중요한 만큼, 실패하는 걸로 가지 않는 존재 모형(模型)도 역시 알아야 한다. 지적이고, 호기심 많은 독자들 또는 무수한 재물과 탐욕에 환상을 가진 게임자들을 위하여, 여기에 어떻게 자금이 빠르게 손실되는지 "루징 팩트(losing fact)"을 알아보기로 한다.

Losing Fact

① 본문에서 제시한 "위닝"의 요령을 간과(看過)함. 즉, 그 내용을 철저히 학습하는 것을 귀찮아함.

② "기본 전략(basic strategy)"은 물론 이기는 데 충분한 "Hi-opt I"지식을 아는 체 함.

③ 라스베가스와 같은 유명한 장소에는 속임수 가능성이 없다는 것으로 알고 있으므로, 속임수 행위 딜러를 무시함

④ 자금 계획, 자금의 성격을 무시하고 어떤 게이밍 장소라도 참여함

⑤ 제 Ⅲ장에 언급한 요주의(black listed)카지노에서 게임을 함

⑥ 가장 높은 벳팅하는 테이블(high-pit)에 앉는다.

⑦ 긴 여행으로 피로하고, 흥분 때문에 밤잠을 설친 경우 일지라도, 게임을 할 수 있는 한 한다.

⑧ 소유하고 있는 자금 전부로 칩스(chips)를 구매한다.

⑨ 긴 여행으로 피로하고, 흥분 때문에 밤잠을 설친 경우일지라도, 게임을 할 수 있는 한 한다.

⑩ 60분 정도를 정하여 집으로 돌아오려고 각오한다는 것은 정해진 시간이 경과되기 전에 소유한 모든 금액을 손실당할 것이다.

블랙잭게임 진행실무(實務)

Chapter
Ⅰ 블랙잭게임의 실무개요

　여러분이 갖고 있는 기술이나 지적 능력이 뛰어나도 이론과 규칙을 모르게 되면 능력을 충분히 발휘하지 못할 것이다. 이에 카지노만이 가지고 있는 특수성(特殊性)을 고려하여 카지노 실무자(딜러, 관리자)에게 종속적인 규율을 엄격하게 요구함은 당연하므로 카지노 실무자는 이 카탈로그(catalog)영역 안에서 필요한 매너(manner)에 익숙해져야 하는 능숙한 전문직업인이 되어야하므로 참을성 있게 능력을 배양(培養)시켜야겠다.

　물론 모든 것을 배우고자 하는 여러분들의 자세와 의지에 달려있고 그 평가도 여러분 자신이 만드는 것이지만 제일 중요한 것은 오직 훈련뿐이다. 본장에서는 블랙잭게임을 절차와 수순으로 실행하는데 필요한 기술적 이론과 실무자(딜러, 테이블 관리자)입장에서의 게임 진행을 위한 기본 동작 및 게임용어 해설, 그리고 실무자의 자세 및 매너 그리고 의무 등을 포함한 전반적인 진행 실무를 다루어 보았다. 블랙잭(blackjack)게임의 실무 운영자로서 "게이밍 매뉴얼(gaming manual)"에서 제시되는 업무수칙이나, 게임룰을 필히 숙지하고 이론(theory)을 바탕으로 고도의 기술과 정확한 계산기능, 성숙한 매너로 효율적인 능력개발에 필요한 출현을 거듭하며 본장을 통하여 훌륭한 전문직업인으로 성공하는데 기여하였으면 한다.

1. 블랙잭 게임의 실습목적

블랙잭의 학설, 이론적 배경, 절차, 시스템, 테크닉, 규칙 등을 충분하게 정통적으로 완벽하게 이해할 수 있도록 한다. 학생들이 초급과정에서부터 카지노 블랙잭 딜러가 될 때까지에 필요한 자격을 얻기 위해 능력과 기술을 개발하고 또한 카지노 업체에 적응할 수 있는 숙련된 딜러가 될 수 있도록 하는데 목적이 있다.

2. 블랙잭 게임의 실습과정

블랙잭 실습을 통하여 다음과 같은 단계로 과정을 이수(履修)해야 한다.

단계별 이수내용

- 제1단계 : 블랙잭 게임의 전문용어(terminology) 및 규칙(regulation)의 학습
- 제2단계 : 블랙잭 게임 테이블의 레이아웃(layout) 및 장비(equipment), 도구(tools)에 관한 학습
- 제3단계 : 블랙잭 게임의 기본 기술(fanning-washing-boxing-shuffling-counting-cut card)에 대한 학습
- 제4단계 : 싱글-덱, 더블-덱, 4-덱, 6-덱을 사용하여 게이밍 절차에 의한 딜링(dealing)학습
- 제5단계 : 블랙잭 게임과 관련된 카드 및 칩스의 핸들링(handling)기술에 대한 완벽한 마스트
- 제6단계 : 게임 테이블의 보호와 딜링에 대한 정확한 순서를 숙지하고, 피트(pit)내에서 지켜야 할 예절과 적응능력학습

3. 딜러실무의 개념

카지노는 유럽최고 상류 사회의 귀족 놀이에서 전래 되어온 수백년 전통의 보수성이 강한 정적(靜的)인 유럽스타일 이미지(image)와 실용적이고 자유분방함을 표출하는 동적(動的)인 미국 스타일과 혼합되어 이루어진 현대 사회의 최고 결정의

오락장(娛樂場)이라 하였다. 그러므로 카지노 종사원은 업무에 필요한 매너에 능숙한 전문 직업인이어야 하므로 이에 카지노만이 가지고 있는 특수성을 고려하여 가장 효율적이고 합리적인 딜러 실무의 실습 운영 방침과 실습규칙을 소개하는 바이다.

1) 인슈트랙터(Insutractor) 및 실습조교

학생들이 갖고 있는 기술이나 지식 및 능력 등이 탁월하여도 이론과 규칙 등을 숙지(full knowledge)하지 못하면 능력을 충분히 발휘하지 못할 것이다. 이에 "인슈트럭터"는 다양한 학습의 문제를 올바르게 지도하려는 의지와 목적을 가지고 실습생(apprentice)에게 게임을 가르치는 것은 물론, 블랙잭 게임 실습시간에 게임에 필요한 모든 지식을 이해시키며 잘못된 부분을 지적하고, 실습생들이 게임을 배우는 동안 참을성 있게 능력을 배양시키도록 지도·관리할 수 있어야 한다. 그러나 모든 것은 학생들이 배우는 스스로의 자세에 달려있고, 그 평가도 학생들 자신이 만드는 것이다. 오직 연습(practice)과 훈련만이 능숙한 딜러가 되는 길이고, 실습시간 동안에 적극적인 자세를 항상 유지하며 빨리 배울 수 있는 가능성을 높여야 할 것이다.

2) 실습 중에 지켜야 할 규칙

① 어떠한 경우라도 담당교수나 조교의 동의없이 실습실을 떠나서는 안된다.
② 실습 가재 또는 준비물을 도난당했거나, 허락없이 물품을 옮긴다면, 즉각 교육을 중단한다.
③ 학생들의 실기교육은 실습실내에서만 허용한다.
④ 학생들은 실습내용에 적합하다고 인정되는 대화 외에 학생들 간의 대화는 금한다.
⑤ 불량한 수업태도와 실습내용의 주장은 절대해서는 안된다.
⑥ 다음 사항은 실습실내에서 절대 허용하지 않는다.
  • 흡연(smoking)
  • 취식(eating)
  • 음주(drinking)

- 껌씹는 행위(chewing)

⑦ 실습 중 교육에 필요한 시설 및 기재는 교육생들이 자율적으로 관리·유지할 책임이 있다.

⑧ 기타사항은 실습실 관리 수칙에 의거한다.

4. 딜러의 용모 관련 힌트(Dealer Hints)

카지노 딜러로서 항상 산뜻하고 깨끗한 용모를 내세울 수 있는 것은 전문 직업인 (서비스직)으로서 대단히 중요하다. 왜냐하면 카지노는 품위를 중시하기 때문이다. 그 품위를 평가하는 것은 여러분의 인격 및 수양에 달려있다고 본다.

용모 단정의 필요성

- 헤어스타일(hair cut) : 적당하고 산뜻한 맵시의 스타일로 머리카락이 흘러내리거나, 시야를 가려 딜링하는 동작 이외의 불필요한 동작을 유발하게 해서는 안된다.
- 위생(hygience) : 위생학적으로 고객 또는 상대방에게 불쾌감을 주어서는 안된다. 예를 들어 악취, 심한 기침, 지저분한 유니폼 등
- 손(hand) : 개인의 능력을 표출하는 손은 항상 청결해야 하고 아름다워야 한다. 예를 들어 손톱소제, 매니큐어 등

딜러의 자세로서 두 번째는 항상 친절하고, 예의바른 행동으로 고객을 대하는 것은 물론 직장의 상사, 동료·선배에게도 존중하는 태도와 자세로 업무에 임한다면 직업인으로서 성공할 수 있을 것이다. 마지막으로 당신의 직속상관(floorman/ supervisor)은 필요에 따라 업무를 지시하거나, 잘못을 지적하여 수정해 줄 것이다. 이 때 상사가 정한 어떤 문제에 이의를 제기해서는 안된다.

5. 딜러의 업무(Dealer Responsibility)

딜러의 임무 중 가장 중요한 두 가지 필요조건은 전문가적 기질과 안전한 게임을 이루어내는 것이다.

첫째, 전문가적 기질(professionalism)은 게임자에게 신뢰를 얻어 게임을 지배함은 물론 게이밍 서비스를 통하여 고객들을 편안하게 해줄 수 있어야 한다.

둘째, 안전한 게임(safety game)은 딜러자신과 손님을 보호하고 우리의 직업도 보호되는 것이다.

모든 게임에서 딜러는 주로 게임테이블 담당관리자의 권한 아래 있으며 딜러는 룰과 수칙(규정)의 절차에 따라 전반적인 게임을 수행하여야 할 의무가 있으며 게임 운영을 위해 담당간부에게 충분히 알려주고 지시한 사항을 지켜야 할 의무도 있다. 또한 어떤 미스테이크(mistake)가 발생하였을 경우, 즉시 담당 테이블 관리자에게 보고할 책임도 있다. 어떠한 상황에서도 딜러는 게임상에 어떤 결정을 할 수 없기에 미스테이크 수정(修正)은 담당관리자(floorperson)의 지도아래 실행되어야 한다.

6. 블랙잭 딜러의 품행(General Dealer's conduct)

블랙잭 딜러의 품행(品行) 중 가장 으뜸인 것은 태만하지 않고, 항상 공손한 태도를 유지하는 것이다. 만약 손님에게 게임이 어떻게 진행되어지는지 방법을 설명할 필요가 있다면, 가능한 도움이 되어야겠지만, 어떤 독특한 재주(talent)가 있는 것처럼 과시하여 게임의 공정성을 손상(損傷)시키는 일이 있어서는 안되며, 다음은 일반적으로 게임 테이블에서 딜러가 지켜야 할 품행이다.

딜러의 품행

① 딜러는 항상 테이블의 정면, 딜러 포지션(position)에 있어야 한다.
② 다른 테이블 딜러와 서로 대화는 허용치 않는다.
③ 딜러는 고객 및 하우스 머니(money)를 불필요하게 다루는 일이 없도록 한다.
④ 게임에 참여하지 않는 손님이 테이블 좌석을 차지하는 것을 허용하여서는 안된다.
⑤ 여러분의 게임 테이블에 지인, 친척 또는 친구가 참여하는 것을 허용하지 않는다. 이는 어떤 의혹을 불러일으킬 수 있으므로 여러분을 보호하기 위함이다.
⑥ 피트(pit)안에서 근무 중 음식물을 먹는 행위가 있어서는 안된다.
⑦ 딜러는 영업장 내에서 흡연해서는 안된다.
⑧ 딜러는 피트 안으로 출입할 때, 다른 딜러와 마주서서 이야기하는 행위가 있어서는 안된다.
⑨ 어떤 돌발적인 상황이 발생하여, 어떻게 처리해야 할지 모를 때는 항상 손을 들어 테이블 관리자에게 도움을 요청한다.

7. 블랙잭 게임의 보호(Game protection)

게임을 보호하거나 방어하기 위해서는 게임 테이블의 분위기 및 게임자의 움직임은 물론, 벳팅금액에 대하여 예의주시해야 한다. 예를 들어 플레이어(player)들이 서로 담합(談合)하여 벳팅의 흐름을 유지하거나 의도적(intention)으로 실수를 만드는 등의 행위를 간과(overlook)해서는 안된다. 다음은 게임을 보호하거나 방어를 위해서 간과할 수 없는 행동이나 사항이다.

게임의 보호

① "데드(dead)"게임 일지라도 "뱅크롤(bankroll)"을 두고, 돌아서서 등을 보이는 행동이 있어서는 안된다.

② 테이블 주위상황을 경계(lookout)한다. 만약 어떤 방어조치가 필요하면, 즉시 담당테이블관리자를 불러 보호를 받는다.

③ 딜링(dealing)은 항상 공명정대한 소신을 갖고 진행되어야하며, 손님에게 리드(lead)당하는 게임이 되어서는 안된다.

④ 게임자가 핸들링(handling)하는 베팅금액의 칩스를 지켜보고 게임에 적합하지 않는 베팅이 있는지 체크한다.

⑤ 딜링중에 해당 테이블 베팅수준보다 고액칩스가 베팅되었을 때는 콜링(calling)으로 담당테이블관리자가 그 사실을 알 수 있도록 한다.

Chapter

II 블랙잭 게임의 장비 및 기본 동작 명칭

1. 블랙잭 테이블 레이아웃(Blackjack layout)

블랙잭 게임 테이블 레이아웃(layout)은 각 게임자의 카드를 위해 부채꼴 모양의 레이아웃에 "스팟(spot)"을 하나씩 가지고 게임되며, 1st base, 2nd base, 3rd base, 인슈런스를 위한 장소, 칩스벳팅을 위한 장소를 가지고 있다. 게임의 룰(rules)은 녹색천의 일부분에 다음과 같은 문구(文句)로 프린트되어있다.

※ LasVegas standard stylec(7-hand)

〈그림 Ⅱ-1〉 블랙잭 테이블 레이아웃

2. 블랙잭 테이블 장비 및 도구의 명칭 (Blackjack Equipment & Tools)

- Limit Board : 각 테이블에 베팅할 수 있는 최소(minimum)금액과 최대(maximum)금액을 명시한 게시판

- Discard Rack/Holder : 플라스틱박스로 테이블에서 이미 사용된 카드를 담아두는 용기.

- Cut-card/Indicate-card : 셔플이 끝난 후에 스트립의 표시를 지시하는 카드(재질은 플라스틱, 다양한 칼라)

※ 게임테이블, 카드, 슈, 칩스

〈그림 Ⅱ-2〉 각종 블랙잭 게임장비 및 도구(i)

- Paddle : 드롭박스 안으로 통화(通話)나 슬립(slip) 등을 밀어 넣기 위해 만든 도구(주로 재질은 플라스틱)

- Shoe : 한 덱 이상의 카드를 통(box)에 넣고 딜링할 수 있게 한 도구.

- Chipstray/Chips lack : 테이블의 안쪽 중앙에 카

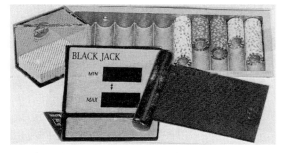

※ 카드홀더, 리미트보드, 칩스트레이, 패들

〈그림 Ⅱ-3〉 각종 블랙잭 게임 장비 및 도구(ii)

지노 통화인 칩스를 담아두는 용기(容器)

• Drop Box : 테이블 하단 오른쪽에 부착하여있는 철제박스로 현금, 통화 기타 슬립등을 넣을 수 있는 통을 말한다.

3. 블랙잭 게임관련 전문어 및 명칭 (Blackjack Game Jargon & Title)

• Deck : 카드 한 몫을 1-덱이라 한다. 한 덱은 4-슈트(suit), 슈트별 13장, 총 52장으로 그 슈트는

   – 스페이드(spade), 블랙(♠) 2~10, J, Q, K, A

   – 다이아몬드(diamond), 레드(♦) 2~10, J, Q, K, A

   – 클럽(club) 블랙(♣) 2~10, J, Q, K, A

   – 하트(heart) 레드(♥) 2~10, J, Q, K, A

• Picture card : 그림카드 즉, Jack, Queen, King-카드를 말하며, 이는 10의 가치로 계산함

• Ace Card : 각 슈트(suit)의 "A"를 에이스라 하며, 이는 블랙잭 게임에서 1또는 11점으로 사용함

• Soft Hand : 에이스 카드를 유리하도록 사용한 핸드 또는 에이스를 11점으로 계산된 핸드

• Hard Hand : 에이스가 없는 핸드 즉 카드상의숫자 그대로 사용한 핸드

• Card Showing : 카드의 이상 유무를 손님에게 확인시키는 동작〈사진 II-4〉

• Washing : 쇼윙 후에 뒷면이 보이도록 하여 카드가 섞이도록 휘젓는 동작〈사진 II-5〉

• Boxing/Stacking : 워싱된 카드를 묶음으로 만드는 동작

• Shuffling : 카드를 양손으로 스트립하여 나눈 다음 양손으로 잡고 "one by one"으로 섞이도록 하는 동작

• Arranging : 셔플되어진 카드를 정리하는 동작 또는 사용한 카드를 원래의 순서대로 정리하는 동작

- Stripping/Cutting : 오른손의 큰 다발에서 왼손으로 작은 다발(3~4장씩)로 끌어내려, 또 다른 다발로 만드는 동작을 말한다.
- Card Counting : 핸드상 카드 합의 수치를 계산하는 동작을 말한다.
- Card divide : 핸드상 카드합의 수치를 계산하는 동작을 말한다.
- Initial Card/Original Card : 게임에서 분배되는 최초의 2장의 카드
- Box : 테이블 레이아웃 위에 칩스를 베팅하는 장소로 사각 또는 원으로 그려진 베팅 플레이스(betting place)를 지칭한다.

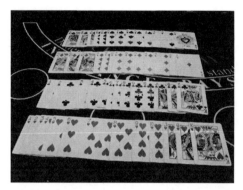

Card Suit

Picture Card

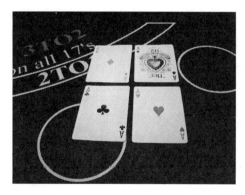

Ace Card

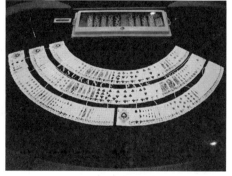

Card Showing

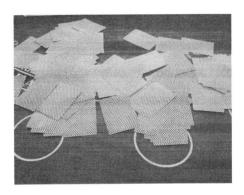

Card Washing

Card Shuffling

Card Stripping

Initial 2 Card

- Blackjack : 처음 2장의 카드(first two card)가 1장이 에이스이고, 다른 1장이 10의 가치 카드(10, J, Q, K)로 합이 21점이 된 핸드. "내츄럴(natural)"이라고도 한다. 〈사진 II-9〉

- Bust(Break) : 카드 핸드의 숫자가 합산하여 21점이 넘어갔을 때를 말하며, 이는 자동적으로 패하게 된다.

- Burning Card : 게임 시작전 버리는 카드로 통상적으로 2장 정도를 뒷면(face-down)으로 드로우하여 게임에 사용하지 않고 카드 홀더에 넣는다.

- Lammer : 숫자가 기록된 버튼(button)으로서 테이블에서 테이큰되는 칩스의 금액을 마크(mark)하여 돈의 양(量)을 알려주는 도구이다.

4. 블랙잭 게임의 용어(Terminology)

- Base : 테이블에서의 게임자 벳팅박스 위치(location)를 말한다.
  - 1st base - 딜러의 왼쪽
  - 2nd base - 딜러의 중앙
  - 3rd base - 딜러의 오른쪽
- Bankroll : 딜러 바로 앞의 트레이(tray)속에 보관되어있는 카지노 머니(money)를 말하며 게임 운영 자금이다.
- Barber pole : 트레이 속에 있는 칩스 스텍(chips stack)의 모양 명칭
- Capping : 벳팅 금액이 놓여진 곳에 마치 모자를 씌우듯이 불법적으로 벳팅을 추가하는 행위
- Double Down : 이니셜 2카드 상태에서 오리지날 벳금액과 동등한 금액을 추가하면 "더블(double)"을 만들 수 있다. 이 때 게임자는 오로지 1장의 카드만 "레이-다운(lay-down)"으로 받을 수 있다. 〈사진 II-10참조〉
- Dragging : 카드를 받음과 동시에 벳팅박스로부터 "머니(money)"를 치우는 행위. 이는 게임자가 불리하다고 여겨져 행하는 속임수 행위임
- Hit : 추가카드(additional card)를 받겠다는 의사표시
- Insurance : 딜러의 업-카드(face-up)가 "Ace"일 경우 게임자의 오리지날 벳금액의 1/2을 인슈런스 벳을 만들 수 있다. 딜러가 블랙잭이면 오리지날 벳은 루스(lose)하고, 인슈런스 벳은 2 to 1으로 지불되며, 딜러가 블랙잭이 아니면, 인슈런스 벳은 루스(lose)하고 게임은 계속 진행된다.
- Pat Hand : 처음 두 장의 카드가 하이-카운트(high-count)로 나왔거나, 통상 히트하지 않는 핸드로, 예를 들어 카드의 합이 17, 18, 19, 20, 21인 핸드를 말한다.
- Stiff Hand : 처음 두 장 카드로 로우(low)로 카운트 되는 경우로 추가 카드를 받으면, 버스트가 될 가능성이 높은 핸드로 전략이 필요한 핸드이다. 예를 들어 12, 13, 14, 15 또는 16등을 말함
- Past Post : 카드가 나누어 진 후에 벳팅된 금액에 부당하게 더 추가하거나, 가

져가는 행위

- Pinch : 게임의 결과가 결정된 후에 벳팅된 금액을 불법적으로 움직이는(movement) 행위
- Press : 게임의 결과가 결정된 후에 벳팅된 금액을 불법적으로 추가(addition) 시키는 행위
- Prove a Hand : 손님이 제기한 사실을 대조(對照), 증명(證明)하기 위하여 바로 앞 전의 핸드를 복원(restore)시키는 핸드
- Scratch : 히트를 요구하는 행위. 이는 손이나 카드로 바닥을 긁음으로서 추가 카드를 요구하는 모션이다.
- Splitting : 처음 두 장의 카드(initial card)가 슈트와 관계없이 숫자가 똑같은 경우(pair), 한 핸드를 두 핸드로 만들 수 있다. 이때 오리지날 금액과 동등한 금액을 벳팅해야 한다. 〈사진 II-11 참조〉
- Stand/Stay : 추가카드를 받지 않기로 결정한 경우로, 통상적으로 손을 좌우로 흔들어 의사표시를 함
- Push/Tie Hand : 게임자와 딜러가 똑같은 값의 핸드를 가져 승부가 없는 경우를 말함
- Sweeten a Bet : 카드가 나누어지기 전에 정당하게 금액을 추가한 베트를 말한다.
- Toke : 감사하는 마음으로 딜러에게 주는 팁(tip)을 말한다.

Double down

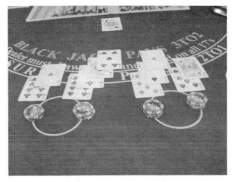

Pair Splitting

5. 블랙잭 딜러의 게임 실무 절차(For the Card Handling)

① 모든 카드는 딜러의 왼쪽 편에 자리 잡은 슈  (shoe)로부터 딜링(dealing)되어진다. 딜러 는 왼손으로부터 카드를 드로우(draw)하며 오른손으로 돌려져 상단쪽으로 잡아 앞면 (face-up)으로 돌려 벳팅박스의 라인 바로 앞에 놓는다.(오른쪽 그림 참조)

② 레이아웃(layout) 상에 표시된 7핸드박스 이 외에는 카드를 딜링하지 않으며, 모든 벳은 사각 또는 원형의 벳팅박스만 사 용되어져야 하고 칩스가 라인 밖이나 중간 사이에 있다면 노-벳(no-bets)으 로 인정된다. 게임자는 그들이 앉아있는 박스(betting place)앞에서만 자기 카드에 대한 의사표시(signal)를 할 수 있다.

③ 딜러는 항상 카드가 디바이드(divide)되기 전에 테이블의 리미트(mini & maxi)가 적절한지 체크하여야 한다. 일단 처음 카드가 나누어졌다면 변경은 가능하나, 뉴-벳(new-bet)을 만드는 것은 허용하여서는 안된다.

④ 카드는 테이블 주위를 왼쪽으로부터 오른쪽(시계방향)으로 한 번에 한 장씩 첫 번째 카드가 나뉘어지고, 다시 위와 같은 방법으로, 두 번째 카드가 나뉘 어진다. 딜러는 카드를 디바이드(divide)하는 중에 게임자의 카드가 섞여서는 안되며, 게임자의 카드는 모두 앞면으로 분배하여 준다. 이 순서는 먼저 각 게임자가 카드 한 장을 받고 딜러도 카드 한 장을 뒷면으로 받는다. 두 번째 카드는 각 게임자에게 나누어진 첫 번째 카드의 앞면 왼쪽에 놓는다. 그리고 뒷면으로 나누어진 첫 번째 카드 위에 앞면으로 딜러의 핸드에 나누어 진 것 이 딜러의 두 번째 카드이다.

⑤ 게임자에게 카드의 디바이드가 완료된 후에 딜러는 그의 바텀(bottom)카드 재껴서 앞면으로 돌려놓을때는, 딜러의 첫 번째 카드는 자신의 왼쪽에 두 번 째 카드(subequent card)는 첫 번째 카드의 오른쪽에 카드와 카드 사이에 간 격이 있도록 놓는다. 또한 딜러의 업-카드가 "Ace"일 때, 블랙잭을 가지고

있는지 체크하기위해 딜러의 다운카드를 사전에 보는 것을 허용한다. (hole-card)

제4항에 대한 설명 참조

제5항에 대한 설명 참조

Ⅲ 블랙잭 딜러의 게임 진행 실무

1. 블랙잭 게임의 오프닝과 카드(Blackjack Opening Game/Card)

① 뉴-카드(new-card)가 게이밍테이블에 있다는 것은

    ㉠ 정기적으로 카드를 교환할 때

    ㉡ 카드가 더럽혀졌거나 취급하기에 어려움이 있다고 판단될 경우

    ㉢ 테이블 운영상 새로운 카드가 필요하다고 결정된 경우에 새로운 카드를 사용한다.

② 테이블을 오픈(open)하면 맨 처음 딜러는 각 카드덱을 검사한다.

    ㉠ 모든 카드를 왼쪽에서 오른쪽 시계방향(clock wise)으로 스프리드 (spread)하여 이상 유무를 확인한다.

    ㉡ 앞면, 뒷면 흠집여부를 체크하여 필요한 경우 교체(replace)한다.

    ㉢ 카드덱의 슈트(suit)가 어긋나거나, 일치하지 않는 타입을 발견하면 즉시

담당 테이블 관리자에게 보고한다.

㉣ 만약 일치하지 않는 것이 발견되면, 담당 테이블관리자는 사용 불가능한 카드는 회수하고 같은 숫자와 같은 무늬와 컬러를 맞추어 교체하여 준다.

③ 카드검사가 완료된 후에 뒷면이 보여지도록 하여 워싱(washing)을 한다. 워싱을 한 후 스텍(stack)을 만든 후에 셔플(shuffle)한다.

④ 트레이(tray)속의 뱅크롤(bankroll)은 가장 높은 금액의 칩스를 중앙으로부터 낮은 금액의 칩스를 양쪽으로 50개 단위로 마크하여 정리한다.

⑤ 게임자의 컷팅은 적어도 끝으로부터 10장 이상 되어져야하며, 컷팅되었을 때 컷카드 앞부분의 카드는 카드스텍(card stack)의 뒤로 옮겨지며, 다시 그 컷카드(indicate card)를 가지고 뒤쪽에서 1덱반(one and a half deck)을 컷팅한다.

⑥ 카드스텍(card stack)안에 인디케이트 카드를 넣은 후 게임을 개시하기 위하여 슈(shoe)안에 넣은 다음 그 첫 카드와 두 번째 카드를 뒷면으로 해서 버린다.

⑦ 기타 운영상 필요하다고 인정될 때 셔플(shuffle)에 변화를 줄 수 있으므로 지시사항에 호흡을 맞출 수 있는 딜러가 되어야 한다.

⑧ 계속되는 게임에서 뉴-플레이어(new player)가 뉴-게임(new game)을 원한다고 해서 슈안에 있는 가드를 꺼내서는 안된다. 즉 리셔플(reshuffle)은 항상 점유되어 있지 않은 테이블에서만 이루어지는 것이다.

2. 셔플 및 컷타드(shuffle & Cut card)

딜러는 슈(shoe)에서 게임중 컷카드가 나오면 그 라운드(round)부터 종료되므로 담당테이블관리자에게 알린 후 지시에 의하여 셔플한다.

① 슈(shoe)혹은 디스카드 랙(discard rack)으로부터 카드를 이동할 때는 "셔플 (shuffle)"이라고 콜링하고 담당 테이블 관리자로부터 긍정적인 대답을 기다려야 한다. 이에 담당 테이블 관리자의 "셔플"이라는 대답에 의하여 딜러의 셔플이 시작된다.

② 슈(shoe)안에 있는 카드를 꺼내어 디스카드랙으로 옮긴 후, 다시 디스카드랙에 있는 카드를 반반씩 꺼내어 슈의 약간 앞쪽에 놓는다. 만약 디스카드랙에 옮겨진 후에 카드가 부족하거나 많다고 생각되면 즉시 테이블 관리자에게 알린다.

③ 딜러의 왼쪽에 카드는 한 묶음으로 만들어져 있어야하고 슈는 첫 번째 베이스의 게임자와 딜러 사이에 놓여져 있도록 한다. 그 묶음(stacked deck)의 톱에서부터 1덱씩 옮겨 스트립(strip), 셔플(shuffle), 컷팅(sutting), 어렌지 (arrange)를 3회 반복(反復)한 후 중앙에 한 묶음으로 박싱(boxing)한다.

④ 셔플이 끝난 후 카드의 뒷면이 보이도록 한 카드 스텍을 손님에게 인디케이트(indicate)컷트할 것을 권한다. 컷의 순서는 게임자의 시계방향으로 이루어지며, 아무도 커트를 원하지 않는다면 딜러는 간부의 승인을 얻은 후 컷팅하여도 된다.

3. 디스카드(Discard)

① 게임자의 카드를 테이크(take)할 때 다음의 순서(順序)로 진행해야 한다.

㉠ 딜러는 오른손을 사용하여 카드를 테이크(take)하는 것을 원칙으로 한다.

㉡ 딜러는 먼저 손으로 핸드와 카드를, 다시 핸드의 카드로 다른 핸드의 카드

를 테이크한다.

ⓒ 게임자의 카드테이크는 차례대로 오른쪽으로부터 왼쪽으로 한다.

ⓔ 모든 핸드의 카드가 테이크 됐을 때, 첫 번째 핸드가 스텍(stack)의 바닥
이 되고, 딜러 핸드 카드가 스텍의 맨 위로 간다.

② 모든 카드는 홀-더(holder)안에 뒷면으로 놓여져 있어야 한다. 핸드를 증명
할 때, 첫 번째 핸드는 딜러의 핸드이고, 세 번째 베이스로부터 첫 번째 베이
스로 계속된다.

③ 딜러는 문제가 발생하여도 확실히 구분, 증명할 수 있도록 정확히 테이크하
여 카드-업(card-up)되도록 한다.

4. 홀-카드(Hole-Card)

① 딜러의 핸드 첫 번째 카드는 앞면
(face-up)으로 놓여지고, 두 번째
카드는 뒷면(face-down)으로 첫
번째 카드 아래로 미끄러트려 집어
넣어, 첫 번째 카드에 의해 완전히
덮혀져야 한다.

② 딜러의 첫 번째 카드(face-up card)가 "Ace" 또는 "Ten"카드일 때 블랙잭을
확인하는 홀-카드(hole-card)를 보아야 한다. 이 경우 양손을 모아서 카드
위에 가볍게 올린 후 톱-카드를 반정도 미끄러뜨린다. 왼손엄지는 오른손 엄
지위에 가볍게 올려진 상태로 오른손 엄지로 바톰(bottom)카드의 중앙부분을
부드럽게 들어올리고 신속한 동작으로 블랙잭여부를 체크한다.

③ 딜러이 톱-카드(top card)가 제자리로 원상복귀 되는 것은 게임자의 입장에
서 플레이가 계속 진행된다는 것이며, 홀-카드(hole card)는 절대 모서리를
들어서 체크하는 일이 있어서는 안된다.

5. 인슈런스(Insurance)

인슈런스(insurance)는 다음과 같이 처리한다.

① 딜러의 업-카드(up-card)가 "Ace"일 때, "Possible blackjack insurance"라고 테이블의 모든 게임자가 충분히 들을 수 있는 목소리로 콜링(calling)한다.

② 인슈런스 벳(insurance bet)은 게임자의 오리지날 벳(original bet)의 1/2보다 많지 않은 금액을 만들어 게임자의 카드 앞에 놓는다.

③ 딜러는 게임자에게 인슈런스 벳을 만들것인지, 결정할 충분한 시간을 준 후에 "Last call for insurance"라고 멘트한 다음 딜러는 홀-카드를 체크한다.

④ 딜러가 만약 블랙잭을 가졌다면 "블랙잭(blackjack)"이라고 콜링하면서 홀-카드를 오픈한다. 딜러가 블랙잭을 가지고 있지 않다면, "노블랙잭(no, blackjack)"이라고 콜링한 다음 인슈런스 벳을 테이크해오고 게임은 계속된다.

6. 스플릿팅 핸드(Splitting Hand)

① 언제라도 게임자에게 분배된 이니시얼(initial)카드 2장이 동등한(identical) 숫자라면, 게임자는 오리지날과 동일한 금액으로 2개의 핸드로, 스플릿(split) 되어진다.

② 게임자가 스플릿페어(split pair)를 하였을 때, 2개의 핸드에 3번째, 4번째 카드가 딜링되어질 것이며, 만약 또 한 장의 같은 숫자 카드가 분배되어지면 스플릿을 다시 할 수 있다.

③ 게임자는 하우스가 허용하는 룰에 의거 더블(double), 히트(hit), 또는 스테이(stay)등의 의사표시를 할 것이며, 딜러는 두 번째 핸드를 진행하기 전에 첫 번째 핸드(왼쪽)부터 완료되어야 한다.

④ 게임자가 "Aces"를 스플릿할
때는 각 에이스에 오로지 카
드 한 장만 받을 수 있다. 게
임자는 스플릿팅(splitting)일
때의 더블다운은 하우스 룰
(rule)에 따르며, 다만 게임자
가 "5"의 페어를 가졌다면, 더

블인지 스플릿인지 딜러는 확실한 의사표시를 확인해야 한다.

7. 더블링(Doubling)

① 게임자는 처음 두장의 카드(initial 2 card)일 때, 하우스가 허용하는 수치 또
는 룰(rules)에 따라 더블(double)할 수 있다. 예를 들어 "이니셜 애니 2카드
(initial any 2 card)"또는 합의 숫
자 9. 10, 11 등의 허용(permit)에
따라, 5-5, A-A, 6-6 등이 더블인
지, 스플릿인지 분명히 확인해야 한다.

② 게임자가 받은 카드 두 장의 합계가
얼마가 되던지, 오리지날 금액과 동
등한 금액을 벳팅하였다며, 더블이
된다. 일단 더블링 게임자(doubling player)가 되었다며, 그 벳에 대하여 오
직 추가 카드를 한 장만 받을 수 있다.

③ 게임자의 더블 금액은 더블 카드가 추가되기 전에 오리지날 벳에 동등한 금
액이 벳팅되어야 하며, 더블은 각 스텍을 지불할 때, 그 벳을 합산 또는 한
스텍으로 결합시키지 말고, 그 상태로 사이즈/매치(size/match)하여 지불한다.

④ 더블링을 하고자 현금이나 고액의 칩스를 내놓은 경우, 딜러는 크게 콜 아웃
(call out)하고 메이킹 체인지(making change)하여 더블 금액만큼 사이즈/
매치(size/match)한 다음 나머지 금액은 되돌려준다. 그리고 더블벳에서 한
장만 받을 수 있는 추가 카드는 옆으로(side way)앞면이 보이도록 놓는다.

8. 서렌더(Surrender/ Give Up)

게임자가 이니시얼 2-카드를 받은 다음 그 핸드로 계속 플레이 하기 전에 오리지날(original)벳 금액의 절반(折半)을 양도함으로써 자신의 핸드를 포기할 수 있다.

① 게임자가 서렌더(surrender)의 의사표시를 하면 딜러는 게임자가 양도할 베팅금액 1/2을 계산한다. 이 때 게임자는 자신의 오리지날 벳을 만질 수 없다.

② 게임자의 서렌더결정은 게임자의 핸드에 의사표시할 차례에 이루어지며, 게임자가 서렌더를 원하면 딜러는 오리지날 벳을 둘로 나누어 절반은 게임자에게 돌려주고, 나머지 반은 딜러가 콜렉션(collection)한다.

③ 게임자가 서렌더할 의사를 표시하면, 딜러는 "서렌딩(surrending)"이라고 크게 콜링하고 위의 절차를 가진다. 일단 베팅금액을 나누어 게임자에게 주고, 나머지 반 금액을 트레이(chips tray)에 넣은 다음 딜러는 두 장의 카드를 디스카드랙에 넣고 다음 핸드로 넘어간다.

9. 디스카드 및 칩스 Taking/Paying

① 딜러의 핸드 액션(action)완료에 따른 결과에 따라, 딜러의 오른쪽(세번째 베이스)부터 시작한다. 딜러는 2핸드 혹은 3핸드씩 처리한다. 예를 들면, 5핸드를 게임자가 벳팅하였을 경우 3핸드를 테이크 혹은 페이를 한 후 카드를 거두고, 다시 2핸드를 테이크(take)또는 페이(pay)한다.

② 딜러가 버스트(bust)일지라도 각 게임자의 토탈(total)은 카운트한다. 그리고, 현란한 베팅(3컬러 이상의 컴바인 벳)으로 벳팅금액에 변화를 주는 게임자에 주의를 해야 한다.

③ 게임자에게 지불할 때, 머니칩스(money chips)를 쓰러뜨리거나 던져서는 안된다. 필히 사이즈/매치(size/match)하여야하며, 딜러는 게임자의 벳팅에 지불의 행위는 신속해야 한다. 만약 잘못된 금액으로 지불을 했다면, 계산이 틀린 금액의 칩스를 회수시키고 올바른 금액을 돌려준다.

④ 푸쉬(push)또는 타이핸드(tie hand)는 해당 핸드에서 분명히 지적하여 "스탠

오프/푸쉬(stand off / push)"라고 콜링하면서 벳팅되어진 테이블의 가장 가까운 표면을 탁탁치며 표시하여준다. 그리고 의문점이 있을 것 같은 핸드는 분명히 짚고 넘어가야 한다.

10. Minimum과 Maximum

① 어떠한 명칭의 게이밍이라도 테이블에서 벳팅할 수 있는 금액인 최소금액(minimum amount)과 최대금액(maximum amount)벳에 대한 테이블 한도(limit)표시가 명시되어야 한다. 딜러는 테이블 업무를 진행하기 전에 그 테이블의 한도액을 알고 있어야 하는 것은 물론 게임자에게도 알려줄 의무가 있다.

② 더블다운벳(double down bets)과 스플릿벳(split bets)에만 미니멈과 맥시멈 한도액이 적용된다. 딜러가 테이블 미니멈금액을 고지(告知)하지 않은 상태에서 게임자가 미니멈보다 적은 벳으로 게임하였을 때, 이미 진행되었던 벳팅은 원상복귀하지 않고 현재의 베팅된 금액은 그대로 진행한다. 또한 게임자의 실수로 허용할 수 없는 테이블의 맥시멈 금액보다 많은 금액이 벳팅되었을 때는 오직 테이블 맥시멈 금액만 테이크하거나 지불한다.

11. 게임자의 핸드 Hitting

① 게임자는 카드를 취급할 수 없다. 따라서 게임자는 의사표시로 손동작이 분명하고 명백한 스크래치(scratch)동작에 의하여 히트 또는 스테이로 구분된다. 또한 "Cards", "Stands"라는 용어를 사용하기도 한다. 이 모든 시그널(signal)은 분명하고 명백하여야 한다.

② 각 게임자와 딜러에게 두 장이 카드가 분배되어진 상태에서 왼쪽 방향으로, 그리고 오른쪽 핸드 순으로 게임자의 카드 숫자 합을 알려주면서 시작된다. 이때에 게임자는 더블, 스플릿 또는 히트 등 원하는 의사표시를 할 것이며, 딜러는 각 게임자의 카드 합의 숫자를 알려준다. 그리고 히트카드(additional card)는 게임자의 오리지날 카드 위의 모서리로 계속 연결되어져야 한다.

③ 카드가 딜러의 실수(mistake)나 판단착오에 의하여 보여졌더라도 그 카드는 다음카드로 인정되나 게임자는 보여진 카드를 추가의 카드로 받아들이지 않아도 된다. 만약 보여진 카드를 원하는 게임자가 없다면, 그 카드는 딜러의 핸드로 딜러의 핸드가 패트핸드(pat hand)라면 그 보여진 카드(exposed card)는 버닝시킨다.

④ 게임중에 간혹 슈(shoe)안에 앞면(face up)쪽으로 돌려져 있는 것을 발견했을 때, 이 역시 디스카드락으로 버닝(burning)시킨다. 그리고 게임자의 카드 합의 숫자 계산은 게임자에게 책임이 있다. 딜러가 토탈을 콜링하여 주는 것은 다만 그 토탈을 게임자가 대조하라는 것 뿐이다.

12. 딜러의 핸드 Hitting

① 모든 게임자(player)의 핸드 진행이 끝난 후에 딜러는 바텀-카드(bottom card)를 앞면(face-up)으로 돌려놓고, 카드 2장의 합을 알려준다.

② 딜러의 핸드가 "16"이거나 이하이면 "히트(hit)"하여야하며, 딜러핸드가 "17"이거나 이상이면 "스탠드(stand)"하여야 할 것이다.

③ 딜러 핸드에 카드를 받을 때는 왼쪽에서 가로질러 오른쪽에 약간 사이가 벌어지게 놓는다. 또한 딜러의 핸드가 21점이 오버되었을 때, "Dealer break" 또는 "Dealer bust"라고 콜링하고, 이미 끝난 핸드 위에 뉴-벳(new-bets)이 만들어졌는지 게임자의 핸드를 체크하여야 한다. 따라서 딜러가 브레이크 핸드일 경우 가능한 넓은 시야(視野)로 테이블을 주시하여야 한다.

④ 딜러가 "17"이나 혹은 이상의 숫자에 "히트"하였다면, 그 카드는 버닝하여 오리지날 핸드로 스탠드온(stand on)된다. 이때 카드를 버닝하기 전에 테이블 담당관리자의 확인이 있어야 한다.

13. 딜러와 게임자의 추가카드(Additional Cards)

① 게임자는 언제라도 추가카드(additional cards)를 받아 자신의 숫자 합이 "21"을 제외하고는 보다 적으면 드로우 해도 좋다.

　㉠ 게임자가 블랙잭을 가졌거나, 핸드가 21이면 추가카드를 받을 필요 없다.

　㉡ 게임자는 더블 다운에 오로지 한 장의 추가카드를 받을 수 있다.

　㉢ 게임자가 "Aces"를 스플릿팅 하였을 때, 각 에이스에 한 장만 받을 수 있으므로 추가 카드는 없다.

② 딜러는 하드(hard)또는 소프트(soft)이던 토탈 "17-18-19-20-21"의 숫자 중에 어느 숫자가 되던지 추가 카드를 받을 수 없으며 "16"이하이면 추가 카드를 받아야 한다.

14. 블랙잭의 지불방법(Payment of Blackjack)

① 딜러의 두 번째(face-up)카드가 2, 3, 4, 5, 6, 7, 8 또는 9이고 게임자가 블랙잭을 가졌다며, 딜러는 "블랙잭 페이(blackjack pay)"라고 콜링하고 다른 게임자가 세 번째 카드를 받기 전에 3 to 2 홀수로 지불한다. 그리고나서 게임자의 카드를 즉시 디스 카드로 처리한다.

② 딜러의 페이스카드가 에이스, 킹, 퀸, 잭 혹은 10일 경우, 게임자가 블랙잭을 가졌다면 딜러는 일단 블랙잭이라는 것만 알려주고 모든 카드가 분배되어질 때까지 지불하지 않는다. 만약 딜러의 카드가 블랙잭이 아니면 그 게임자는 3 to 2의 블랙잭 페이를 받으며, 딜러의 바텀(bottom)카드로 블랙잭이 만들어 졌다면 게임자의 블랙잭은 "stand off"가 된다.

③ "Blackjack(Natural)"은 항상 이니시얼 카드 두 장이 나누어 졌을 때, "Ace"와 "Any 10 value card"가 결합되었을 때 이루어지며, 이 경우 3 to 2로 지불된다.

15. Making Change I

① 칩스 혹은 통화에서 "컬러칩스(color chips)"로 교환할 때, 즉 적은 금액에서 큰 금액의 칩스로 또는 큰 금액에서 적은 금액의 칩스로 체인지하는 절차는 다음과 같다.

　㉠ 통화(currency)또는 칩스(chips)를 딜러의 트레이 앞에 놓는다. 그리고 교환하는 금액을 누구도 들을 수 있는 분명한 목소리로 콜아웃한다.

　㉡ 교환할 칩스는 트레이 앞에서 컷-아웃(cut out)하며 고액칩스를 제외하고 통상 5유니티(unit)로 컷팅한다.

　㉢ 게임자 앞에서 체인지할 때는 베팅플레이스가 아닌 곳에서 한다.

② 컬러체인지(color change)는 게임자가 플레이해 왔던 베팅 기호에 맞도록 하여야 하며 일반적으로 체인지는 게임자에게 적어도 미니멈 액수에 10유니트(unit)로 한다.

칩스의 컷팅요령

1 ~ 5 = 그대로 스프리드(spread)로 확인
　　6 = 3 / 3
　　7 = 5 / 2
　　8 = 5 / 3
　　9 = 5 / 4
　10 = 5 / 5
　11 = 5 / 5 / 1
　16 = 5 / 5 / 5 / 1
　20 = 5 / 5 / 5 / 5

16. Making Change II

① 게임테이블에서 현금 및 수표가 나왔을 때의 처리절차

　㉠ "check please, money count"라고 콜링하여 담당 테이블관리자에게 알린다.

　㉡ 담당 테이블관리자의 감독하에 동일액면가별로 5장·10장 단위로 스프리트하여 카운트한다.

　㉢ 카운트한 금액을 손님과 담당테이블관리자가 알아들을 수 있을 정도의 크기로 콜링한다.

　㉣ 확인된 현금 또는 수표를 가지런히 모아서 테이블 우측 디스카드 홀더앞에 놓는다.

　㉤ 고객 수표의 경우는 수표의 뒷면에 연락처 및 서명을 받는다. 가능한한 손님의 신원을 파악할 수 있는 모든 조치를 위한다(여권번호, 전화, 주소, 룸넘버 등).

　㉥ 딜러는 확인된 현금 또는 수표금액과 동일한 금액의 칩스를 테이블 중앙에서 컷팅하여 담당테이블 관리자의 확인을 받은 후 손님에게 공손히 지불된다.

　㉦ 핏클럭(pit clerk)은 테이블에서 확인된 금액과 동일한 액수를 피트(pit)에 비치된 머니슬립(money slip)에 화폐의 종류, 테이블의 넘버, 입금시간 등을 빠짐없이 명기하고 담당 테이블관리자의 확인을 받은 후 화폐와 슬립을 한 묶음으로 만들어 딜러가 직접 드롭 박스에 넣는다.

　㉧ 담당 테이블 관리자는 테이블 슬립을 확인하고 손님을 체크(check), 또는 마크(mark)해야 한다.

② 게임테이블에시 외국환(T/C)이 나왔을 때의 처리절차

　㉠ "check please, money count"라고 콜링하여 담당테이블관리자에게 알린다.

　㉡ 담당 테이블관리자의 감독하에 동일 액면가 별로 5장·10장 단위로 스프리드(spread)하여 카운트한다.

　㉢ 카운트한 금액을 손님과 담당 테이블 관리자가 알아 들을 수 있는 정도의

크기로 콜링한다.

ㄹ 담당 테이블관리자는 딜러의 콜링과 외국환 금액이 일치하면 그에 해당하는 한화를 딜러와 손님에게 일러준 후 그 금액과 동일한 라머(lammer)를 디스카드 홀더 앞에 스프리드 해야 한다.

ㅁ 확인된 외화는 가지런히 모아서 테이블 우측 디스카드 홀더 우측에 놓는다.

ㅂ 딜러는 해당금액의 칩스를 테이블 중앙에서 컷팅하여 담당 테이블관리자에게 확인을 받은 후 손님에게 공손하게 지불한다.

ㅅ 손님에게 칩스로 지불된 외화는 패들(paddle)뒤에 놓는다. 이때 담당 테이블 관리자는 핏클럭을 불러 금액을 환전시키고, 환전토록 지시한다. 환전시에는 반드시 카지노가 정한 환전 트레이를 사용하도록 한다.

ㅇ 환전한 영수증을 담당 테이블 관리자가 확인한 후 딜러에게 재확인시킨다. 딜러는 본인이 지불한 금액과 영수증, 라머의 금액이 동일한 가를 확인  한 후 직접 드롭박스에 놓는다.

ㅈ 환전원은 금액을 정확히 테이블 슬립에 기록하며 담당 테이블관리자는 드롭박스확인이 끝나면 라머를 치운 다음 테이블 슬립의 기록상태를 확인한다.

ㅊ 게임에서 발생된 외국환 매각신청서에는 패스포드넘버, 성명, 룸넘버 등을 직접 기록하도록 한다. 작성된 외국환 매각 신청서 원본은 케이지(cage)에 복사본은 손님에게 건네준다.

③ 트레블 첵(travel check)의 경우도 위의 절차와 동일하나 반드시 담당 테이블 관리자가 주의해야할 포인트(point)는 다음과 같다.

ㄱ 딜러에 의해 확인된 금액을 확인하고 T/C의 상·하단에 기록해야 할 손님의 서명을 확인해야 한다.

ⓛ 상·하단 서명의 동일여부를 확인하고, 반드시 상·하단 두 곳에 다 서명을 받아야 한다.

ⓒ 패스포트의 확인을 요구한다.

④ 필/크레딧(fill/credit)의 절차는 다음과 같다.

ⓐ 필 및 크레딧은 딜러가 직접 칩스를 컷팅하여 담당 테이블 관리자에게 콜링하여 준다.

ⓑ 딜러만이 자기 테이블의 트레이 안에 있는 칩스를 담당 테이블 관리자의 요구에 의해 만질 수 있다.

ⓒ 담당 테이블관리자는 눈으로만 확인하여야하며, 확인이 어려우면 딜러에게 확인할 수 있도록 한다.

ⓓ 딜러는 필/크레딧 슬립(slip)과 칩스(chips)와 동일한지 항상 확인해야 할 책임이 있으며, 필 및 크레딧이 있을 경우 딜러에 의해서만 칩스의 이동이 가능하다.

17. 게임테이블에서의 딜러 Toke

① 게임자는 자신의 베트(bet)앞에 "Bet for the dealer"칩스를 놓고 게임하기를 바란다. "Bet for the dealer"는 게임자에 의하여 정해진 장소에 있으나 게임자의 벳과 같이 스텍(stack)을 만드는 일은 있어서는 안되겠다. 이 경우 게임자의 벳과 넘겨졌다면 어느 칩스를 간주하여야 하는지 문제가 있으므로 그 벳은 게임자를 상대로 분명히 해야 한다. 따라서 게임자의 벳과 딜러 벳이 사이를 구별하여 쉽게 식별할 수 있도록 해야 한다. 〈그림 III-1 참조〉

ⓐ 딜러"버스트(bust)"일 때 락(rack)안에서 칩스를 집어 전체 테이블을 지불한 후에 "Bet for the dealer"의 벳을 집어 칩스락을 탁탁치면서 상냥한 목소리로 "Thank you for the dealer"라고 콜링한 후에 카드 홀더 뒤에

놓은 다음 테이블의 카드를 콜렉션한다.

ⓛ 게임자가 "버스트(bust)"일 때 딜러는 게임자의 벳을 먼저 테이크 한 후에 위와 같은 요령으로 윈/루스(win/lose)관계없이 딜러는 오리지날 딜러 벳을 가져온다.

ⓒ 벳팅박스에 게임자의 벳이 없이"Bet for the dealer"만 베팅되었다면, 그 핸드는 진행될 수 없다.

② 팁(tip)은 담당 테이블관리자에 의하여 모아져서 즉시 팁박스 안에 넣어지며, 게임테이블에서 카지노 종사원 누구라도 팁이 주어졌다면 딜러의 팁박스에 넣어야 한다.

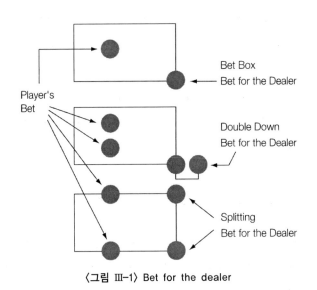

〈그림 Ⅲ-1〉 Bet for the dealer

③ 팁(tip)은 야간근무시간 종료를 기준으로, 딜러가 팁을 꺼내어 카운트하여 확인 후, 케이지 캐셔(cage cashier)와 딜러 그리고 간부 3명이 확인 서명 후 일정기간 보관하며, 팁박스의 키(key)와 자물쇠는 딜러의 책임이며 카지노 매니저는 어떤 책임도 없다.

④ 게임자가 딜러에게 피트(pit)를 벗어나 서 팁을 주려는 경우, 딜러는 피트 안으로 들어와 담당 테이블 관리자의 입회아래, 그 팁을 받아야 하며 딜러는 영

업장 이외의 장소에서는 팁을 받아서는 안된다.

⑤ 딜러는 팁(tip)의 액수와 관계없이 친절한 미소로 고마움을 표시한다.

18. 딜러의 근무교대(Relief og Dealers)

① 딜러의 교대는 모든 거래가 완료되었을 때 이루어진다.

② 교대 딜러는 테이블의 중앙, 상단 앞 쪽으로 슈(shoe)를 가볍게 밀어놓고 나서 양손을 들고 손바닥을 펴서 모두에게 보인 다음 테이블을 떠난다. 대기 딜러는 슈가 있는 쪽에서 들어와야 하며, 게임과 관련없는 딜러간의 대화가 있어서는 안된다.

③ 교대된 딜러는 휴게실로 곧장 가야 하며, 피트(pit)지역에서 불필요한 대화는 허용하지 않는다. 또한 휴게실 출입시 딜러는 단체로 피트로 들어오거나, 나가야하며 개인적인 행동을 해서는 안된다.

④ 교대가 늦어질 때에는 즉시 담당 피트 매니저에게 알리고, 다음 교대자(交代者)가 도착할 때까지 딜링은 계속된다.

Chapter

Ⅳ 실수(Missing)관련 처리 방법

1. 게임자의 추가 카드 미싱(missing)

게임자가 히트하는 것을 빠뜨리거나, 놓치게 되는 경우가 있다면 즉시 담당 테이블관리자에게 확인시키어야 한다. 세임사는 그 핸드를 데드(dead)시키거나, 다른 게임자가 그들의 핸드에 대하여 모든 히팅(hitting)을 완성시킨 후에 플레잉(playing)된다. 딜러의 핸드는 모든 손님의 핸드가 완성될 때까지 히트해서는 안되며, 어떠한 상황아래서도 카드를 백업(backed up)해서는 안된다.

2. 게임자 및 딜러의 부정확한 카드의 교정

① 오로지 카드 한 장이면 되는 게임자의 핸드에 "히팅시그날(hitting signal)"이 있기 전에, 다음 카드를 주었을 경우, 게임자가 거절하면 그 핸드는 데드(dead)상태이고, 카드는 버닝된다.

② 카드가 없이 지나버린 게임자의 핸드는 "No hand"로 간주되어 그 게임자는 다음 게임에 플레이하도록 한다. 또한 어느 상황 아래서도 그 카드는 "백업"해서는 안된다.

③ 딜러가 만약에 첫 번째 라운드(round)를 딜링한 후에 딜러 카드를 갖지 아니하고 게임자에게 두 번째 카드를 디바이드(divide)하고 있는 중이라면, 딜러는 모든 게임자의 핸드에 어떤 액션(action)이 있기 전에 그 카드를 게임자에게 그대로 준 다음 다음의 카드를 딜러의 핸드로 한다. 또한 담당 피트 매니저(pit manager)의 결정에 대하여 논쟁이 있어서는 안된다.

3. 불규칙 변화(Irregularities)의 대응절차

① 슈(shoe)안의 카드가 앞면(face-up)으로 돌려진 상태로 발견되었다면, 이 카드는 게임에 사용되어서는 안된다.

② 실수로 앞면이 노출된 카드(exposed card)는 비록 드로우된 카드이지만, 슈로부터 넥스트(next)카드로 사용된다.

③ 이니시얼(initial) 2 카드를 각 게임자에게 디바이드(divide)된 후에, 실수로 드로우되어 그 카드가 게임자에게 보여졌을 때, 이 카드는 슈로부터 다음 카드인 만큼, 게임자 혹은 딜러에게 나누어지게 된다. 해당 게임자가 이 카드를 받기를 거절한다면 이번 라운드 동안에 추가의 카드를 그 게임자는 받을수 없다. 만약 그 카드가 모든 게임자에 의해 거부된다면, 딜러는 그의 세 번째 카드로 사용된다.

④ 딜러가 17을 가지고 실수로 카드를 드로우(draw)하였다면, 이 카드는 버닝(burning)시킨다.

⑤ 딜러가 자신의 첫 번째 카드를 놓치고, 딜링하였을 때, 딜러는 각 게임자에게 두 번째 카드 딜링때까지 계속한 다음 카드 2장을 자기 것으로 한다.

⑥ 라운드 플레이(round play)가 완료되지 않았는데, 슈안에 남아있는 카드가 부족하면 디스카드락(discard rack)안에 있는 모든 카드로 절차에 따라서 리–셔플(re-shuffle)하여 그 라운드 플레이를 종료해야한다.

⑦ 게임자의 핸드에 디바이드(divide)된 카드가 없다면 그 핸드는 "데드(dead)" 핸드이다. 그 게임자는 다음 게임에 플레이 될 것이며, 만약 게임자 핸드에 나누어진 카드가 오직 한 장이라면 그 게임자에게 선택할 권리가 있다.(라이브 또는 데드핸드)

⑧ 딜러의 카드가 에이스(ace)로 쇼윙된 홀–카드였는데, 이를 지나쳐버리고 게임을 진행시킨 후에 딜러카드를 오픈(open)하고보니 블랙잭이었다. 이 경우 딜러의 핸드는 21로 카운트하며, 만약 게임자의 핸드에 스플릿(split)또는 더블 (double)이었다면, 오리지날벳보다 손실을 가지는 경우도 있다.

APPENDIX I : 블랙잭게임의 기본 콜링

- Beto down, please, place your bets.
- Any more bets, sir/mam
- No more bets, please
- Card shuffle
- Cutting, please
- Burning card
- Check please money count
- Check please change color won
- Possible blackjack, insurance
- Insurance we pay 2 to 1
- Even money
- Last call for insurance
- No, Blackjack
- Blackjack pay
- Pair split
- double down
- Hit on stay
- Surrender
- Push
- Bust/Dealer break
- Thank you bet for the dealer
- Thank you for the dealer
- Next game, please
- Last game
- Yours and mine
- Have a good lucky

APPENDIX II : Glossary of Blackjack Jargon

- Act : 카운터라는 사실을 숨기려고 순수한 블랙잭 게임자 신분으로 위닝하려고 위장하는 행위를 말한다.
- Action : 벳팅금액의 총합계, 예를 들어, 5달러 칩스로 100개의 벳팅을 하였다면, 그 액션은 500달러라는 뜻이다.
- Basic Strategy : "카드 트랙킹(cards tracking)"을 하지 않는 게임자를 위해 컴퓨터로 산출한 게임 룰(rules)로 "제로-섬(zero-sum)"전략이라고도 불리운다.
- Blackjack : 두장의 카드가 "Ace"와 "10-가치카드"의 핸드일 경우로 프리미엄(premium)벳으로 지불하는 것이 통상적이다. 이것은 또 다른 블랙잭에 의해 무승부가 되지 않는한 자동적으로 승자가 된다.
- Burncard : 딜러가 셔플을 마치고 딜링을 시작하기 전에 슈로부터 1~2장을 플레이에서 사용하지 않고 버리는 카드를 말함
- Bust : 카드를 드로우(draw)하여 토탈점수가 21점을 초과한 경우를 말한다.
- Counter : 플레잉에 알맞은 값을 주는 것에 의해 카드의 수치 계산을 통하여 게임에 사용된 카드의 값을 유지하는 게임자를 지칭한다.
- First Base : 게임자의 오른쪽에서 가장 먼 곳의 자리(딜러의 왼쪽 위치), 게임에서 첫 번째로 딜링되는 곳이다.
- Flat Bet : 게임자의 오른쪽에서 가장 먼 곳의 자리(딜러의 왼쪽위치), 게임에서 첫 번째로 딜링되는 곳의 베트
- Hard Total : 11로 계산되는 "Ace"가 없는 핸드의 가치를 말한다.
- Head-on : 딜러를 상대하여 혼자 게임하는 경우를 말한다.
- Hit : 딜러루부터 또 한 장의 카드를 요구하는 의사표시임
- Hole card : 모든 게임자의 핸드를 결심할 때까지 "페이스다운(face down)으로 남아있는 딜러의 카드를 말한다.
- Marker : 카지노 칩스를 반환하기 위해 테이블에서 게임자의 서명을 받은 IOU(차용증서)를 말함

- **Mechanic** : 카드를 조작(操作)하는데 능숙한 자, 보통 속임수를 사용하는 자를 지칭한다.

- **Natural** : "블랙잭(blackjack)"에 대한 또 다른 명칭으로 2장의 카드가 "Ace"와 "10-value"카드로 구성된 핸드를 말한다.

- **Pat Hand** : 17보다 높은 가치의 핸드로 전략이 필요없는 핸드

- **Peek** : 카드를 보는 절차로서, 보통, 딜러가 "Ace"또는 "10-value"카드를 가져 내추럴의 가능성을 체크하려고 살짝 들여다 보는 행위를 말한다.

- **Poor** : 현재의 카드의 가치 퍼센티지가 정상보다 가장 적은 값의 카드로 일정 하게 구성되었다면, 그 덱은 "푸어(poor)"라고 불리운다.

- **Push** : 게임자와 딜러가 같은 핸드의 가치로 결과가 나온 상황으로 카지노 게임에서는 "타이(무승부)"로 하지만, 노-하우스 게임에서는 타이핸드에서 딜러가 이긴다.

- **Rich** : 현재의 카드 가치, 퍼센티지가 정상보다 높은 값의 카드로 일정하게 구성되었다면, 그 덱은 "리치(rich)"라고 말할 수 있다.

- **Shill** : 게임에서 베팅과 흥미를 유도하는 목적을 가지고 플레이(play)에 참여하는 카지노 종업원.

- **Soft Total** : 어떤 핸드의 가치에 "Ace"를 11점으로 계산한 핸드를 말한다.

- **Stand** : 딜러로부터 더 이상 카드를 받지 않겠다는 의사표시

- **Stiff** : "히트"하면 바스트가 될 수 있는 전략이 필요한 핸드로, 핸드의 가치가 12~16이 된 것을 말함.

- **Third Base** : 게임자의 왼쪽에서 가장 먼 자리(딜러의 오른쪽 위치)게임에서 마지막으로 딜링되어지는 곳이다.

- **Toke** : 딜러를 위하여 직접 주는 "팁(tip)"또는 "벳(bet)"을 말한다.

APPENDIX III : Basic Strategy Summary Charts

• Blackjack Basic strategy : 4+Deck Summary(double after split)

Player Hand		Dealer Shows									
		2	3	4	5	6	7	8	9	10	A
min hard std#'s		13	13	12	12	12	17	17	17	17	17
min soft std#'s		18	18	18	18	18	18	18	19	19	19
min hard doubling		10	9	9	9	9	10	10	10	11	—
Pair Splitting											
	9,9	SP	SP	SP	SP	SP	S	SP	SP	S	S
	7,7	SP	SP	SP	SP	SP	SP	H	H	H	H
	6,6	SP	SP	SP	SP	SP	H	H	H	H	H
	4,4	H	H	H	SP	SP	H	H	H	H	H
	3,3	SP	SP	SP	SP	SP	SP	H	H	H	H
	2,2	SP	SP	SP	SP	SP	SP	H	H	H	H
Soft doubling											
	max #5	—	18	18	18	18					
	min #5	—	17	15	13	13					
Surrender	(9,7),(10,6) vs Dealer A, 10, 9 (9,6),(10,5) vs Dealer 10 (8,7) vs Dealer 10 in 6 Deck game only										

※ Note : Always split (A,A) & (8,8)
　　　　　Never split (10,10) & (5,5)

• Blackjack Basic strategy : 1Deck Summary(no double after split)

Player Hand		Dealer Shows									
		2	3	4	5	6	7	8	9	10	A
min hard std#'s		13	13	12	12	12	17	17	17	17*	17
min soft std#'s		18	18	18	18	18	18	18	19	19	19
min hard doubling		9	9	9	8	8	10	10	10	11	11
Pair Spliting											
	9,9	SP	SP	SP	SP	SP	S	SP	SP	S	S
	7,7	SP	SP	SP	SP	SP	SP	H	H	S*	H
	6,6	SP	SP	SP	SP	SP	H	H	H	H	H
	3,3	H	H	SP	SP	SP	SP	H	H	H	H
	2,2	H	SP	SP	SP	SP	SP	H	H	H	H
Soft doubling											
	max #5	17	18	18	18	19					
	min #5	17	17	13	13	13					
Surrender	(10,6) vs Dealer A, 10 (9,7), (9,6),(10,5), (7,7) vs Dealer 10										

※ Note : Always split (A,A) & (8,8)

    Never split (10,10), (5,5) & (4,4)

    ※ Stand on (7,7) vs Dealer 10

제2부

룰렛(Roulette)게임의 이론 및 실무

The practical advance & theory of Casino games

룰렛게임의 이해(理解)

1. 룰렛게임의 소개(Introduction)

룰렛(roulette)게임은 카지노 게임 중 전통과 신비에 둘러싸여진 가장 오래된 게임이며 크랩스(craps)나 블랙잭(blackjack) 게임보다 승률이 높아 본고장인 유럽뿐만 아니라 전 세계적으로 널리 보급되어진 게임이다. 요란스럽고 활기있는 크랩스 게임을 게임의왕(king)에 비유한다면 룰렛게임은 조용하고 품위가 있어 게임의 여왕(queen)이라고 하면 틀림없다.

수세기를 통하여 룰렛시스템(roulette system))의 변화와 변천사를 심층분석, 연구하여 오늘날의 룰렛 휠(wheel)을 만들 수 있도록 노력해 온 결과, 룰렛 휠의 철저한 "랜덤(random)"시스템과는 전혀 다른 룰렛게임에 도전해볼만한 세 가지 사실을 분리할 수 있으며 그 사실은 다음과 같이 분석할 수 있다. 그 하나는 수학저인 시스템(mathematical system)으로 승산(勝算)을 깨거나 증가시키는 것이며 둘째는 휠 헤드(wheel head)안에 확실한 기계적(mechanical)인 구조에서 오는 어드밴티지 즉 물리적(physical)으로 생긴 변칙적(anomolies)인 변화이고, 세 번째는 볼(ball)이 휠 안에 어디에 떨어진 것이냐의 결과를 예측(prediction)하는 관찰력인 것이다.

룰렛게임에 주목할만한 요소
① 수학적인 시스템(mathematical system)
② 일정하게 기울어져 있는 휠의 구조(biased wheel)
③ 관찰력에 의한 섹션(section)의 예측(豫測)

역사적으로 많은 위대한 수학자들이 게임시스템에 대하여 수학적으로 연구해 왔다. 갈릴레오(Galileo)나 파스칼(Pascal)은 주사위의 배율(倍率)결과를 연구해왔음을 잘 알려진 사실이다. 파스칼은 영구 운동(perpetual motion)에 관하여 연구 실험하게 되어 이때부터 "Roulette"이라고 명명하게 되었다고 문헌에 나왔다. 클락킹(clocking) 혹은 기록의 유지. 어떤 특별한 휠의 넘버 등을 아마추어. 프로 모두 오랫동안 휠의 세트(set)를 연구한 흔적이 있다.

1890년 영국인이 몬테칼로(Montecarlo)의 카지노에서 엄청난 돈을 땄다. "고주파(high frequency)"로 일정하게 한쪽으로 넘버 기울기(number bias)를 시도하여 성공한 사례가 있으며, 이러한 방법의 플레이는 오늘날 보다 더 정교하게 계속되고 있으며 많은 카지노에 엄청난 손실을 안기고 있다. 1982년, 영국의 여러 곳의 카지노가 미국으로부터 온 룰렛 휠 게임자들에

의해 거액(巨額)을 루스(lose)하게 되었다. 경찰이 그들을 체포하여 조사한 결과 그들은 볼이 떨어지는 휠의 섹션(section)을 예측하는 정당한 시스템을 성공적으로 이용하였다는 것을 발견하였다. 이는 베팅시스템은 먼저 볼의 회전을 왓칭(watching)하고 그 볼이 포켓(pocket) 어느 지역에 떨어질 것이냐를 예측하는 연구를 수년 동안 해온 엔지니어(engineer)와 물리학자 (physicists)였다. 이러한 사건은 프로 갬블러들의 연구여하에 따라 돈은 벌수 있다는 흥미를 무성하게 자아낼 수 있는 사건들이다. 1896년, 아크랜틱시트(Atlantic City)의 골든너겟(Golden Nugget) 카지노에서 이주일 내내 하루 18시간 한 휠(wheel)에서 똑같이 5넘버(7-10-20-27-36)를 고정으로 벳팅하는 손님에게 미화 3.8백만불을 루스(lose)한 적이 있다. 이 넘버들은 전체적인 휠(wheel)의 평면보다 1/2낮은 곳에 위치해 있었다. 왜 플레이어(player)는 이러한 "휠(wheel)"을 선택하였겠는가. 이 휠은 기울어져 있거나, 또는 행운(幸運)이 따르지는 않았는지, 위와 같은 상황이 발생하게 된 이유를 카지노 운영자(operators)에게 정확히 보여준 사례이다. 다시 말하면 룰렛 휠은 정직하므로 항상 보호하고 관심을 가지므로 위와 같은 상황이 재현되지 않도록 카지노 운영자에게 주는 "메시지(massage)"일 것이다.

2. 룰렛게임의 생성 및 발전과정

　"Roulette"이라는 단어는 프랑스(French)의 "Roue(wheel)"와 이탈리아의 "Ette(small)"의 합성어로 그 뜻은 수레바퀴의 종류, 스몰 휠 롤러(small wheel roller)등 글자그대로의 뜻이다. 이러한 아이디어(balanced pointer)는 회전할 때와 멈추어질 때 예측할 수 있는 위치에 도달하는 성질을 인용한 게임이라고 문헌에 기록되어있다. 고대 그리스 군인들은 전쟁용 방패(battle shield)를 창 끝에 올려 놓고 돌려 게임을 하는 방식을 개발했다. 방패

를 여러 구획으로 나누고 방패가 멈출 곳으로 예상되는 지점에 판돈을 올려놓는 게임이다. 로마황제 아우구스투스(Augustus)시대에는 이와 비슷한 게임을 즐겼는데 전차의 바퀴를 사용한 흔적이 있으며, 미국의 인디언은 회전(revolving)하는 바늘이나 포인터를 사용하는 게임을 즐겼다는 기록이 있다. "Roulette"는 분명 휠의 회전 혹은 이와 비슷한 장치에 물리적인 접촉에 의하여 결과가 이루어지는 게임과 같은 부류임에 틀림없다. "그루피어(Croupier)"라는 단어는 프랑스 용어에서 유래된 말로 그 뜻은 말을 타는 기수가 되려고 공부하는 자의 선생 즉 승마조련사(riding instructor)를 뜻한다. 이 단어는 18세기 프랑스에서 갬블링이 합법적으로 채택되었을 때 카드플레이어가 전문직업인을 고용하여 그의 뒷좌석에 앉혀놓고 어떻게 플레이할지를 배웠다는데서 유래되었다. 이 단어는 후에 카지노에서 딜러(dealer)의 뜻으로 오늘날까지 사용하고 있다. 룰렛게임의 승자(winner)는 휠의 마지막 번호 위치에 의해 결정되는 것이 아니다. 이게임은 휠의 반대 방향으로 작은 볼(ball)이 회전하도록, 특별한 차원의 기회를 첨가한 변화를 주고 있다. 그 휠(wheel)은 시리즈로 넘버가 포켓에 매겨져 있으며, 그 볼이 회전하다 어느 곳 중의 포켓한곳으로 떨어져 들어간 것이며 볼이 들어간 포켓의 넘버가 곧 위너(winner)이다. 룰렛게임의 역사(history)에 대한 기원이야기는 무성하다. 17세기 계산법의 아버지라 불리우는 프랑스인 수학자 파스칼(Pascal)이 "영구운동(perpetual motion)"을 발

견하여 그 원리(原理)로 축소형 바퀴모양을 만들어 실험을 시도하여 "룰렛(roulette)" 이라고 이름을 지었다고 한다. 갬블링 목적으로 만들어진 처음 기록은 휠을 돌리고 볼을 던져서 넘버 속에 들어가게 하는 "Hoca"라는 게임으로 이 호카(hoca)는 17~18세기경에 유럽의 궁전에서 성행되었던 게임이었다고 기록되어있다. 룰렛게임의 원조(元祖)로 불리우는 호카 휠은 둥근 원형으로. 평평하게 높혀져 있고, 바깥쪽의 끝부분 주위에 40개 포켓넘버가 있고 넘버 안에는 3개의 제로가 있어 하우스에 높은 이익을 주었다고 한다. "Hoca"는 프랑스에서 루이(Louis) 16세때 주정부 관리 카디날 마자린(Cardinal Mazarin)에 의하여 대규모로 후원되었다. 그는 프랑스에서 많은 카지노를 개장할 수 있는 권한을 위임받아 왕실국고를 위하여 많은 수익금을 거두어 들였다(1661년 마자린이 사망할 때까지 엄청난 부를 축적하였음은 의심할여지가 없다). 룰렛을 언급한 문헌으로는 1684년 프랑스 퀘백(Quebee)에서 다이스(dice), 호카(hoca), 패로(faro) 등과 같이 게임규칙이 있었음을 찾아볼 수 있었으며, 1700년 파리의 싸롱들. 1730년 영국의 휴양지 Bath, 1756년 벨기에의 Spa Town, 그리고 후에 독일의 유명한 갬블링 영업장인 Baden-Baden, Wiesdbaden 등에서 룰렛게임의 흔적을 찾아 볼 수 있다.

프랑스혁명은 프랑스의 합법적인 갬블링을 종식시켰으며. 1984년 독일의 첫 번째 카지노 Spas가 프랑코이스 블랭(Francois Blanc)에 의해 함부르크(Homburg) 도시에 문을 열었다. 그리고 그는 유럽의 다른 카지노의 더블 제로 휠(double zero wheel)에 대한 경쟁으로 싱글 제로(single zero) 형태의 룰렛 휠을 여기에서 처음 소개하였다. 이전까지 대부분의 룰렛 휠은 두개의 섹션에 각각 제로가 마크되어 있었다. 하나는 레드포켓제로(red pocket zero)였다. 만약 블랙제로가 위닝 넘버라면 모든 넘버가 루스(lose)된다. 그리고 블랙 컬러(black pocket zero)의 벳은 윈(win)이 되고, 레드 컬러(red color)는 루스(lose)가 된다. 후에 독일 주정부가 연합하여 갬블링을 법적으로 폐지하였을 때, 블랭(Blanc)은 1863년 몬테칼로(Monte Carlo)에서 카지노 영업권리를 획득하였고, 이후 50년 동안 세계 1차 대전까지 블랭의 가족들은 유럽의 엘리트 갬블링 사교단체로 남아 국제적인 빗살무늬 홀(watering hole)이 있는 오늘날의 싱글제로 룰렛 휠을 고안하여 지구의 구석구석까지 보급하게 되었다.

17세기 유럽에서는 여러 가지 게임의 변화가 있었음을 찾아 볼 수 있을 것이다. 영국에서 "이븐-아드(even-odd)"라고 불리우는 게임으로 "E"와 "O"의 경계로 마크되어 전 40개의 포켓이 있는 휠로 플레이어 되어졌고 몇 개의 포켓은 하우스를 위하여 보이지 않게 만든 형태였다고 한다, 플레이어는 "E"와 "O"포켓양쪽 어느 쪽에 떨어질 것이지를 예측하여 벳팅하는 것이다. 또 하나의 다른 게임이 있었다. 오늘날 아직도 유럽에서 성행되는 게임으로 이 게임은 "Boule"이라고 부르며 보울 휠(boule wheel)에는 제로가 없고 1번부터 9번의 숫자가 두 번 반복으로 18개의 포켓이 있다. 5번 숫자는 하우스 넘버이고, 베팅금액의 1/9승률을 기대할 수 있다. 플레이어는 어떤 넘버도 벳팅 할 수 있으나 지불조건은 7:1이다. 1860년의 미국에서 룰렛 휠은 Mississippi에서 시작하여 New Orleans의 게이밍 싸롱까지 대륙의 서쪽으로 확장되었음을 찾아 볼 수 있었으며 초기의 아메리칸 휠(American wheel)은 차이가 있었음을 알 수 있다. 아메리칸 휠은 28개 넘버와 이글(eagle), 싱글(single), 더블(double)제로가 하우스를 위해 있어 토탈 31개의 포켓으로 이루어졌다. 이러한 타입의 모든 룰렛게임은 볼이 떨어질 곳의 포켓에 넘버가 새겨져 있는 원주(circle)에 실린더세트가 있는 보울(bowl)을 사용하는 게임이다. 룰렛의 넘버배열을 살펴보면 더블제로 휠의 숫자배열과 싱글 제로 휠의 숫자배열과 비교하여 보면 차이가 있음을 알 수 있다. 그러나 휠 주위에 연속으로 나오는 숫자배열은 세계를 통하여 어느 휠이라도 각 타입(type)내에서는 똑같다. 이 뜻은 미국의 더블제로 휠은 바하마의 더블제로 휠과 같고, 프랑스의 싱글제로 휠은 남아공의 싱글제로 휠과 같다는 뜻이다.

또한 초기의 휠과는 달라서 더블 제로 휠은 0와 00의 포켓이 있고, 게임 컬러로 구분하게 되어있다. 더블 제로 휠은 00와  00포켓이 서로 다른 반대편의 위치에 배열(排列)되어 있으며, 00의 다음 숫자의 자리는 1번 숫자이고, 0의 다음숫자자리는 2번으로 시작된다.

연속되는 번호는 서로 다른 반대편에 배열되었으며, 그 숫자모두 홀수·짝수에 의한 칼라로 나누어져 있다. 수학적(數學的)으로 완벽하게 평균 수량치로 나누다는 것은 불가능하다. 왜냐하면 넘버의 총합계의 수치는 1에서 36번의 합이 666, 이중 홀수 18개의 합의 수치는 324이고, 짝수번호의 합의 수치는 342이기 때문이다. 더블제로 휠에서 숫자의 배분(配分)은 같은 컬러로 이어진 넘버 합계수치가 37로 계산되도록 순서가 되어있다. 그러나 두 가지 예외가 있다. 9와 28. 10과 27은 37로 계산은 되나 같은 컬러로 되어 있지 않다, 또한 싱글제로 휠에서 모든 홀수넘버는 1부터 9번이 휠의 한쪽에 짝수넘버 2번부터10번은 반대편에 배열되어 있다. 이 넘버들은 더블 제로 휠에서 볼 수 있는 것같이 반대편에 배열되어 있는 것이 아니다. 싱글 제로 휠에서 모든 홀수넘버는 9번부터 1번이 한쪽에 짝수넘버는 2~10번이 반대쪽에 배열되어있다. 이 넘버들은 00휠에서 볼 수 있는 것 같이 동시에 배열되어 있는 것이 아니고, 서로 다른 반대편에 있다. 모든 홀수 11과 23사이에 같은 사이드의 2~10번이 있고. 짝수20과 28사이에 비슷한 패션(fashion)으로 홀수 짝수교

대로 계속해서 36숫자가 반대편 쪽에 배열되어 있다. 휠 주위의 숫자배열은 다를지라도 천으로 된 테이블이나 둘 다 심플 컬러로 지정되어 있다. 넘버는 레드와 블랙으로 모두 경계되어 있다.

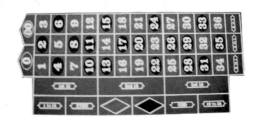

일찍이 룰렛게임은 유럽의 "Hoca"게임에 2에서 3개의 제로 혹은 하우스넘버로 유래(由來)되었다. 미국에서 처음 룰렛게임이 등장하였을 때는 1~28숫자에 2개의 제로와 이글 심볼(eagle symbol)로 하우스에 3개의 위닝 섹션을 주었다. 결국에 유럽버전의 휠은 0섹션으로 가고 있고 미국식버전은 0와 00섹션 둘 다 하우스를 위해 남아 있다.

미국이외 나라 대부분의 카지노는 제로 섹션 휠을 사용한다. 미국의 카지노는 0와 00(더블제로 휠)섹션 휠을 제공하는 한편, 어떤 카지노에서는 하이롤러 피트(highroller pit)로 알려진 지역에서만 높은 미니멈 벳 고객에게 싱글제로 섹션 휠을 제공하고 있다.

룰렛게임(Roulette game)에서 싱글넘버 벳(straight bet)을 하였을 때 싱글제로 섹션 휠의 카지노 어드밴티지는 2.7%이며, 싱글제로와 더블제로 섹션을 모두 가진 휠의 하우스 어드밴티지는 5.26%이다. 이븐 머니 벳(even money bet)으로 "앙프리종(Enprison)" 또는 "라빠따즈(Lapatage)"룰을 적용하였을 때 싱글 제로 휠에서의 하우스 어드밴티지는 드롭(drops)의 1.35%이며, 더블제로 휠은 2.63%이다. 미국에서는 "앙프리종"룰을 적용되지 않으며 "라빠따즈"는 애틀랜틱시티(Atlantic City)의 더블 제로 휠에서 적용하였다. 실제 하우스 어드밴티지의 뜻은 더블 제로 휠에서 각 100달러를 벳팅 하였다면 5.26달러를 카지노가 윈(win)한다는 뜻이다. 애틀랜틱시티 카지노로부터 평균 27%의 위닝 퍼센티지(winning percentage)가 보고되었다면, 그것은 100달러 벳에 대한 27달러에 해당하는 금액이다. 카지노가 실제로 윈(win)할 수 있는 금액으로 판단된다면, 일찍이 아메리칸 휠(American Wheel)은 카지노

오너(Owner)를 위해 얼마나 수익(收益)을 주었는지 상상할 수 있을 것이다.

3. 룰렛 테이블 레이아웃(Layout) 변천과정

1800년대 프랑스에서 사용하였던 "Roulette wheel"의 판화와 테이블 "Layout"이다. 싱글 제로 배열이 현재 사용하고 있는 휠(wheel)과는 다르게 배열 되었음을 보여준다.

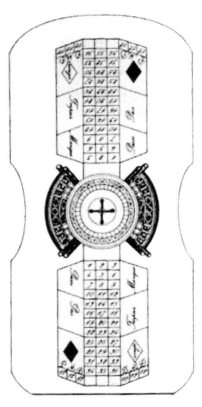

〈그림 I-1〉

1800년대의 미국식 버전의 휠(wheel)과 테이블 레이아웃(Table Layout)이다. 휠(wheel)은 28개의 넘버와 0, 00 그리고 독수리 상징(eagle symbol)이 있었다. 이 3개는 하우스 넘버이고, 싱글 넘버(single number)의 승산은 26 to 1이며. 이 모두 하우스 어드밴티지(house advantage)를 가졌다.

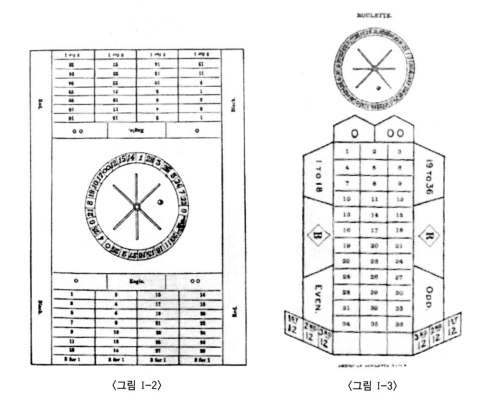

<그림 I-2>   <그림 I-3>

1866년 미국의 룰렛 휠(roulette wheel)과 레이아웃(layout)을 <그림 I-3>과 같이 변형시켰다. 종전의 28개 넘버(number)에서 36개로 늘어났으나 "이글 심볼(eagle symbol)"은 사라졌으며 1 to 18, 19 to 36, Even, Odd〈 Black, Red 등의 디비젼(division)을 만들어 서로 반대편 위치에 놓았고, 레이아웃(layout) 아래쪽에 Dozen, Columm 벳을 할 수 있도록 새로운 벳팅지역을 만들어진 것을 볼 수 있다.

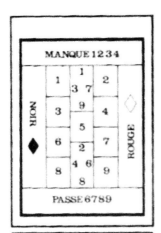

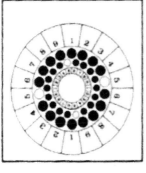

〈그림 I-4〉

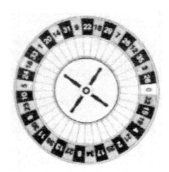

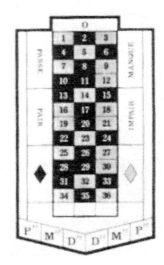

〈그림 I-5〉 프렌치 룰렛(French roulette)
테이블 레이아웃(table layout)과
싱글제로 휠(single zero wheel)

위의 그림은 "보울 게임(boul game)"의 보울 휠(boul wheel)과 테이블 레이아웃 (table layout)이다. 볼 (ball)이 림(rim) 주위를 돌다가 포켓(pocket) 중의 하나로 들어가게 되어있다. 게임자는 싱글넘버(single number) 혹은 4개의 그룹숫자에 벳 팅(betting)할 수 있으며 "넘버5"는 룰렛게임에서 "제로(Zero)"와 같은 역할을 한다.

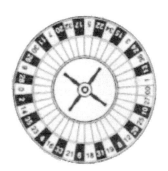

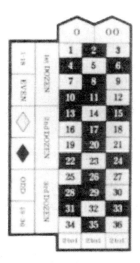

〈그림 I-6〉 아메리칸 룰렛(American roulette)의 테이블
레이아웃(table layout)과 더블제로 휠(double
zero wheel)

룰렛게임의 개요

1. 룰렛게임의 방법

룰렛에서 스트레이트 업 벳(Straight Up Bets)의 뜻은 싱글제로 휠의 "0"를 포함한 어떤 37개의 넘버이거나 더블제로 휠의 0, 00를 포함한 38개의 싱글넘버상의 벳을 뜻하는 것이다. 또한 컴비네이션 벳(combination bets)이라함은 이웃하고 있는 넘버와의 결합으로 이루어진 벳이다. 이게임에는 여러 가지 타입의 벳이 있다. 〈그림 I-6〉을 참조하여 게임방법을 배워보기로 한다. 기본적으로 크게 인사이드 벳(Inside bets)과 아웃사이드 벳(Outside bets)상에 어크로스(across)되어 있다. 인사이드 벳은 37개 혹은 38개 넘버의 필드(field)안의 벳을 말하며, 아웃사이드 벳은 바깥쪽의 필드를 말한다.

벳팅 섹션(betting section) 또는 존 (zone)을 설명한다면, 위닝 넘버는 물론 Even, Odd, Red, Black, 그리고 Ist 12의 어떤 넘버, 2nd-12, 3rd-12, 1 to 18 혹은 19 to 36 등이 있으며 또한 1st, 2nd , 3rd column 벳이 있고 또 이것들의 콤비네이션 벳(combination bets)도 있다 룰렛 테이블의 좌석에 앉은 각 플레이어는 한 사람에 한 컬러(color)만 해당되는 칩스로 플레이한다. 컬러 칩스의 가치(non value chips)는 해당 테이블에서 구매할 때 결정되어진다. 무가 칩스의 가치 표시는 돈과 교환하여 사들인 칩스 숫자의 금액에 의해 결정된다. 다시 설명하면, 플레이어(player)가 칩스를 구매할 때 (buying chips) 무가의 칩스를 얼마의 가치로 설정(assign)할 것인지는 게임자가 결정해야 된다는 뜻이다. 예를 들어 만약에 플레이어가 각 무가(無價)칩스 1개에 1달러의 가치를 인정해주기를 바라고 100달러를 내고 100개의 칩스를 받았다면, 이 칩스의 개당가치는 1달러가 되는 것이다.

딜러는 칩스 랙(chips rack)안에 그 손님과 같은 컬러의 칩스를 놓고 그 칩스 위에 그 칩스의 가치를 알려 주는 또는 보여주는 "마커 버튼(market button)"을 올려 놓는다. 이 방법은 딜러가 플레이어가 무가 칩스를 캐쉬(cash)하려고 할 때, 어떤 가치로 플레이(play)하였는지를 알아야 되기 때문이다. 게임자가 게임을 종료하고 플레이 하던 테이블을 떠나기 전에 무가 칩스를 캐쉬 할 수 있는 머니 칩스로 체인지 해야 한다. 레귤러 칩스(유가칩스)는 테이블 액션상황에 따라 그대로 벳팅하는 것을 종종 허용하기도 하고 이 칩스는 케이지 캐쉬어(cage cashier)로부터 바로 캐쉬 할 수 있다.

딜러가 볼을 회전(spin)하려는 동작은 플레이어의 시작을 의미한다. 볼(ball)과 휠 헤드(wheel head)는 서로 반대쪽으로 회전하고 딜러는 "Place your bets"라는 안내 멘트를 함으로써 플레이어에게 베팅할 것을 권한다. 프렌치(French)어로는 "Faitesvos jeus"라는 말로 베팅하도록 유도하며 "No more bets"라고 딜러가 콜링 할 때까지 베팅할 수 있다. 프렌치어로는 그루피어가 "Rein neva plus"라고 콜링하여 알려주면 베팅은 끝나는 것이다.

모든 카지노에서 딜러가 플레이어의 위닝 벳(winning bets)에 대한 지불(payoff)이 끝났을 때, 다음스핀을 위한 베팅을 하도록 한다. 이 뜻은 위닝 넘버를 표시한 마커가 딜러에 의해 제자리로 돌아온 움직임이 확실히 표시되었을 때를 의미한다. 딜러의 위닝 벳에 대한 페이멘트(payment) 순서는 먼저 아웃사이드 벳부터 시작하여 인사이드 벳으로 한다.

프랑스에서의 게임진행 절차는 스핀에 대한 결과를 딜러에 의하여 알려주게 되었다. 예를 들면 "Dix-Sept, Rouge, Impaire et Manque" 이 뜻은 "17. Red, Odd and Low"와 같다. 다음은 벳의 여러 가지 타임의 리스트이며, 이는 하우스가 기준으로 인정하는 지불의 승산(勝算)과 승률(勝率)이다. 또한 각 타입의 벳에 대한 프렌치용어를 보여주는 것이다 지불조건은 35 to 1이지, 35 for 1가 아님을 확실히 알아야 한다. 35 to 1 계산의 뜻은 플레이어 벳 35배 금액에 플레이어가 갖고 있는 오리지날 벳은 다음 스핀에 대하여 그대로 남기거나 다른 곳으로 옮기든지 어느 쪽도 무방하다. 그러나 오리지날 벳을 그 자리에 두거나 그렇지 않거나, 어느 쪽이든 그것은 플레이어의 선택이지 딜러의 선택이 아님을 주지해야 할 것이다. 또한 35 for 1뜻은 플레이어의 오리자날 벳을 35배로 계산을 하나, 오리지날 벳은 하우스가 키프(Keeps)하는 방식이다.

2. 인사이드 및 아웃사이드 벳의 명칭(Inside & Outside bets)

1) 인사이드 베트(Inside Bets)

① Straight Up / single Number Bets : 〈그림 II-1〉의 (a) 참조
- French term : "En Plein(앙-쁘레잉)"
- Payoff : 35 to 1
- House favor : 싱글제로 휠 - 2.7%
                  더블제로 휠 - 5.26%

② Split Bet / Two Number Bet : 〈그림 II-1〉의 (b) 참조
- French term : " A Cheval (아슈발)"
- Payoff : 17 to 1
- House favor : 싱글제로 휠 - 2.7%
                  더블제로 휠 - 5.26%

③ Row Bet / Three Number Bet : 〈그림 II-1〉의 (c) 참조
- French term : "Transversale Pleine(뜨랑스베르살 쁘렝느)"
- Payoff : 11 to 1
- House favor : 싱글제로 휠 - 2.7%
                  더블제로 휠 - 5.26%

④ Corner Bet / Four Number Bet : 〈그림 II-1〉의 (i) 참조
- French term : "Carre(까르)"
- Payoff : 8 to 1
- House favor : 싱글제로 휠 - 2.7%
  - 더블제로 휠 - 5.26%

⑤ Line Bet / Five Number Bet : 〈그림 II-1〉의 (j) 참조
- Payoff : 6 to 1
- House favor : 싱글제로 휠 - 2.7%
  - 더블제로 휠 - 5.26%

※ 유럽에서(싱글 제로 휠)는 이러한 벳(bets)은 없으며, 어떤 다른 벳보다 하우스페이버(house favor)높다고 해서 "샤커 벳(Sucker bet)"이라고도 함.

⑥ Line Bet / Six Number Bet : 〈그림 II-2〉의 (k)참조
- French term : " Sixaine(써정느)"
- Payoff : 5 to 1
- House favor : 싱글제로 휠 - 2.7%
  - 더블제로 휠 - 5.26%

2) 아웃사이드(Outside Bets)

① Columm Bet / Twelve Numbeer bet : 〈그림 II-1〉 (b) 참조
- French term : "Colonne(꼬롱느)"
- Payoff : 2 to 1
- House favor : 싱글제로 휠 - 2.7%
  - 더블제로 휠 - 5.26%

② Dozen / Twelve Number Bet : 〈그림 II-1〉의 (c)참조
- French term : "Dauzaine(듀젠느)"
- Payoff : 2 to 1
- House favor : 싱글제로 휠 - 2.7%

더블제로 휠 − 5.26%

프렌치 레이아웃(French layout)에는 다음과 같은 표시로 섹션(section)을 구분한다.

- P(premiere) : 1st −12(1~13번)
- M(Meyemne) : 2nd −12(13~24번)
- D(Derniere) : 3rd−12(24~36번)

"Douzaine a cheval"은 스플릿 더즌 벳(split dozen bet)으로 2개의 다즌 벳 (24 넘버)을 커버한다는 뜻으로 2개의 박스에 사이위에 벳팅하면 만들어진 다. 지불조건은 1 to 2이 된다.

③ Low−Number Bet / 1 to 18 Bet : 〈그림 II−1〉의 (f)

- French term : "Manque(망끄)"
- Payoff : Even money
- House favor : 싱글제로 휠 − 2.7%
　　　　　　　 더블제로 휠 − 5.26%

④ High− Number Bet /19 to 36 Bet : 〈그림 II−1〉의 (f)

- French term : "pass(빠스)"
- Payoff : Even Money
- House favor : 싱글제로 휠 − 2.7%
　　　　　　　 더블제로 휠 − 5.26%

⑤ Red Color Bet / Black Color Bet : 〈그림 II−1〉의 (d)

- French term : "Rouge/Noir(후쓰/노아)"
- Payoff : Even Money
- House favor : 싱글제로 휠 − 2.7%
　　　　　　　 더블제로 휠 − 5.26%

⑥ Odd Number Bet / Even Number Bet : 〈그림 II−1〉의 (e)

- French term : "Impair / Pair"
- Payoff : Even Money
- House favor : 싱글제로 휠 − 2.7%

더블제로 휠 - 5.26%

⑦ Basket Bet : 〈그림 II-1〉의 (m)

- Payoff : 11 to 1
- House favor : 싱글제로 휠 - 2.7%

  더블제로 휠 - 5.26%

3. 싱글 제로 휠의 세트 벳(Set Bets)

유럽(Europe)의 싱글 제로 휠에는 일정한 장소에 베팅하는 고정 벳(certain bets)이 있다. 이런 벳들은 "Set bets" 또는 "Voisin", "Neighbour"들로서 집합적(collectively)인 상태로 이루어지는 벳을 말한다.

① Les Voisin du Zero(레 보아젠 듀 제로) ; Neghbour of Zero : 9유니트 벳으로 17넘버를 커버

② Le Tires du Cylindre(르 띠에 듀 실랑데) ; Third of the wheel : 6유니트 벳으로 12넘버를 커버

③ Les Orpheline(레조 뻬린느) ; The Orphans : 8넘버로 커버된 5유니트 벳

④ Vosin(보아젠) ; Neighbour : 양쪽 두개의 넘버를 연결하여 5유니트(unit)를 한 묶음(set)로 만든 벳을 "Five & Neighbours"라는 뜻으로 5를 가운데 두고 양쪽으로 연결된 두개의 넘버 즉 왼쪽 23, 10번과 오른쪽 24, 16을 한 셋트로 만들면, 23, 10, 5, 24, 16의 번호가 되며 이를 "Voisin 5"라고 부른다.

⑤ Final(피날) : 이 세트 벳은 넘버의 끝이 같은 숫자에 벳팅하는 것을 말한다. 예를 들면 "Final Three"라면 3, 13, 23, 33을 커버(cover)한다는 뜻이다

4. 앙 프리종과 라 빠다즈(En Prison and Le Partage)

유럽에서는 위닝 넘버(winning number)가 제로(zero)일 때의 여러 가지 변화로 이븐머니 벳(even money bets)에 어떤 결과가 오도록 영향을 주는 룰(rules)이 있다. 즉 "En Prison"이나 "Le Partage"라는 룰의 영향으로 하우스 페이버(House

favor)의 퍼센티지를 1.35%줄이게 되었으며 이런 룰의 영향으로 이러한 승산(勝算)을 제공하는 테이블에 유로피언 "하이롤러"들이 찾게 되는 것이다

1) 앙 프리종(En Prison)

"앙 프리종" 용어의 뜻은 영어로 "인 프리슨(in prison)" 즉 감금한다는 뜻으로 다음의 스핀(spin)결과가 나올 때까지 그 자리에 남아있어야 하는 벳을 말한다. 다시 설명하면 이 뜻은 위닝 넘버가 "제로(zero)"일 때 모든 이븐머니 벳(high, low, black, red, odd, even)은 그 넥스트 벳(next bet)의 결과가 나올 때까지 승부(win / lose)없이 테이블 레이아웃 위에 그대로 있어야 된다는 것이다. 다음의 스핀결과로 플레이어가 윈(win)하였을 때, 오리지날 벳만 되돌려주고, 루스(lose)하였을 경우, 하우스가 테이크(take)한다. 또다시 그대로 그 벳(bet)이 남아 있다는 것은 또한번의 "제로(zero)"가 위닝 넘버가 되었다는 것이다. 이 경우 "인 프리슨드(in prisoed)"되어진 웨이저는 벳팅지역으로 점유되어있는 "박스" 바로 아래의 "섹션라인(section line)"에 놓여진다.

2) 라빠따즈(La Partage)

"라빠따즈" 용어의 뜻은 영어로 "서렌더(surrender)"라는 뜻으로 이 룰을 적용하는 카지노에서는 플레이어의 이븐머니 벳에서 그 벳을 포기하는 것을 선택할 수 있도록 허용하는 룰(rules)이다. 이때 그 벳팅의 웨이저를 플레이어와 하우스가 반반씩 나누면 되는 것이다. 영국에서는 위의 룰(rules)이 공식화되었기에 플레어가 베팅금액 반을, 나머지 반은 하우스가 키핑(Keeping)하므로 선택의 여지가 없다.

미국의 애틀랜틱시티(Atlantic City) 또한 더블 제로 휠(wheel)로 위닝 넘버가 0 또는 00일 때, 딜러는 이븐 머니 벳의 금액에 반을 콜렉트(collect)한다. 나머지 남아 있는 반(半)은 다음 스핀으로 이동하거나 그대로 두거나, 이 모두 게임자를 위해 남겨둔 반(half)이 되는 것이다. 그러나 싱글제로 휠에 안전한 베팅일지라도 하우스에 루스(lose)하는 경향이 있다.

왜냐하면 많은 게임자는 하우스 퍼센티지 페이버를 줄일 수 있는 이런 독특한 룰

(rules)을 의식하고 있는 것 같지 않다.

국내에서도 상영된바 있는 007 시리즈 "Casino Royal"의 영화에서 볼 수 있었던 제임스 본드의 플레이스 벳(place bets)의 모델 사례를 보더라도 그가 가장 좋아하는 벳은 더즌(dozen) 섹션 두 곳을 커버하는 게임방식이다. 더즌 벳 두 곳에 각각 십만프랑씩 베팅하였다면, 이는 36개 번호 중 (0제외) 1번부터 24번까지 커버하였던바 승산이 "1 to 2"이므로 만약 윈(win)이 되었다면, 십만프랑의 이익(profit)이 있을지라도 이 경우에는 더즌 벳의 하우스 페이버(house favor)는 2.7%이다 그러나 이 벳을 하우스 퍼센티지(house percentage)를 줄이는 곳에 베팅을 가질 수 있었다면, 우선 이븐머니 벳 중에 로우넘버(manque) 섹션인 1~18번에 150,000프랑 그리고 19~24번을 커버하는 식스넘버(sixaine) 벳을 하였거나, 또는 위의 제임스 본드 베팅의 금액으로 같은 넘버가 제로가 되었다면, 제임스 본드의 "로우 넘버 섹션 벳"은 다음스핀까지 150,000프랑을 되돌려 받거나, 혹은 하우스에 그것을 루스한다던지 둘 중 어느 쪽도 다음 스핀때까지 그 자리에 남아있을 것이다.

만약 "La Partage"룰을 적용한다면 로우 넘버 벳의 절반만 루징하고 게임을 포기하거나 혹은 나머지 절반은 다음 스핀을 위하여 그대로 두는 결과가 된다. 위의 두 가지 모두 제로가 나온 경우이지만 하우스가 완전히 루스하는 벳(bet)은 되지 않는 효과를 얻을 것이다. 그리고 최초의 벳(intial bet)에 대한 하우스 퍼센티지 2.7%에서 1.35%로 감소한다.

5. 벳의 성격 및 명칭(Zone Bets)

각 섹션(section)의 위치별 벳(Bets)의 종류를 〈그림 II-1〉 더블 제로 레이아웃(double zero layout)과 함께 벳의 성격과 명칭을 알아본다.

1) 스트레이트 벳(Straight Bets)

Position Description	Odds
ⓐ Straight Up : 모든 넘버, 제로와 더블 제로	35 to 1
ⓑ Column Bet : 세로로 12개 넘버로 이어진 벳	2 to 1
ⓒ Dozen : 1st 12, 2nd 12, 3rd 12	2 to 1
ⓓ Red/ Black : 넘버상의 컬러와 일치하는 컬러 벳(color bets)	1 to 1
ⓔ Odd/ Even : 모든 홀수 넘버와 짝수 넘버	1 to 1
ⓕ Low / High : 1번부터 18번, 19번부터 36번	1 to 1

2) 컴비네이션 벳(Combination Bets)

Position Description	Odds
ⓖ split : 2개의 넘버 양쪽을 동시에 커버하는 벳	17 to 1
ⓗ street : 3개의 넘버가 일렬로 이어진 row bet	11 to 1
ⓘ Corner : 4개의 넘버가 만나는 모서리에 이루어진 형태로 4개의 넘버를 커버하는 벳	8 to 1
ⓙ Five Number : 0, 00, 1, 2, 3을 커버하는 벳	6 to 1
ⓚ Six Number : 이열로 이어진 6개 넘버를 커버	5 to 1
ⓛ Wager Position : 0과 00를 동시에 커버하는 벳으로 게임자의 편의를 위해 만들어진 형태의 벳	17 to 1
ⓜ Basket : 0과 00를 사용하여 1, 2, 3번과 연결하여 3개의 숫자를 커버하는 벳	11 to 1

〈그림 Ⅱ-1〉 더블 제로 레이아웃 각 위치별 벳의 종류(Double Zero Layout Position Description)

3) 싱글 제로 휠(Single Zero Wheel) 웨이저링 사례(멕시멈 $400기준)

〈그림 II-2〉와 같이 게임자가 Number 17에 $25,000짜리 플라크(Plaque)를 놓고 "애니웨이 투 더 넘버(anyway to the number)"라고 하였다면 이 뜻은 17번에 맥시멈(maximum) 벳팅하겠다는 뜻이다. 이 벳(bets)은 토탈 $16,000이 맥시멈으로 $9,000은 스핀하기 전에 게임자에게 체인지(change)되어야 할 것이다. 만약에 17번이 윈(win)하였다면 게임자는 $156,000을 지불(支拂)받을 것이며, 주위의 넘버가 윈(win)하였다면 그

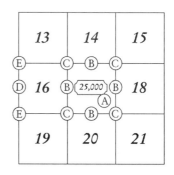

〈그림 II-2〉 $400 Anyway to the number

벳(bets)에 따라서 알맞게 페이(pay)될 것이다. 이런 타입의 벳은 "London Casino"의 Arabs(아랍계인)에 의해 흔히 이루어진다. 그 지불산출 공식은 다음과 같다.

Ⓐ $400 Straight Up 1 = $400 ⓐ 35-1 = $14,000

Ⓑ $800 Split Bets 4 = $3,200 ⓐ 17-1 = $54,000

Ⓒ $1,600 Corner Bets 4 = $6,400 ⓐ 8-1 = $51,000

Ⓓ $1,200 Row Bet 1 = $1,200 ⓐ 7-1 = $13,200

Ⓔ $2,400 six Number Bets 2 = $4,800 ⓐ 5-1 = $24,000

벳팅금액 = $16,000

위닝금액 = $156,800

4) 컴플레이트 넘버 벳(Complete Number Bets)

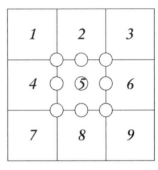

〈그림 II-3〉과 같이 "넘버5"에 스트레이트-업,(straight up), 그리고 넘버 2, 4, 6, 8과의 스플릿(split), 그리고 코너 벳(corner bet)으로 넘버의 주위를 둘러싸는 벳(bet)으로 "컴플레이트 넘버 벳(complete number bet)"이 이루어진다. 만약 ₩1,000짜리 칩스로 위 그림과 같이 베팅하였다면, 베팅 금액은 ₩9,000이 되며, "넘버5"가 위닝 넘버(winning number)라면 그 벳(bet)은 ₩135,000

〈그림 II-3〉

을 지불받을 것이다. 모든 "컴플레이트 넘버 벳" 칩스는 스핀의 결과가 나온 후에는 베팅의 원형(原形)을 다시 만들든가, 또는 다른 넘버로 이동하던지, 또는 게임자를 위하여 레이아웃의 그 넘버에 그대로 남겨둘 수도 있다.

3 Part

미국형(라스베가스 스타일) 룰렛

1. 딜러(Dealer)

미국 카지노에서 룰렛게임은 1명의 딜러에 의해 진행된다. 이는 여러 명의 그루피어(croupier)가 진행하는 유럽(프렌치스타일)의 룰렛형태와는 비교할만한 대조(對照)를 보이고 있다. 유로피언(European game)은 더블 레이아웃(double layout)이 많으므로 게임 테이블의 실무진행상 많은 딜러가 필요로 한다. 딜러는 여러 가지 임무가 있다. 우선 플레이어의 현금을 룰렛 칩스 체인지하여 각각의 플레이어가 서로 다른 컬러 칩스를 갖도록 한다. 이 룰렛 칩스는 무가(no intrinsic value)로서 룰렛 테이블 게임용도(用途)로 특별히 고안되어진 것이다. 통상적으로 레이아웃 위에 수많은 벳팅이 이루어지므로 플레이어에게 각각 다른 컬러의 칩스를 제공한다. 그 이유는 칩스컬러를 통하여 각 플레이어의 몫을 구분할 수 있으므로 게임을 원활하게 진행하기 위해서이다. 딜러는 휠(wheel) 회전의 반대방향으로 하얗고 작은 볼을 회전(spin)시키며, 그 볼은 휠 트랙(wheel track)안을 돌다가 휠 헤(cylinder)의 포켓 안으로 드롭(drop)되어 질것이다. 이 포켓 안 볼의 결정에 따라 위닝 넘버와 지불수단이 이루어진다. 위닝 넘버가 결정되어지면, 딜러는 먼저 루징 칩스(losing chips)를 테이크하고 위닝 벳에 대한 지불을 한다. 이 동작이 완료되면 플레이어는 배팅을 하고 앞전과 같이 볼을 스핀하는 등의 절차가 다시 시작된다. 룰렛테이블에는 언제나 테이블관리자(pit boss)가 룰렛게임을 왓칭(watching)하고 있다. 그는 룰렛 테이블 플레이를 감독하며 딜러와 플레이어 사이의 분쟁(disagree)이 있거나 혹은 손님 간에 충돌이 발생할 경우 그 이견(異見)을 중재 또는 조정한다. 그러나 모든 플레이어가 각각 다른 컬러의 칩스를 사용하므로 이러한 분쟁은 드물게 발생한다.

2. 룰렛 칩스(Roulette Chips)

이미 설명한바와 같이 다른 카지노 칩스와는 디자인이 다르게 고안(考案)되어져 있으며, 서로 다른 컬러를 갖고 있다. 또한 플레이어는 카지노 내부의 다른 게임 테이블에서 칩스를 사용할 수 없으며 이 칩스를 가지고 다른 테이블로 떠나는 것을 금지하고 있다. 플레이(play)를 종료하였을 때는 그 칩스를 딜 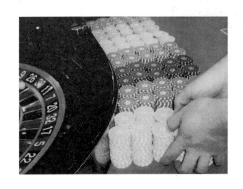 러에게 반환하고 머니 칩스(money chips)로 교환한 뒤 케이지 케쉬어(cage cashier)로부터 다시 현금으로 교환한다.

룰렛 테이블의 룰렛 칩스의 가치는 통상적으로 표준화되어 있다. 미국의 예를 들면 "인플레(inflation)"이전에는(104~254)(한국 : ₩500)가 표준가치였는데, 오늘날에는 $1.00(한국 : ₩2,000~2,500)이하는 찾아볼 수 없다. 플레이어가 딜러에게 $20짜리 지폐를 주었다면, 20개의 칩스를 받을 것이며 각 1개는 $1의 표준가치(standard value)를 지니게 된다는 것이다. 그러나 모든 게임자가 이 가치로 고정(固定)되어 있는 것은 아니다.

예를 들어, 손님(customer)이 $100짜리 화폐를 내면서 칩스 1개에 $5짜리 가치의 칩스가 되기를 요구한다면, 이 경우 휠의 가장자리(rim) 위에 컬러 칩스와 $5짜리 마커버튼(market button)을 올려놓으면, 그 20개의 칩스는 $100의 값어치인 것을 보여주는 것으로 딜러는 착오 없이 확실하게 만들어준다. 휠의 림(rim)위에 마커 칩스가 없다면 모든 사람은 표준가치 칩스로 게임하게 될 많은 플레이어를 수용하기 위함이며 또한 이들을 위하여 룰렛 테이블에는 충분한 좌석이 준비되어져 있다. 플레이어가 자신의 칩스 값어치(valuation)를 전환(convert)하는 것을 허용한다. 이는 플레이어가 많은 금액을 윈(win)하였다면 $1짜리 칩스를 다루기 힘들만큼 한 뭉큼씩(handful) 베팅하기보다는 오히려 $5짜리 컬러 칩스로 하는 편이 플레이하기 좋기 때문이다. 따라서 이런 경우 다른 컬러로, 플레이 하거나, 차례차례

순서대로 재가치(revalue)로 정리하여도 무방하다. 룰렛 딜러(roulette dealer)는 모든 게임자가 동등한 가치의 동등한 컬러로 게임하는 것을 허용하지 않는다. 이는 누구에게 지불될 것인지, 논쟁(論爭)을 불러일으킬 문제의 소지가 있기 때문이다. 따라서 구분할 수 없는 현금도 허용되지 않는다. 그러나 거대한 베팅(vast betting)이 있는 경우는 그 비거(bigger) 벳을 위하여 고액의 머니 칩스(regular chips)를 룰렛 칩스로 사용하는 경우도 있다. 딜러는 지불할 때 칩스가 진열(陳列)된 장소에서 칩스의 스텍(stack)을 컷팅(cutting)한다. 예를 들면 17개의 칩스를 지불할 경우 20개(1스텍)에서 3개를 떼어내고(taking away) 위너에게 건네주는 것을 말한다. 프렌치(French) 룰렛에서는 "레이크(rake)"라는 도구를 사용하여 테이크하거나 지불하며, 유럽식버전, 미국식버전 모두 다 레이아웃에 "마커(marker)"를 사용하여 위닝 넘버를 표시하며 루징 칩스(losing chips)를 먼저 콜렉트 한 후, 위닝 벳에 대해 지불하는 절차를 갖는다.

3. 미국의 휠(The American Wheel)

룰렛게임은 화려하게 고안된 대략 직경 3피트짜리 홈이 있는 용기 안에 1번부터 36번까지 그리고 플러스(plus) 0와 00의 번호가 새겨진 보울(bowl)이 있다. 둥근 모양의 휠 헤드(wheel head)에는 숫자가 매겨져 있는 포켓모양의 공간이 있으며 그 위에는 충격완화 역할을 해주는 부페 메달(buffet metal)이 수평과 수직으로 부착되어 있고 휠 헤드(wheel head)가 회전하는 반대방향으로 볼이 돌다가 속도가 줄어들면서 대개는 일정치 않는 방식(random manner)으로 포켓 속으로 떨어진다. 포켓 속으로 떨어진 넘버는 휠의 스핀에 대하여 루스(lose)가 어느 곳이고, 윈(win)이 어느 곳인지를 결정해주는 바로 그 넘버인 것이다. 각 포켓(pocket)은 이웃넘버(neighbours)와 메달디바이터(separators)에 의히여 분리되어서 있으나 볼의 속도가 천천히 느려져 어떤 번호에 들어갔을지라도 바운스 업(bounce up)되어 다른 포켓으로 들어갈 수 있다. 이는 관성(inertia)의 법칙에 의거 예기치 못한 일이 얼어날 수 있는바, 완전히 포켓 안에 실려(contains) 있을 때 그 스핀의 위닝 넘버가 되는 것이다. 휠 안에는 36개의 넘버가 있고 반은 블랙(black), 반은 레드

(red) 컬러로 되었으며, 여기에 0와 00의 엑스트라 넘버(extra number)가 있는데 이는 그린 컬러 (green color)로 되어 있다.

휠 안의 넘버 배열(disposition)은 순서대로 되어 있지 않고 0와 00로 양분된 것을 제외하고는 "Red"와 "black" 넘버 순으로 교대로 이어져 있다. 휠 안의 36개 넘버의 반은 홀수 , 반은 짝수, 그리고 반은 블랙, 반은 레드 컬러이며 반에 해당하는 1번부터 18번은 로우(low) 19번부터 36번은 하이(high)층으로 구분한다. 이는 우리가 쉽게 이해할 수 있는 Odd-even, Red-Black, High-Low 벳이라고 하며 지불은 이븐머니이다. 휠 안에 36개의 넘버만 있고 0와 00를 갖고 있지 않다면 카지노입장에서 베터(bettor)에게 단지 그것은 게임의 기회만 줄뿐 하우스가 손님에 대한 어떤 어드밴티지도 없을 것이다. 그러나 0와 00가 추가 되었기에 하우스는 5.26%의 어드밴티지를 갖게 된 것이다. 위 번호는 "하우스 넘버(house number)"라고 부른다. 왜냐하면 위에서 언급한 이븐머니 벳의 어떤 곳을 베팅하여도 하우스에 대하여 위닝 넘버이기 때문이다. 플레이어는 다른 넘버와 마찬가지로 0와 00에 벳팅할 수 있다. 그러나 그 곳에 있는 36개 넘버에 벳팅 하였다면 지불은 35 to 1이고 카지노에게 5.26%의 어드밴티지의 승률을 주는 뜻이다. 따라서 하우스는 어드밴티지를 가지므로 게임이 가능한 공정하게 플레이되기를 원한다. 그러므로 룰렛 휠은 기울어졌거나, 편차(deviation)가 없는 상황이 되도록 가능한 한 마찰이 적고 부드러운 휠을 사용하고 있다.

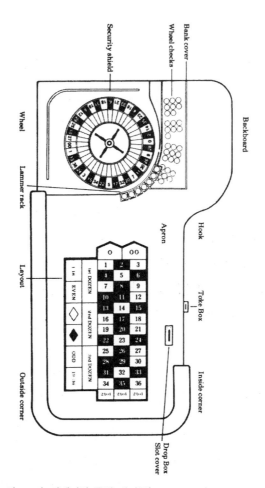

〈그림 Ⅲ-1〉 아메리칸 룰렛 테이블(American Roulette Table)

유럽형(프렌치 스타일) 룰렛

유로피언(European)카지노는 미합중에서 플레이 되어지는 룰렛게임과는 전반적으로 다르게 운영되고 있다. 1988년까지 프랑스(Frence)에서 허용되어진 룰렛게임은 "Frence Roulette"뿐이다. 유럽에는 현재 두 가지 종류의 룰렛으로 변화되어 왔다. 그러나 싱글제로이거나, 변화된 것이나 어떤 룰렛 휠이라도 둘 다 같은 지불조건을 가졌으며, 일반적으로 둘 다 플레이어는 같은 타입의 벳을 만들 수 있다는 것이다.

1. 프렌치 룰렛(French Roulette)

프렌치 룰렛은 유럽대륙에만 존재하는 게임으로 지중해의 연안, 프랑스남부 휴양지, 독일의 온천지에 이르는 수백년전부터 오늘날까지 똑같은 방법으로 진행되어왔다. 단지 달라진 것이 있다면 베팅할 때 사용하던 골드 코인(gold coin)이나 "Louis"를 대신하여 플라크나 플라스틱 칩스를 사용한다는 것이다. 피드로 도스토예프스키(Fydor Dostoyevsky)의 소설 "The Gambler"sms 독일의 갬블링 휴양지인 Baden, Homberg, Spa 등을 무대로 한 도박에 대하여 묘사한 저서이다. 이 소설에 의하면 커다란 금괴와 은괴가 룰렛 테이블에 있는 것으로 그 내용을 표현하였다. 프랑스의 룰렛게임 테이블은 미국의 테이블 게임보다 훨씬 크고 넓다. 레이아웃의 디자인이 다르며 또한 휠의 놓여진 위치는 미국의 게임 테이블과 같이 상단부분에 있지 않고 통상적으로 테이블의 안쪽에 자리 잡고 있다.(더블레이 아웃 사용) 테이블 근무 딜러는 벳을 인정하거나 수용(acception)하는 딜러는 미국식 버전 룰렛 게임에서 칩스를 사용하기 위해 칩스를 픽업하여 스텍을 만드는 오직 단순한 기능을 가진 칩스(chipper)나 먹커(mucker)를 지칭하지 않으며 이와 혼동을 해서는 안 된다. 이러한 양편의 딜러가 게임의 루징 칩스를 클리어(clear)시키는데 고안한 "Rotear"라고 불리우는 도구를 사용한다. "Reteat" 또는 "Rake"라고 불리우는 이 도구는 칩스를 끌어 모아 웨이저(wager)를 걷어 들인다는 뜻으로 이러한 장치를 사용하는 기능자체를 갬블링이라기 보다 예술이라고 자긍심을 갖고 있다고 한다. 프렌치 룰렛 딜러는 모든 다방면에 걸쳐 훈련 및 과정을 통하여 게임을 진행하도록 숙련되어지며, 예술의 경지에 이르도록 훈련되어진다고 한다. "Rateau"는 루징 칩스를 콜렉팅하는데 사용할 뿐만 아니라 위닝 벳의 지불수단의 도구로도 사용된다. 각 딜러는 어느 곳의 벳이 어떻게 되어지는지에 따라 진행과 절차의 순서에 임무와 책임이 이미 숙지되어 있다. 예를 들면 어떤 홀수 넘버가 윈(win)일 때는 한명의 딜러는 지불을 하고, 다른 딜러는 테이블의 루징 칩스(losing chips)를 클리어 시킬 것이며, 짝수 넘버가 윈(win)인 경우는 서로 역할을 바꾸는 등의 실무진행 요령에 대한 어떤 수칙이 있다는 것이다. "프렌치 룰렛(French Roulette)" 게임에서는 끝부분이 얇고 둥근 아메리칸 룰렛게임과는 다른 디자인의 칩스를 사용한다. 이 뜻은 스텍으로 만들기 어려운 "플라크(plaque)"와 "제튼(jetons)" 모두 프렌치 게임에서 고액(large amount)으로 사용되기 때문이다.

게임액션이 대단히 커서 분주한 상황이 되었을 때는 3rd 딜러가 게임진행에 더 투입된다. 이 딜러는 테이블의 아래쪽에 자리 잡을 것이며, "Bout de table"이라고 불리운다(프렌치어 그대로 아래쪽에 있다는 뜻) 이런 포지션(Position)은 항상 경력이 있는 연습생 딜러에 해당되며, 그 딜러는 손님을 위하여 프레싱 벳(Pressing bets)을 하는 것으로 그 업무가 한정되어 있다. 프렌치 룰렛게임(French roulette game)의 딜러는 모두 앉아서 딜링을 한다. 딜러는 "Croupiers"라고 불리우며 각 게임의 인스펙터는 "Chef"로 볼을 스핀하는 사람을 "Tourneur"로 불리운다. 프렌치 휠에만 "Tiers", "Voisin du Zero", 그리고 "Orphelin"이라는 세트 벳(Set bets)이 있다.

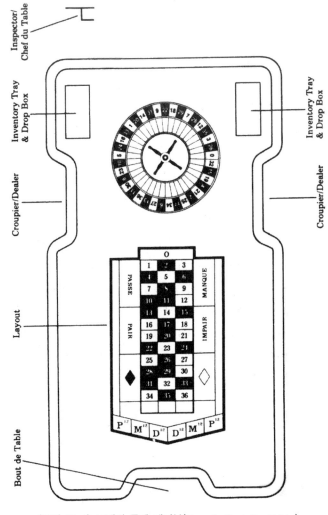

〈그림 Ⅳ-1〉 프렌치 룰렛 테이블(French Roulette Table)

　이렇게 프렌치 룰렛(French roulette)만이 가지고 있는 독특한 게임의 특색은 아메리칸 게임의 의하여 각색(脚色)되어졌다. 그 주된 이유는 미국식 게임이 대단히 빠르게 진행되기 때문이다. 또한 시간당 만들어지는 많은 판정은 원 포인트의 그로스(gross)는 넓힐 수 있다는 카지노의 기대와 예상 때문이다. 그러나 오늘날 약간의 문제가 있더라도 프렌치 룰렛은 많은 "벳 플레이스(bets place)"를 가지고 있고 윈 포인트(win point)도 같으며, 아직도 룰렛세계의 귀족으로서 그루피어(croupier)도 그들의 비즈니스에 철저한 직업정신을 함양하고 있다.

2. 유럽스타일의 미국식 룰렛
(American Roulette in European Style)

게임의 형태는 미국식 룰렛 레이아웃이 유럽의 영국에서 프린트된 싱글 제로 레이아웃(single zero layout)으로 게임할 수 있도록 고안된 룰렛 휠(roulette wheel)이 있다. 싱글제로만 있는 것을 제외하면 테이블과 휠은 미국에서 사용하고 있는 스타일과 사이즈가 같다. 이런 스타일의 룰렛도 대부분 전통적인 프렌치 게임에서 변형(變形)되어 유럽의 많은 카지노에 등장하였으며, 특히 영국의 런던(London)에 많이 보급되어 있다. 게임은 다소 변화의 차이가 있으나 미국의 정규 게임과 같은 패션(fashion)으로 진행된다.

이게임에서 주목할 만한 것은 일정한 타입의 콜벳(call-bet)이 허용된다는 것이다. 이것은 "Voisin" 혹은 "Neighbours"으로 알려진 벳이다. 이 웨이저는 〈그림 III 3~5〉의 휠 다이아그램(wheel diagram)에서 설명되어질 것이다. 콜벳이라 함은 플레이어가 직접 벳팅하지 않고 구두(verbal)로서 어떤 타입에 베팅한다고 의사표시를 하면 그것이 벳팅으로 인정되는 것이다. 이때 딜러는 플레이어에 의해 주문되어진 콜벳을 그 레이아웃위에 벳팅할 필요없이 룰렛 휠의 림(rim of roulette wheel)위에 콜링한 금액의 벳과 일치하는 마커를 대신 올려놓는다. 만약 "Tiers"에 해당하는 넘버가 나왔다면 5/8, 13/16, 23/24, 27/30, 33/36,의 스플릿에 일치하는 정확한 몫을 지불하는 것으로 간단히 계산할 수 있다.〈그림 III-5 참조〉

이와 같은 절차(節次)로 대부분의 콜벳이 이루어지며 다음과 같은 종류가 있다.

플레이어가 "네이보우 벳(neighbour bets)"이라고 콜링하였다면, 이는 어떤 넘버의 양쪽에 인접한 넘버를 커버하는 벳이라 할 수 있다. 예를 들면 플레이어가 "Zero and the neighbour five dollar each"라고 콜링하였다면 이 벳은 0-3-15-26-32의 5개 번호에 각각 5달러씩 베팅하였다는 뜻이며, 25불의 금액을 벳팅한다는 뜻도 된다. (휠안에 이 넘버 배열은 3-26-0-32-15의 순서로 되어 있음) 또한 어떤 플레이어가 칩스 3개를 딜러에게 던지면서 "Four and neighbour"라고 네이보우 벳을 요구하였다면 19-4-21번의 넘버를 커버하는 것이다. 이와같이 딜러는 해당되는 넘버위에 그 벳을 놓거나, 넘버 벳과 같은 금액이 일치하는 리머(lammer)를 휠의 림(rim)위에 올려놓는다. 그 메인 넘버(main number) 주위로 인접한 넘버가 새겨져 있다. 위닝 넘버가 확정되었을 때 딜러는 마커를 위닝 벳인지, 아닌지 서로 대조하여 입증해야 한다. 만약 그 마커가 위닝 넘버가 되었다면 딜러는 그 번호에 각각 5달러씩 놓여진 것으로 간주하여 지불(payout)해야 한다. 이는 빠르게 진행되는 게임과 프렌치 룰렛처럼 천천히 진행되는 게임을 비교하여 어느 것이 게임의 어드밴티지에 최적인지 단적으로 증명되어지는 것이다. 또 하나의 다른 벳(bet)은 아라비아숫자의 끝자리가 같은 숫자의 벳으로 "Finals"라고 한다. "Final Five"라고 하면 5-15-25-35가 될 것이며 여기에도 여러 가지 변화를 줄 수 있다. "Split Final 6/9"이라고 하면 6/9-16/19-26/29에 해당하는 스플릿 벳이 되는 것이며, "Split Final 1/4"는 1/4-11/14-21/24-31/34에 해당하는 스플릿 벳이 되는 것이다. 많은 하이-롤러(high-roller)에게 리미트(limit)가 높다는 것은 유럽이 제공하는 리미트가 미국에서 운영되는 게임보다 월등하게 높다는 것으로 유럽식버전과 미국식버전의 또 하나의 비교가 될 수 있다. 예를 들면 미국은 스트레이트 벳(straight bet)이 되었던 컴비네이션 벳(combination bets)이 되었던 똑같이 리미트 맥시멈(limit maximum)을 제공한다는 것이다. 가령 맥시멈이 100달러로 정해져 있다면 어떤 넘버에도 허용하는 최대한도 금

액으로 룰 벳팅 금액은 1,200달러를 초과할 수 없다는 것이다.

다시 설명하면, 100불 스트레이트업, 스플릿 4곳에 각 100불, 코너 4곳에 각 100불, 스트리트 100불, 식스넘버 2곳에 각 100불, 토탈 1,200불만 벳팅 할 수 있다는 것이다. 만약 이 벳이 위닝 넘버(winning number)가 되었다면 156배수로 15,600달러가 지불될 것이다.

영국의 어느 카지노에서 부유한 아랍인(Arab)을 상대로 다음과 같은 맥시멈(maximum)을 제공했을 때 일반적인 맥시멈을 제공한 미국과는 현저하게 대조됨을 볼 수 있다.

$100-straight, $200-각 split, $4,000-각 corner, $300-street, $600-각 six-number등을 벳팅할 수 있기에 이금액과 같은 방법으로 만약 "17번"에 맥시멈 벳팅을 하였다면, 벳팅허용 금액은 4,000불이 될 것이며, 이번호가 위닝 넘버가 되었다면 무려 40,400달러를 지불되어야 할 것이다. 웨이저(wager)로 사용하는 것을 허용하는 경우가 있다. 이런 경우 선택한 넘버위에 간단히 그 플라크(plaque)를 놓는다. 그 플라크의 단위가치는 어떤 웨이저였는가에 따라 결정될 것이며 실제로 플레이어가 넘버 "17번"에 만불짜리 플라크를 놓았다면 딜러는 그 넘버가 맥시멈 벳(maximum bets)만 인정하여 6,000불을 돌려주어야 한다.

룰렛 딜러(roulette dealer)는 서라운드 벳의 웨이저에 대하여 어떻게 지불하는지 그 절차와 요령을 훈련 받는다. 그 서라운드 벳(surround bets)은 볼(ball)이 넘버 속으로 들어갔을 때 딜러가 먼저 페이(pay)할 부분의 상황이 만들어져 있다면, 우선 눈으로 본 다음 손으로 체크하고 난후 오리지날 넘버 벳을 포함해서 지불모양을 만든 다음 1만불짜리 플라크를 테이크하면 된다. 이런 절차는 스페셜 벳(special bets)을 만들려는 인상을 주는 효과가 있는 것은 물론 게임진행속도가 빠르므로 카지노에 유리하다. 이런 타입의 플레이어가 영국런던의 멤버쉽 게이밍 클럽에서 하루 밤에 3~4백만 달러는 쉽게 부스(lose)한다고 한다. 프랑스(French)는 "앙프리종(enprison)"이라는 룰(rules)이 있어 게임자에게 이븐머니를 만들어 루스하지 않을 기회를 주고 있다. 또한 잉글랜드의 "라빠따즈(lapartage)"룰은 제로가 되었을 때 이븐머니 웨이저의 1/2을 자동적으로 게임자가 가져가는 방식이 있다. 벳(bet)이 앙프리종이 되면 그 칩스를 놓는 자리 즉 파티큘라 벳(particular bet) 지역이라인아래 놓여지게 되며 만약 제로가 다시 리피트(repeat)되면, 그 벳은 "더블 앙 프리종"이 되어 그 벳은 지역 아래쪽의 공간으로 옮겨지게 된다. 최근에는 여러 가지 획기적인 테이블 장비 및 운용방식이 유럽 룰렛 테이블에 등장(登場)하게 되었다. 하나는 "칩퍼 챔프(chipper champ)"라고 불리우는 기계로 가지각색의 무가 칩

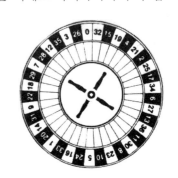

스를 선별하여 "Re-colored"시켜 달러에게 되돌려 주는 전자식 기계의 일종이며, 또 하나는 전자 디스 플레이 보도(electronic display board)를 세워 최종 20회의 위닝 넘버를 쇼윙시켜주는 것이다. 이는 휠(wheel)의 포켓 안에 장치가 있어 볼이 회전하다 위닝 넘버가 되면 감지(感知)하여 알아내도록 제작되어 있다.

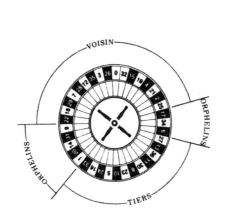

〈그림 Ⅳ-2〉 Voisin Bets(Neighbour Bets) & Others

●=Vosin Du Zero(Neighbours of Zero) − 9단위 벳으로 17개 넘버를 cover
○=Tiers Du Cylinder(Third of the Wheel) − 6단위 벳으로 12개 넘버를 cover
▶=Orphelins(Orphans) − 5단위 벳으로 8개 넘버를 cover
■=Neighbour Bets − 어떤 넘버의 양쪽으로 2개의 인접 넘버.
예를 들어 "보이진 0(Voisin zero)"하면 3-26-0-32-15를 말한다.
*=Final Bets − 끝자리 숫자가 같은 넘버. 예를 들면 5-15-25-35의 벳팅을 말한다.

				Single Zero Wheel				
12	35	3	26	**0**	32	15	19	4
5	24	16	33	**1**	20	14	31	9
15	19	4	21	**2**	25	17	34	6
7	28	12	35	**3**	26	0	32	15
0	32	15	19	**4**	21	2	25	17
30	8	23	10	**5**	24	16	33	1
2	25	17	34	**6**	27	13	36	11
9	22	18	29	**7**	28	12	35	3
13	36	11	30	**8**	23	10	5	24
1	20	14	31	**9**	22	18	29	7
11	30	8	23	**10**	5	24	16	33
6	27	13	36	**11**	30	8	23	10
18	29	7	28	**12**	35	3	26	0
17	34	6	27	**13**	36	11	30	8
16	33	1	20	**14**	31	9	22	18
3	26	0	32	**15**	19	4	21	2
23	10	5	24	**16**	33	1	20	14
4	21	2	25	**17**	34	6	27	13
14	31	9	22	**18**	29	7	28	12
26	0	32	15	**19**	4	21	2	25
24	16	33	1	**20**	14	31	9	22
32	15	19	4	**21**	2	25	17	34
20	14	31	9	**22**	18	29	7	28
36	11	30	8	**23**	10	5	24	16
8	23	10	5	**24**	16	33	1	20
19	4	21	2	**25**	17	34	6	27
28	12	35	3	**26**	0	32	15	19
25	17	34	6	**27**	13	36	11	30
22	18	29	7	**28**	12	35	3	26
31	9	22	18	**29**	7	28	12	35
27	13	36	11	**30**	8	23	10	5
33	1	20	14	**31**	9	22	18	29
35	3	26	0	**32**	15	19	4	21
10	5	24	16	**33**	1	20	14	31
21	2	25	17	**34**	6	27	13	36
29	7	28	12	**35**	3	26	0	32
34	6	27	13	**36**	11	30	8	23

〈표 IV-1〉 Table of Neighbours

Single/Double Zero Wheel								
30	26	9	28	**0**	2	14	35	23
29	25	10	27	**00**	1	13	36	24
25	10	27	00	**1**	13	36	24	3
26	9	28	0	**2**	14	35	23	4
1	13	36	24	**3**	5	34	22	5
2	14	35	23	**4**	16	33	21	6
3	15	34	22	**5**	17	32	20	7
4	16	33	21	**6**	18	31	19	8
5	17	32	20	**7**	11	30	26	9
6	18	31	19	**8**	12	29	25	10
7	11	30	26	**9**	28	0	2	14
8	12	29	25	**10**	27	00	1	13
17	32	20	7	**11**	30	26	9	28
18	31	19	8	**12**	29	25	10	27
10	27	00	1	**13**	36	24	3	15
9	28	0	2	**14**	35	23	4	16
13	36	24	3	**15**	34	22	5	17
14	35	23	4	**16**	33	21	6	18
15	34	22	5	**17**	32	20	7	11
16	33	21	6	**18**	31	19	8	12
21	6	18	31	**19**	8	12	29	25
22	5	17	32	**20**	7	11	30	26
23	4	16	33	**21**	6	18	31	19
24	3	15	34	**22**	5	17	32	20
0	2	14	35	**23**	4	16	33	21
00	1	13	36	**24**	3	15	34	22
19	8	12	29	**25**	10	27	00	1
20	7	11	30	**26**	9	28	0	2
12	29	25	10	**27**	00	1	13	36
11	30	26	9	**28**	0	2	14	35
31	19	8	12	**29**	25	10	27	00
32	20	7	11	**30**	26	9	28	0
33	21	6	18	**31**	19	8	12	29
34	22	5	17	**32**	20	7	11	30
35	23	4	16	**33**	21	6	18	31
36	24	3	15	**34**	22	5	17	32
28	0	2	14	**35**	23	4	16	33
27	00	1	13	**36**	24	3	15	34

〈그림 Ⅳ-3〉　　　　　　　　　　〈표 Ⅳ-2〉

룰렛 휠의 연구

갬블링도 일정한 형식 안에서 이루어지는 확률게임으로 고대로부터 그 시스템을 깨보려고 그리스(Greeks)인이나 로마인(Romans)에 의해 광범위하게 시도하였던 흔적을 찾아 볼 수 있다. 중세기에 갈릴레오(Galileo)나 파스칼(Pascal)은 주사위의 롤링(rolling) 수치로 확률(確率)을 연구한바 있다. 이와 같이 대부분의 갬블링은 초기에 수학자에 의하여 이론이 연구되어졌으나, 현재는 일정치 않은 확률과 챤스 문제에 빠르게 답을 주는 컴퓨터를 사용한다. 룰렛 휠의 승산이 깨여질 수 있다고 오랫동안 믿어 왔기에 수세기동안 많은 시스템을 연구하고 시도하였다. 여기에서 주지(主旨)할만한 사실은 다른 어떤 게임보다 룰렛 휠의 승산(勝算)을 깨려는 많은 시스템이 개발되었다는 것이다. 외적인 속임수가 있거나, 순수하게 행운에 의지하였거나, 룰렛게임에 도전(挑戰)하는 방식은 세 가지로 요약하여 분류할 수 있다.

① 수학적인 시스템(mathematical systems)
② 일정하게 한편으로 휠의 기울어지지는 현상(biased wheel by clocking)
③ 관찰력에 의한 예측(prediction by observation)

룰렛 휠의 House Favor

싱글제로 휠의 하우스 페이버 퍼센티시는 2.7%이며 더블 제로 휠은 5.26%이다. 이것은 "앙프리종" 또는 "라빠따스" 룰을 이븐 머니 벳(even money bets)에 적용한 결과를 제외한 것이다. 그러나 위 룰이 적용된다면 House Favor Percentage는 싱글 제로 휠에서는 1.35%, 더블 제로 휠에서는 2.63%로 떨어진다. 또한 5넘버 벳의 하우스 퍼센티지는 7.89%

이다. 1960년경에 새로운 갬블링 법안이 통과되었을 때 이러한 하우스 퍼센티지 규정을 예외로 하는 법안이 런던(London)에서 찾아 볼 수 있을 것이다. 하우스에 수학적 어드밴티지(mathematical advantage)를 금지하는 법으로, 법정(courts)은 룰렛 휠을 하우스를 위해 싱글 또는 더블 제로를 가질 수 없다고 규정하였다. 수개월동안 카지노들은 윈 퍼센티지(win percentage)를 그들의 행운(luck)에 의존하여 왔고, 제로가 위닝 되었을 때 카지노는 위너에게 프라스틱 토큰을 캐쉬하지 않는 건강한 사교 모임으로 "Gentleman"이 되는 플레이어가 되어주기를 바랬을 뿐이었을 것이다. 이런 요행이 없다는 것은 수혜자가 되는 것이다. 법은 결국에 바뀌어졌고, 하우스에 대해 싱글 제로는 "La Partage"룰이 카지노에 적용할 수 있도록 영국에서 법안이 통과되어 승인되었다.

1. 수학적 시스템(Mathematical System)

어떤 수학적 시스템을 만드는데 주저하게 하는 장애(障碍)는 하우스가 정한 벳 리미트(house bet limit)이다 수세기동안 카지노에 의해 준비된, 시대에 뒤지는 벳팅 리미트를 사용하여 왔다. 그리고 돌발적으로 만들어지는 과대한 벳(excessive bets)에 대항하여 보호하는데 사용하였고, 동시에 최후에 성공을 노리는 누진적 베팅 시스템(progressive betting system)을 예방하는데 사용하였다. 대표적인 리미트는 미니멈 5불이다. 맥시멈으로는 스트레이트 업 100불, 이븐머니 1,000불, 2 to 1 벳은 500불이 통상적이다. 이 뜻은 첫 번째 미니멈 벳이 이븐머니 챤스가 이루어진 후 플레이어는 하우스 리미트를 "히팅"하기 전에 7번을 더블 업(double up)할 수 있다는 의미도 된다. 따라서 고액(high stakes)으로 게임을 할 때는, 하우스가 리미트를 5번 정도 더블 업이 가능하도록 고려해야 하는 것이다. 중요한 거래는 승산과 챤스를 조건으로 한다고 문헌에 언급하였다. 하나의 승부가 일어날 가능성(likelihood)이 있을 때 50%보다 크다는 이해력을 간단하게 기술(記述)하면, 그것은 "승산(Odds on)" 챤스 또는 "확률(probability)"이라고 불리우고, 하나의 승부가 일어날 가능성에 50%보다 적은 경우는 "승산희박(Odds-against)" 챤스 또는 "가능성(probability)"으로 언급된다. 한 승부가 일어날 가능성이 있거나, 또는 일어나지 않은 경우는 호각지세(equal)로 "이븐 머니 챤스(even money chance)"로 알려 졌다. 매일매일 사용하는 것이 녹색불로 진행되었다고 이야기 할 수 있다면, 여러 분은 아마도 그 불이 빨간색이었을 때는 사고를 갖게 될 것이다. 거기에는 재해를 당할 수 있다는 가능성이 포함되었기 때문이다. 만약 그 불(light)이 황색이었다면, 사고를 당하는 것이 50 대 50의 챤스를 가졌다고 할 것이다. 다음은 지난 수백년 동안 변화를 성공하려고, 노력하여왔던 여러 가지 시스템의 복합적(複合的)구성이다.

1) D'Alembert / Pyramid system

모든 시스템은 "더블링 업(doubling up)" 또는 "기회의 완성(maturity of chances)" 을 포함한 "D'Alembert" 시스템이라는 명칭으로 집약되어왔다. 이것은 현실의 관 점에서 잘못된 명칭으로 18세기 수학자들이 첫 번째로 지적한바 있으며, 그러한 이 유로 오용된 "균형의 법(law of equlibrium)"으로서 [이것은 지루하게 긴 시리즈 (series)안에 일어나는 균형의 법이지, 사람의 마음과 시간에 의해 제한되어져 나 타나는 기억을 요약한 것은 아니다]라고 "Traite de dynamique" 저널에 이렇게 논 평하였다. 이 시스템에서 게임자는 각 루징(losing) 스핀 후에 싱글단위로 그의 벳 을 추가시키고, 위닝 후에는 그의 벳을 싱글단위로 그의 벳을 감소(減少)시키는 것 이다. 이 뜻은 만약 레드 컬러에 5불을 벳팅하였는데 블랙이 이겼다면 다음의 그의 벳은 6불이 되는 것이고, 만약 레드 컬러가 이겼다면 그의 다음 벳은 4불이 된다는 것이다. 이 시스템은 플레어에게 그의 머니(money)에 대하여 오랫동안 유지하도록 할 것이며, 이 시스템의 예를 들면 다음과 같다.

(1) 사례 : (A)시리즈

Bet($) :	5	4	5	4	5	6	5	4	5	6	7	6
Result($) :	W	L	W	L	L	W	W	L	L	L	W	W

이 시리즈에서 플레이어는 6번 윈(win)하고 6번 루스(lose)하였다.

$$그\ 결과\ =\ 윈(win)\qquad \$34$$
$$\underline{루스(loses)\qquad \$28}$$
$$프로핏(profit)\quad \$\ 6$$

게임자는 6불을 이겼으나 그만두어도 좋고 5불짜리 벳 시스템을 유지하여 계속하는 것도 무방하다.

(2) 사례 : (B)시리즈

Bet($) :   5   4   5   4   5   6   5   4   5   6   7   6
Result($) : W   L   W   L   L   W   W   L   L   L   W   L

이 시리즈에서 플레이어는 5번 윈(win)하고 7번을 루스(lose)하였다.

$$그\ 결과\ =\ 윈(win)\qquad \$28$$
$$\underline{루스(loses)\qquad \$34}$$
$$프로핏(profit)\quad \$\ 6$$

게임자는 6불을 로스(lose)하였으므로 7불 벳 시스템을 계속 유지해야 한다.

만약 플레이어가 포인트에서 그만둔다면 그는 이 시리즈에서 6불이 다운 될 것이고 A+B의 시리즈를 결합하면 이븐(even)이 될 것이다. 만약 플레이어가 7불 벳으로 윈하였다면, 이 시리즈에서 1불이 업(up)된 것이고, A+B의 시리즈도 7불로 업(up)되어 결합되어 질것이다.

만약 플레이어가 7불 벳으로 루스(lose)하였다면, 그는 13불을 이시리즈에서 다운하였고 A+B의 결합된 시리즈에서는 7불이 다운 될 것이다.

2) 마팅겔 시스템(Martingale System) - 로스 후에 더블링 업

17세기 처음 등장한 이 시스템은 윌리엄 닥커리(William Thackeray)의 "Pendennis"에 갬블링 캐릭터(character)로 사용한 결과로 널리 알려져 있다. 이 시스템의 명칭은 아마도 말의 복대와 말머리에 부착한 가죽끈에서 유래된 용어로, 말이 흥분되었을 때나, 재난을 피하려할 때 말머리를 세우려고 가죽끈을 잡아 예방하듯이 이 시스템을 갬블러가 커다란 루징(losing)을 견제하자는데 의미가 있을 것이라 가정해 본다. 더블링-업 또는 프로그레션 벳의 시스템 실체는 이븐머니에 있다. 그 시스템의 전제(前提)를 실패에 의지하여 결과가 유사한 결정으로 연속적인 이븐 챤스일 때 그 승산은 다음 타입결과와 비교하여 이익이 있다. 이것은 또한 "기회의 완성(maturity of chance)"으로 알려져 있다. 마팅겔 시스템(Martingale System)의 전형적인 벳팅 방법은 하나의 이븐머니 벳에 하나의 유니트 벳으로 정리하는 것이다. 레드 컬러에 벳팅하고 그것을 루스(lose)하였다면, 그 벳의 윈(win)할 때까지 연속적으로 더블시키는 것이다. 이것은 한 단위로 윈(win)을 보장받겠다는 것이다. 한번 단위에 윈(win)하는 게임자는 최종적으로 리미트(limit)가 없지만, 그러나 하우스에 의해 리미트가 설정된 것이고, 점진적으로 캐쉬지출을 늘리며, 게임자의 자금을 커다란 벳으로 한정시키는 것은 의심할 여지가 없다. 룰렛 휠에서 이 시스템을 사용한 결과의 시리즈 가능성은 다음과 같다.

(1) 사례 : (A)시리즈

Bet($) :	5	5	10	20	5	5	10	5	5	10	20	40	80	5
Result($) :	W	L	L	W	W	L	W	W	W	L	L	L	W	L

이 시리즈에서 게임자는 7번 윈(win)하고, 7번 루스(lose)하였다.

$$그\ 결과 = \begin{array}{lr} 윈(win) & \$130 \\ 루스(loses) & \$95 \\ \hline 프로핏(profit) & \$35 \end{array}$$

게임자는 5불 벳으로 시스템을 유지히여 계속 게임하는 것이 유리하다.

(2) 사례 : (B)시리즈

Bet($) :   10   5   10   20   5   5   10   5   5   10   20   40   80   160

Result($) : W   L   L   W   W   L   W   W   W   L   L   L   L   L

이 시리즈에서 게임자는 6번 원(win)하고, 8번 루스(lose)하였다.

그 결과 = 원(win) $55
루스(loses) $330
프로핏(profit) $275

게임자는 275불을 잃었으므로 320불 벳으로 시스템을 유지해야만 한다. 대부분의 카지노의 리미트는 미니멈 5불에서 맥시멈 벳 500불이다. 그러므로 게임자가 다음 벳을 루스(lose)하였다면 더 이상 더블 업 (double up)을 할 수 없다. 만약 게임자가 320불 벳을 (win)하였다면, 이 시리즈에 45불을 업(up)되어졌고, 결합되어진 시리즈(series)로는 80불이 업(up)되는 것이다. 만약 게임자가 320불 벳을 루스하였다면, 그는 이 시리즈에서 595불이 다운될 것이며 결합되어진 시리즈로는 560불이 다운될 것이다.

3) 그레이트 마팅겔 시스템(Great Martingale System)
– 로스 후에 더블링업+유니트원

이것은 마팅겔 시스템과 같은 것으로, 이전의 루징벳(losing bets)을 더블로 하고, 여기에 유니트원(unit one)을 더 추가하는 시스템으로 그 사례는 다음과 같이 보여준다.

(1) 사례 : (A)시리즈

Bet($) :   5   5   5   15   35   5   5   15   35   75

Result($) : W   W   L   L   W   W   L   L   L   W

이 시리즈에서 게임자는 5번 원(win)하고 5번 루스(lose)하였다.

$$\text{그 결과 = 윈(win)} \quad \$125$$

루스(loses)	$75
프로핏(profit)	$50

게임자는 50불을 윈(win)하는 것으로 그만 두거나 또는 5불벳으로 그 게임의 시스템을 계속 유지할 수 있다.

(2) 사례 : (B)시리즈

Bet($) :   5   5   5   15   35   5   5   15   35   75

Result($) :   W   W   L   L   W   W   L   L   L   L

이 시리즈에서 게임자는 4번 윈(win)하고 6번 루스(lose)하였다.

$$\text{그 결과 = 윈(win)} \quad \$50$$

루스(loses)	$150
프로핏(profit)	$100

게임자는 100불을 로스트(lost)되었고, 이제 155불 벳으로 시스템을 계속 유지하여야 하며 만약 게임자가 이 시점에서 그만 둔다면 결합된 시리즈 A+B, 50불이 다운(down)될 것이다. 만약 게임자가 155불벳을 윈(win)하였다면 이 시리즈에서 55불이 업(up)될 것이며, 결합된 시리즈(combined series) A+B는 105불이 업(up)되는 것이다. 만약 155불을 루스하였다면 이 시리즈에서 255불이 다운(down)되는 것이고 컴바인 시리즈 A+B는 205불이 될 것이다.

4) 마팅겔 역행 시스템(Reverse Martingale) − 윈과 함께 더블링 업

이 방법은 플레이어가 각 타임에 그가 윈(win)한 몫을 그대로 벳팅하여 더블(double)을 만드는 것이다. 이것은 위닝한 장소에서 오리지날 벳(original bet)을 그대로 놓아두는 것으로 이루어지는 것이다. 게임자는 장기연승(winning streak)

을 희망하여 미리 결정한 포인트로 위닝의 모
든 것을 이동할 것이다. 이 시스템은 로스
(loss)한 오리지날 벳만 허용하는 것이다. 그
것은 로스(loss)후에 더블링 업하는 것 같은
희생이 큰 것은 아니다. 그러나 연승의 시리
즈(series of winning streaks)가 없다면 게
임자의 부담은 높아질 것이다.

5) Cancellation / Laboucher System

넘버의 목록을 기록해 놓은 시스템으로 예를 들면 1 ,3, 2, 1, 2 등의 넘버의 리
스트를 가지고 벳팅하는 시스템이다. 이 리스트는 어떤 시리즈와 어떤 크기를 만들
수 있다. 시스템은 통상적으로 레드 또는 블랙 같은 이븐머니 벳에 적용되며 그 처
음 벳은 리스트상에 첫 번째 와 마지막 벳의 합계이며 이 경우 1+2=3이 된다. 만
약 그 벳이 윈(win)하였다면(1),3,2,(2)되도록 ( )안의 두 넘버는 리스트로부터 삭
제한다. 그리고 다음 벳은 남아 있는 넘버의 첫 번째와 마지막 넘버의 합산이 되는
것이다. 이 경우 3+1=4로서 다음 벳이 된다. 만약 그 벳이 루스(lose)하였다면 벳
의 루징 금액을 그 리스트의 끝에 추가시킨다. 이 경우 3,2,1에 4가 추가되어
3,1,2,4가 되어지며 다음 벳은 유니트 7이 될 것이다. 이 시스템의 마지막 결과는
넘버의 모든 것에서 빼는 것으로 그 리스트가 길거나, 짧거나 상관이 없이 게임자
가 스타트하여 그 넘버 시리즈의 총계가 위닝으로 끝내는 1, 3, 2, 1 ,2=유니트9
가 되는 경우도 있다. 남아 있는 싱글 넘버의 경우는 3과 같이 넘버가 곧 벳이다.
만약 그 벳을 하였다면 3을 추가하여 3, 3 으로 만들고 , 다음 벳은 6이 되는 것이
다, 만약에 3이 이겼다면 그 시리즈는 이기는 것으로 게임자는 넘버 시리즈의 총계
에 충분한 이익을 가졌을 것이다.

다음의 시스템 사례를 살펴보면 3, 3에서 삭제되어 졌으며 게임자는 9유니트로
윈(win)하였으며 오리지날 시리즈 총계도 1, 3, 3 ,3, 1=9가 된다. 이에 캔슬레이
션(cancellation) 벳의 다음 시리즈 안에는 주지해야 할 여러 가지 점수가 있다. 플

레이어 어느 포인트+8유니트라는 것은 대부분에 9유니트 윈(win)이 되기를 오로지 기대하는 것처럼 8유니트의 이익으로 이 포인트에서 중지하는 것은 잘한 편이다. 이 시스템에서 루징 벳의 넘버가 위닝 벳의 넘버를 초과할 수 있다고 보여질 수 있다면 게임자는 그대로 9유니트의 이익으로 윈(win)할 것이다. 이 시스템과 함께하는 문제는 게임자가 윈(win)할 수 있는 남아 있는 일정한 금액에 반하여 하우스 리미트에는 커다란 잠재적 손실금이 있다는 것이다.

〈도표 V-1〉 Cancellation System 사례

Player Number	Bet	Result	Running Profit/Loss
1, 3, 2, 2, 1	2	L	−2
1, 3, 2, 2, 1, 2	3	W	+1
3, 2, 2, 1	4	L	−3
3, 2, 2, 1, 4	7	L	−10
3, 2, 2, 2, 1, 4, 7	10	W	even
2, 2, 1, 4	6	W	+6
2, 1	3	L	+3
2, 1, 3	5	W	+8
1	1	L	+7
1, 1	2	L	+5
1, 1, 2	3	L	+2
1, 1, 2, 3	4	L	−2
1, 1, 2, 3, 4	5	L	−7
1, 1, 2, 3, 4, 5	6	W	−1
1, 2, 3, 4	5	L	−6
1, 2, 3, 4, 5	6	W	even
2, 3, 4	6	W	+6
3	3	L	+3
3, 3	6	W	+9

룰렛 게임(roulette game)에서 가장 성공적인 시스템은 위닝 벳 후에 위닝금액을 추가시키는 방식으로 리스트 넘버에 첫 번째와 마지막 넘버가 루징 벳(losing bet)이 된 후에 삭제하는 역기능 캔슬레이션(reverse cancellation)으로 알려진 "Labouchere"방법의 변동이다. 이는 루스(lose)에 대해 여유를 가진 금액을 준비할 수 있는 한, 좋은 자금(money) 관리 시스템이다 플레이어가 루스 할 수 있는 최대의 금액은 그의 오리지날 넘버시리즈의 총계이다. 위닝금액은 각 벳의 결과에 의한 기대와 하우스 리미트로 제한되어지는 것은 아니다. 이러한 역기능 시스템 안에 플

레이어는 위닝하고 있는 만큼의 리미트를 준비하는 것으로 중지하거나 또는 위닝을 유지하기 위해 하우스가 제한하는 "리미트(limit)"까지 게임을 진행할 수 있다. 〈도표 V-2참조〉

〈도표 V-2〉 Reverse Cancellation System 사례

Player Number	Bet	Result	Running Profit/Loss
1, 3 ,2, 2, 1	2	W	+2
1, 3, 2, 2, 1, 2	3	W	+5
1, 3, 2, 2, 1, 2, 3	4	L	+1
3, 2, 2, 1, 2	5	W	+6
3, 2, 2, 1, 2, 5	8	W	+14
3, 2, 2, 1, 2, 5, 8	11	L	+3
3, 2, 1, 2, 5	7	L	-4
2, 1, 2	4	L	-8
1	1	W	-7
1, 1	2	W	-5
1, 1, 2	3	L	-8
1	1	L	-9

시스템에는 연속적으로 일어나는 위닝(winning)과 루징(losing)에 의해 많은 변화(variation)가 연출된다. 윈(win)하는 순서에는 역(逆)으로 시리즈의 결함과 루징(loseing)보다 위닝 벳을 가지려고 할 필요가 있는 것이 아니다. 위의 사례를 보면 게임자는 잠재력 손실의 4% 넘게 이익이 있는 +14에서 중지하여야 할 것이다. 이러한 시스템으로 게임자는 그의 위닝 뱅크(winning bank) 점수에 언젠가는 도달할 수 있을 것이며, 하우스는 이 시스템에 대항하는 게임을 진행하여야 할 것이다. 결국 게임자가 루스(lose)할 수 있는 맥시멈은 그의 오리지날 넘버의 총액이다.

6) 큐반시스템(Cuban System)

이 시스템은 1959년에 발행된 "보헤미아(Bohemia)"라고 불리우는 큐반 매거진에 기사가 게재된 이래 시스템의 명칭(名稱)이 주어진 것 같다. 이 시스템의 이론적 배경을 보면 3rd 칼럼(column)안에는 레드 컬러 더 많다는 것(블랙4에 레드8)과 3rd 칼럼은 2 to 1 벳이라는 것이다. 이에 이븐머니 블랙을 예측할 수 있다면, 게임자에게는 하우스 대비 수학적인 어드밴티지가 있다는 것이다. 만약 3rd 칼럼이 윈(win)이라면 "원 유니트(one unit)"의 이윤으로 2 to 1의 지불을 받을 것이며, 만약 3rd 칼럼이 루스(lose)라면 챤스가 보다 큰 블랙넘버로 윈(win)할 수도 있다. 왜냐하면 1st 칼럼과 2nd 칼럼은 토탈 14개의 블랙넘버와 10개의 레드넘버로 구성되었기 때문이다. 1960년경까지 이 시스템은 남미(South American), 몬테칼로(Monte Carlo)에서 대단히 대중적으로 성행하였다 할지라도, 그 시스템에는 하우스 퍼센티지가 그대로 남아있는 것이 명백하게 되어있는바, 이 시스템은 다른 모든 실패한 시스템과 함께 역사 속으로 사라지게 되었다.

7) Biarritz System(Sleeping Number)

이 시스템은 확실한 넘버에 주어진 기회, 즉 스핀의 넘버에 대해 나타나진 않았더라도 커다란 챤스가 연속되는 스핀(successive spin)에 나타날 것이라는 신념으로 운영하는 시스템이다. 이 시스템을 사용하는 게임자는 첫 번째로 벳팅없이 휠(wheel)을 관찰하여, "싱글 제로 휠"에서는 111번의 스핀을 그리고 "더블 제로 휠"

에서는 114번의 스핀에 대한 포켓속의 위닝 넘버가 3회 이상되는 것을 기록한다. 그리고 나서 35번의 결과에 대하여 스트레이트 업(straight up) 넘버 벳과 가장 적게 나타난 넘버의 시각(視覺) 총계를 계산한다. 만약 넘버에 한번을 윈(win)하였다면, 게임자는 적어도 원 유니트(one unit)가 업(up)될 것이며, 2번을 윈(win) 하였다면, 그는 적어도 36 유니트(unit)가 업(up)되는 것이다. 게임자가 넘버가 자주 나오지 않는 곳에 자신의 벳을 선택하는 것은 이전의 스핀(spin)에서 가장 낮게 등급(rank)이 매겨진 곳이 어느 넘버보다 결과가 나올 수 있다는 기대치 때문일 것이다. 만약 다른 넘버보다 자주 나타나지 않는 어느 넘버(sleeping number)가 있다

는 것이 명백하다면, 그때는 더 자주 나타날 수 있는 넘버가 어느 곳에 있음이 틀림없다. 한편 이 문제는 일정하게 한편으로 기울진 휠(biased wheel by clocking)에 의해 원인이 제공되기도 한다.

8) 제임스 본드 시스템의 변형(Modified James Bond System)

이 시스템은 우선 게임하기 전에 "앙프리종(enprison)" 또는 "라빠따즈(lapartage)" 룰이 효과적인지를 하우스를 상대로 체크한다. 미국의 대부분의 카지노는 싱글 제로 휠 게임자들에게 이 어드밴티지를 제공하지 않는다. 네바다(Nevada)주에서만 두 가지 룰(rule)을 드물게 제공하기도 한다. 이 벳(bet)은 아마 영화 "Casino Royal"에서 제임스 본드(James Bond)가 룰렛게임을 하는 장면이 상영된 후 전래된 벳의 시스템과 같다. 본드가 좋아하는 벳팅방식은 1st와 2nd 다즌(dozen) 각 섹션(section)에 십만 프랑씩 웨이저링하여 넘버 1번~24번을 커버(cover)하는 방식이다. 이 벳의 어드밴티지는 2.76%이고 만약 제로(zero)가 위닝 넘버(winning number)라면, 본드는 그의 머니(money)를 모두 잃어버리게 될 것이다. 만약 본드가 십오만 프랑을 로우 넘버 벳인 1-18에 벳팅하고 오만 프랑은 19~24번까지 커

버하는 식스 넘버 벳(six number bet)을 한다면, 이는 본드의 오리지날 벳과 같은 넘버가 커버되어진다. 그러나 하우스 어드밴티지는 1.35%로 감소시키는 효과가 있다. 왜냐하면 만약에 제로가 위닝 넘버라면 십오만 프랑의 로우 넘버 벳은 "앙프리종"남아 있을 것이며 본드는 다음 스핀에 로우 넘버가 윈(win)한다면 십오만 프랑을 모두 가져가기 때문이다. 이 벳

의 변형 버전(modified version)으로 벳팅하여 본다면, 로우 넘버에 14유니트(unit)를 놓고, 19~24번의 식스넘버위에 5유니트를 놓으며, 그리고 제로 넘버위에 싱글 유니트를 놓는 것이다.

만약 제로(zero)가 윈(win)하였다면, 게임자는 오리지날 싱글유니트를 포함하여 36유니트 받게 될 것이며 "앙프리종" 옵션(option)으로 넥스트 스핀(next spin)때까지 로우 넘버 벳은 남아있거나, 또는 "라빠따즈"룰이 적용된다면, 로우 넘버 벳의 웨이저 1/2을 보유하게 된다. 이 벳에 가능한 결과를 유추(類推)하여 요약하면 다음과 같다.

설정금액 : 1unit 당 $1.00로 간주
① Low Number Bet — 14unit — $14
② Six Number Bet — 5unit — $5
③ Single Zero Bet — 1unit — $1

• **사례A** : 만약 1번부터 18번의 어떤 넘버가 윈(win)하였다면

　① Low Number Bet — 14unit $14
　② Six Number Bet　　　　　—
　5unit　　　　　　　　　　$ 5
　③ Single Zero Bet — 1unit　$ 1
　　　　　　Result— Profit $ 8

• 사례B : 만약 19번부터 24번까지 식스넘버 벳에 윈(win)하였다면

  ① Low Number Bet ─ 14unit $14
  ② Six Number Bet   ─
  5unit $25
  ③ Single Zero Bet ─ 1unit $ 1
      Result─ Profit $10

• 사례C : 만약 제로(zero)가 윈(win)하였다면 제로 벳에 $35을 받고, 식스 넘버 벳에는 $5을 루스(lose)하게 된다. 그러나 "앙프리종"룰의 영향에 있다면, 다음 스핀(spin)때까지 로우 넘버 벳의 $14는 그 자리에 남아있어야 하고, "라빠따즈"가 적용될 경우에는 $14의 절반인 $7을 돌려받을 것이다. "라빠따즈"는 게임자에게 최소한 $23의 위닝금액을 줄 수 있고, "앙프리종"룰이 위닝할 수 있는 금액은 최소$16에서 최대$30까지 가능성이 있다.

• 사례D : 만약 25번에서 36번의 어떤 넘버가 위닝 넘버(winning number)하였다면, $20모두 로스(loss)하게 된다.

만약 James Bond가 이 시스템으로 게임하는 것을 가정했을 때 제로(zero)가 위닝하였다면 35,000프랑을 이겼을 것이고, 로우 넘버상의 벳팅금액 140,000프랑은 "앙프리종"으로 다음 스핀 때까지 남아있을 것이다. 25번부터36번상의 토탈 손실을 예외로 한다면 보드는 최소한 십오만 프랑에서 최대 삼십오만 프랑의 이익을 가질 수 있을 것이다. 본드가 게임한 방법에 만약 제로가 스핀되었다면, 그의 벳팅금액은 전부 없어지게 될 것이다.

9) 파이브 넘버 벳 및 위닝 넘버에 더블링
(Five Number Bet & Doubling ─up a Winning Number)

(1) Five Number Bet

0-00-1-2-3의 넘버를 커버하는 컴비네이션(combination)을 허용하는 "5넘버 벳"을 기피하는 시스템이다. 이것은 "샥커(Sucker)"벳이라고 생각되며, 모든 다른 룰렛의 섹션 어드밴티지 퍼센트(house advantage percentage)를 가지고 있다.

(2) Doubling-up a Winning Number.

게임자가 윈(win)하여 35배로 지불받았을 때 같은 넘버에 위닝 금액 전부를 그대로 놓아두는 것은 구미가 당길만한 (tempting)사안이다. 실제로 영화에서 "Sean Connery(제임스 본드역)"가 몬테 칼로 카지노(Monte Carlo Casino)의 룰렛테이블에서 세 번을 연속적으로 넘버 17번에 리피트(repeat)되는 장면이 있다. 이 장면에서 그는 3만불을 위닝하는 내용이지만, 이러한 장면이 일어날 수 있는 확률은 46,656분의 1이다. 현재까지 한 넘버의 "리피트 (repeat)"에 대한 기록은 1959년 7월 9일 푸에르토 리코의 "Elsan Juan" 호텔카지노에서 발생했던 일로 넘버 10번이 6회 연속으로 위닝하였던 사건이다. 이 사건의 승산(odds)은 같은 넘버가 한 번에 일어난 후 5번 리피트 된 확률이므로 (1/38)/5를 곱하는 공식으로 승산은 79,235,167분의 1이 된다.

2. 기울어진 휠의 관찰(Biased Wheel by Clocking)

룰렛 휠(roulette wheel)은 기계적인 구조로 되었기 때문에 사람에 의해 운용되어지고, 오랜 사용에 견디거나 마모(tear)에서 벗어나지 못하기 때문에 각 스핀의 결과가 오차없이 완벽하지 못한 부분이 있는 것은 사실이다. 신뢰할 수 있는 휠(wheel)들도 휠의 특별한 섹션에 대해 기울어진(bias)의 현상을 보여줄 수도 있다. 이 "바이어스(bias)"현상은 단독 또는 복합적인 구조적결함(缺陷)에 의해 원인이 될 수 있다. 이 뜻은 일정하나 그룹의 넘버가 자주 위닝을 가진다는 것이다. 어떤 특별한 바이어스가 있는 휠을 발견하는 순서를 정리하면 게임자 또는 관찰자(observer)는 연속적으로 일어나는 스핀(spin)의 시리즈상에 시간의 주기를 두고 각 스핀의 결과를 기록하는 것이다. 바로 이것이 "클럭킹(clocking)"으로 알려진 관찰의 방법이다. 이론적으로 룰렛 휠상의 각 넘버(제로포함)는 싱글 제로 휠(single zero wheel)에서는 37번 스핀에 한번 윈(win)하는 것으로, 더블 제로 휠(double zero wheel)에서는 38번 스핀에 한번 윈(win)하는 것으로 예상되어진다.

　　이것은 "페이버(favor)" 안에 하우스가 작은 퍼센티지 기회를 가지는 승산의 결정에 "바이어스"를 가져왔다. 그러나 이것은 드물게 일어나는 현실이기는 하지만 37번 또한 38번의 스핀시리즈 동안 한번 또는 더 많은 횟수로 나타나기도 할 것이다. 또한 플레이어의 어드밴티지로 명백하게 숙지(熟知)하고 있는 넘버가 좀 더 자주 나타날 수도 있다. 만약에 게임자가 38번의 스핀동안 두 번 위닝한 넘버상의 벳팅은 플레이어가 36유니트에 의해 유리한 입장이고, 하우스 어드밴티지의 100%가 커다란 마진(margin)에 의해 깨어지게 될 것이다.

　　룰렛 휠에 자주 일어난 "바이어스 넘버"에 클락킹을 시도하여 최고의 성공으로 기록된 그 첫 번째 사건은 1890년에 있었다. 영국인 "William Jaggers"는 몬테 칼로 카지노의 룰렛 테이블에서 엄청남 금액의 돈을 위닝하였다. 이는 [The man that broke the bank at Monte Carlo]라는 유명한 소설이 나오기 일년전 사건이다. Jaggers는 영국으로부터 온 순수한 엔지니어(engineer)로 몬테 칼로 카지노의 룰렛 휠의 확실성을 테스트하고자 방문하였다. 그는 한 달의 기간으로 휠(wheel)을 주기적으로 관찰하고자 6명의 클럭을 고용하였고. 각 스핀의 결과를 기록하였던 바, 오래지 않아 패턴(pattern)에 다른 넘버보다 더 자주 나타나는 확실한 넘버가 드러나기 시작하였다. 이것은 모든 휠(wheel)의 현실과는 맞지 않을지라도 오랫동안의 사용과 기계의 마모 등으로 결함이 현저하게 드러난 휠(wheel)이라면 이러한 휠들은 특별한 넘버에 유리함이 있는 것이다. Jaggers와 그의 팀은 휠에 바이어스로 알려진 곳에서 게임을 시작하였다. 연속으로 4일 동안 그들은 $300,000을 위닝하였다. 카지노 경영자는 다른 테이블의 휠(wheel)로 바꾸었지만, 그 팀(team)은 사고 없이 바이어스 된 휠의 장소에서 수삼일 동안 다시 $150,000을 이겼다. 카지노는 룰렛 휠의 제작자를 파리(Paris)로부터 불러들였으며, 간단한 연구 후 그는 포켓을 만드는 세퍼레이터(separators)를 매일 넘버와 차이가 있도록 휠 주위를 이동시키는 것으로 그 휠(wheel)을 다시 디자인 하였다. 이것으로 Jaggers의 계획을 차단시켰지만, 영국에 돌아온 그는 거부(巨富)가 되어 있었다. 1890년 경 후반에 영국에서 높은 명성을 가진 통계학자인 "Pearson"에 의해 몬테 칼로의 룰렛 게임 결과를 연구한 바 있다. 그는 스스로 테이블에서 플레이를 하지는 않았지만, 그의 연구는 룰렛테이블에서 성공적으로 위닝한 많은 게임자들에 의해 사용되었다.

1947년 라이프 매거진에 "Reno"의 룰렛 테이블 휠에 무시할 수 없는 금액의 돈을 위닝한 2명의 대학졸업반 학생에 대한 화제가 [Picture of the week]화보로 실렸다. 두 젊은이는 네바다(Nevada)에 두 번 방문하여 만들어졌다. 그리고 갈 때마다 큰 금액의 돈을 원(win)하였다. 그들은 오로지 자신있는 넘버에만 벳팅하였고, 한 번 포인트에 $39,000이상이었다. 그 명성은 전국적이었고, 카지노는 구경꾼의 군중으로 에워싸였고, 마침내 학생들과 카지노는 위닝 금액이 $33,000에 도달되었을 때 게임을 멈추는 것으로 합의하는데 이르렀다.

　1951년에 "Time Magazine"은 남미(南美)에서의 룰렛 게임자들이 운영하는 신디케이트(syndicate)에 대한 기사를 게재하였다. 이것은 게임자가 아르헨티나(Argentina)의 정부가 소유한 카지노에 "클럭드(clocked)" 휠을 가지고 있다는 것을 알고 지난 수년 동안 무시할 수 없는 돈을 위닝(winning)하여 왔다는 것이다. 신디케이트 멤버들은 효과적(effectively)인 성공을 거두기는 하였지만, 정부는 종국(終局)에 이들을 프로 캠블러(professional gamblers)로 취급하여 체포하였고, 그들의 카지노 입장은 영원히 금지되었다. 1968년 8월경 잘 알려진 룰렛 플레이어가 네바다로부터 애틀랜틱시티(Atlantic City)의 "Golden Nugget" 카지노에서 일주일간 자신있는 휠(wheel)에 게임에 열중한 바 있다. 그는 각 스핀에 같은 넘버 5개에 고정적으로 벳팅하였다. 그리고 각 넘버에 $2,000씩 벳팅하는 형식이다. 게임자는 그가 카지노에서 게임하는 동안 2백만 불을 디포지트(deposit)하였었는데 그가 선택한 휠(wheel)에 2일 이상 18시간 게임 후에는 3.8백반불이 위닝 금액으로 그의 계좌에 남아 있었으며, 그는 딜러에게 $2,500의 팁을 주고 그 카지노를 떠났다. 그가 게임한 넘버는 7-10-20-27-36이었고 더블 제로 휠을 사용하였다. 그 플레이어는 같은 딜러가 계속 딜링하기를 고집하였고, 카지노에는 싱글 제로 휠도 있었으나, 그 갬블러가 원하는 게임장소의 하나로 특별히 더블 제로 휠을 선택하였다. 위닝 넘버 휠의 1과

1/2보다 작은 지역의 섹션(section)안에 모두 있고, 이 게임자는 카지노 산업계에 중요한 톱 레벨의 보안을 요구하는 유명한 인물로 게임에 참여하기에 앞서 카지노가 제공하는 휠의 "클럭킹(clocking)"을 플레이어들의 팀을 고용하여 그들이 입수한 정보를 활용하였다. 여기에 문제가 있고, 의문점이 있다는 것은 당연하다. 왜 그 플레이어는 승산이 보다 좋은 싱글 제로 휠보다 더블제로 휠을 선택하였는가? 그 플레이어는 왜 하이리미트(high limit)로 그러한 고정넘버로 플레이하였는가? 그는 행운이었는가, 또는 플레이어가 "클럭크드(clocked)"된 휠의 기회를 운영하였는가? 의문을 가질 수 있는 상황이다. 어떤 걱정스러운 룰렛휠은 항상 플레이어가 "바이어스(bias)"된 그 휠(wheel)의 역사를 충분히 알고 있다는 것이다. 수백만 달러의 위험을 가진 갬블러들을 방어하기 위해서는 지혜롭게 관찰할 수 있는 스탭(staff)진들을 잘 유지하는 여유를 가질 수 있어야 한다. "골덴   너겟(Golden Nugget)"사고를 여타 카지노들이 행운과 찬스였다고 믿는다면, 갬블러(gambler)들은 이런 환경에서 마음대로 놀 수 있는 장소가 된다.

3. 관측에 의한 섹션 베팅(Section Betting by Observation)

1970년경 후반에 몇몇의 사람이 독자적인 연구를 수행 또는 진행하였던 바, 그 연구는 룰렛게임의 결과를 증명하는 의도로 정확성의 타당한 단계를 단정 짓는 것이었다. 이러한 연구에 편승하여, 저렴한 작은 컴퓨터(miniature computers)를 보급, 섹션을 예측하는 갬블러 등이 증가하여 세계적으로 선보이기 시작하였다. 1982년에는 영국에서 몇몇의 카지노가 룰렛 테이블에서 섹션을 예측하는 플레이어 팀에게 커다란 금액의 손실(損失)을 보았다. 우측의 〈표 V-3〉그래픽은 "바이어스(bias)"된 휠 상에 152회의 스핀결과를 보여준다. 그리고 아래의〈그림V-1〉안에 그래프를 옮겨보았다. 이 바이어스의 챠트를 살펴보면 섹션넘버 4~25안의 벳팅에 게임자는 5번을 윈(win)하는 기회를 가져 28유니트(unit)의 가졌다. 이는 1985년 책으로 출판되었던 "The Eudaemomie Pie"는 정밀화된 해박한 연구저서로서 스탠포드대학(standford University)에 물리학자와 엔지니어 그룹에 의하여 테스트(test)가 실행되어졌던 내용이다. 1986년 6월에 있었던 애틀랜틱시티의 "Golden Nugget"

카지노의 $3.8백만불 손실(lost)사건은 부분적이나 흔히 있는 일은 아니다. 그러므로 명백하게 어떤 것이 작용되었다고 보아야 할 것이다. 1982년에 영국카지노협회는 정밀한 "random"이 디자인된 룰렛 휠(roulette wheel)을 연구한 세계에서 가장 큰 룰렛 휠 제작업체인 런던의 "존 헉슬리(John Huxley)"에 요청하였다. 그 회사는 런던 대학의 엔지니어(engineers)들의 도움으로 연구하게 그들의 연구결과는 랜덤(Random)

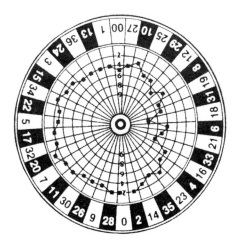

〈그림 V-1〉 Clocking for Number Frequency

이 가능하도록 룰렛 휠을 새롭게 고안하였다. 이 결과 섹션을 예측(prediction)하는 벳팅을 상대하여 성공할 수 있는 예측을 방어할 수 있었다. 휠의 확률을 깨려고 시도하였던 스탠포드 대학 엔지니어그룹과 휠이 비트(beat)되는 것을 방어하려는 런던대학의 엔지니어 그룹이 다음과 같이 비슷한 논리로 결말을 지었다면, 주목할 만한 흥미로운 일이다. [만약 그 볼(ball)이 포켓지역에 도달할 때 그 주위를 너무 많이 바운스(bounces)되었다면 포인트에 소용없는 예측이 될 것이다].이후 다른 휠 제작업자들에 의해 사용되는 새로운 디자인은 모두 오리지날 헉슬리 디자인을 개선시킨 것으로 이러한 타입의 휠(wheel)은 세계를 통해 대부분의 카지노에 설치하게 되었다. 이러한 새로운 스타일의 룰렛 휠은 기본적으로 고객의 주문에 의해 만들어지며, 여러 가지 안전장치를 추가하는 것은 카지노 운영업자가 요구한다면 그 휠(wheel)을 만드는 주요제작 업체는 리노의 "Paul Trample", 라스베가스의 "Paulson"업체가 대표적이다.

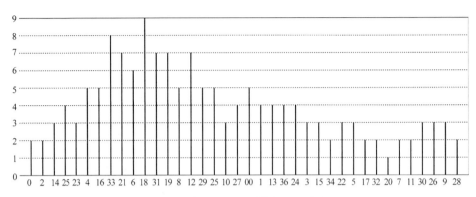

〈표 V-3〉 바이어스된 휠의 스핀 결과

1) Older Wheel의 문제점 개선

다음은 오래된 휠에서 발견된 몇 가지 문제의 간단한 개요(britsy synopsis)이며 새롭게 고안된 휠(newly designed wheel)로 해결을 가져온 사항이다.

(1) 사례 : a

• 문제 : 볼이 거의 완전하게 멈출 때까지 볼 트랙에 지체되는 것으로 그 볼은 미끄러지듯 떨어지고 수직방향에 있는 포켓으로 들어간다.

• 개선 : 볼 트랙의 각도와 보울(bowl)의 각도가 낮아지도록 하였다. 이 경우 볼 트랙을 가볍게 하는 볼을 허용하고 포켓지역의 통로를 경사지게 하였다.

(2) 사례 : b

• 문제 : 볼 스톱(ball stops)의 개수가 랜덤(random)현상을 만드는 볼을 방해한다.

• 개선 : 볼 스톱의 개수를 8개로 줄인다.

(3) 사례 : c

• 문제 : 함정(trap)에 걸리듯이 그 볼이 포켓 속에 들어갔을 때 그것은 포켓의 깊이와 사이드의 높이 때문이다.

- 개선 : 포켓의 깊이와 세파레이터(separatoes)의 높이를 줄였고, 코운(cone)의 경사와 각도를 낮추었다. 포켓을 통하여 통과하는 볼(ball)을 허용하고 랜덤(random)액션을 위하여 코운(cone)을 보다 이상적으로 업(up)시켰다.

2) 성공적인 섹션 예측 벳팅의 결과
(Effects of Successful Section Prediction Betting)

볼이 통과하는 그린 싱글 제로(Green single zero)의 어느 포인트를 일정하게 관찰하여 만약에 넘버가 매겨진 포켓섹션에 주어진 기회가, 볼 트랩핑(ball trapping)의 패턴과 일치하도록 휠(wheel)의 특별히 개발되었다면, 게임자들은 플레이를 결정할 것이다. 더블 제로 휠을 선택하던가, 예측된 넘버를 벳팅하는 방식을 선택하던가, 아니면 포켓양쪽을 커버하는 벳 즉 22-5-17-32-20(예측된 넘버가 17번이라고 가정)번에 벳팅을 할 것인지를 결정하는 것이다. 다음은 각 스핀에 5개의 넘버를 선택하여 각 넘버에 1달러씩 벳팅하여 결과를 산출(算出)하여 보았다.

(1) 7번 플레이에 1번 win

벳팅금액(bet total)	=	$35
위닝금액(win total)	=	$35
홀드 원 벳(hold win bet)	=	$ 1
win + hold	=	$36
벳팅금액공제(deduct bets)	=	$35
게임자(player)	= +	$1

(2) 8번 플레이에 1번 win

벳팅금액(bet total)	=	$40
위닝금액(win total)	=	$35
홀드 원 벳(hold win bet)	=	$ 1
win + hold	=	$36
벳팅금액공제(deduct bets)	=	$40
게임자(player)	= −	$1

(3) 7번 플레이에 2번 win

벳팅금액(bet total)	=	$35
위닝금액(win total)	=	$70
홀드 윈 벳(hold win bet)	=	$ 2
win + hold	=	$72
벳팅금액공제(deduct bets)	=	$35
게임자(player)	=	+ $37

(4) 8번 플레이에 2번 win

벳팅금액(bet total)	=	$40
위닝금액(win total)	=	$70
홀드 윈 벳(hold win bet)	=	$ 2
win + hold	=	$72
벳팅금액공제(deduct bets)	=	$40
게임자(player)	=	+ $32

(5) 7번 플레이에 3번 win

벳팅금액(bet total)	=	$35
위닝금액(win total)	=	$105
홀드 윈 벳(hold win bet)	=	$ 3
win + hold	=	$108
벳팅금액공제(deduct bets)	=	$35
게임자(player)	=	+ $73

(6) 8번 플레이에 3번 win

벳팅금액(bet total)	=	$40
위닝금액(win total)	=	$105
홀드 윈 벳(hold win bet)	=	$ 3
win + hold	=	$108
벳팅금액공제(deduct bets)	=	$40
게임자(player)	=	+ $68

3) 관찰에 의한 위닝(winning by observation)

룰렛 테이블에서 기민한 게임자(alert player)는 특색있는 고유의 넘버(number of characteristics inherent)를 알고 그가 유리하도록 사용한다. 모든 룰렛 휠은 다소 적은 랜덤의 스핀 결과를 어느 곳에서 일정하게 만드는 특별한 세트의 성질을 가지고 있다(랜덤이라는 단어는 여기에서, 수학적인 어떤 정밀함보다 회화체의 해석에 비중을 더 두었다. 이는 물리적 시스템이 없는 사실적인 "random"이라 할 수 있다).

4) 휠의 특징(wheel characteristics)

룰렛 휠은 볼의 움직임(behavior)은 보다 적은 범위를 아주 크게 영향력을 가지려는 여러 가지 특징을 가지고 있다. 이러한 특징의 어떤 부분은 적절한 평가를 위하여 특별한 테스트를 요구하기도 하지만, 다른 사항은 정상적인 게임중에 시각(視覺)으로도 쉽게 판단되어진다.

5) 볼 트랙에서 출발(Departure from the balltrack)

일반적으로 카지노가 실행(practice)하는 볼의 회전 속도와 그 휠에 볼이 들어가는 등 모든 과정이 합리적으로 조화있게 보인다. 그러나 이것은 단 하나의 가장 유용한 관찰의 요소로, 게임자는 보통 플레이하는 동안에 만들 수 있다. 게임에서 딜러가 볼을 어디에서 회전을 시작하는지, 그리고 볼이 넘버가 매겨진 포켓의 어느 곳을 향해 드롭되는지를 알아내는 것이다.

6) 휠 회전의 관찰(observation of the wheel Rotation)

휠 회전의 관찰은 지역(section)에 우선하는 것으로 게임자가 육안으로 타임을 추측할 수 있어야 하고, 어느 위치에서 볼이 트랙(track)을 떠나는지, 넘버가 매겨진 어느 포켓에 들어가는지를 관측(觀測)하는 것이다. 어느 포켓인지를 아는 지식은 가능성있는 볼을 지배(underneath)하는 것으로 이러한 요인은 게임자에게 커다

란 어드밴티지가 될 것이다. 이것은 게임자가 그린 싱글제로포켓(green single zero pocket)과 같은 휠(wheel)안의 포인트 마커와 상관관계를 가지고 볼의 왓칭(watching)을 형편에 알맞게 행하는 것이다. 이러한 휠 회전의 관찰은 당연히 휠의 스피닝(spinning)과 그 볼(ball)이 어느 곳에서 회전되었는지가 일치되어야 관찰의 효과가 있을 것이다.

7) 볼트랙의 성질(Nature of the Balltrack)

볼이 트랙(track)을 떠났을 경우, 그 볼은 "볼스톱스(ball stops)", "세파레터(separator)"그리고 휠의 다른 부분과 충돌(collide)하게 될 것이다. 이러한 충돌의 자연현상은 중요하다. 왜냐하면 볼(ball)은 오로지 일정한 방향으로만 회전할 뿐만 아니라 또한 "오메가(omega)"라고 불리우는 각 속도(angular velocity)가 축(axis) 위에 스피닝하는 것으로 보여지기 때문이다. 그 볼이 짐짓 그냥 미끄러져 들어가는 것이 아니라고 추측한다면, 볼 직경의 조건과 각 속도의 관계가 표현되어졌다고 볼 수 있다. 따라서 "오메가(omega)"의 효력이 적은 직경을 가진 볼은 빠른 스피닝이 될 것이다. 볼의 회전이 빠른 궤도(trajectory)에 의존하여 볼 스톱에 충돌하는 것은 더 많은 "random"을 가지게 될 것이며, 볼의 비중(density)과 코운(cone)의 각도 역시 중요하다. 그러나 후자(後者)의 두 가지는 탄력의 계수(co-efficient of restitution)가 고려되어야 한다. 〈그림 V-2 참조〉

8) 볼의 성질(Nature of the Ball)

볼이 정지하기 전에 휠(wheel)의 주위를 더 많이 "바운스(bounce)"하는 것은 탄력의 계수가 높다는 것으로 대답할 수 있으며, 게임의 결과에 분명한 패턴이 적어지게 될 것이나, 만약 볼을 탄력없는 소재로 만들어 사용하였다면, 어느 곳에서 정지하려 할 것이다. 이것은 여기에서 "Bounce"라고 불리우며, 볼의 탄력성 계수를 측정하여 수학적으로 규정하고 표시한 것이다. 이는 커다란 탄력계수를 가진 볼을 사용하려는 카지노와도 무관하지 않다. 카지노의 기준이 되는 볼 타입은 높은 세파레이터와 커다란 트래킹 효과를 발휘하는 것으로 찾아야 할 것이고, 가능한 가장 작은 세파레이터를 칸막이로 장착하였다는 것은 "랜덤게임"을 가장 잘 일으키는 것으로 예상되어진다.

최신의 룰렛 볼(roulette ball)은 오로지 구면(球面)의 물체이며, 다양한 소재로 만들어졌고, 다른 목적이 있는 것이 아니라, 룰렛게임에 사용하기에 적절하도록 설계(design)되어있는 것만은 아닌 것 같다. 아이보리 볼(ivory ball)은 전통적으로 "random play"에 대하여 위험한 구조의 성능이 있지 않다는 것이다. 일정한 중력(specific gravity)과 직경의 정확성(trueness of diameter)등 일정한 경향을 가진 볼로서 룰렛휠의 스핀결과에 커다란 영향을 준다.

애틀랜틱시티(Atlantic city)에서는 「각 볼에 대하여 3/4″보다 적어야하고 7/8″보다 커서는 아니된다」라고 규정되어 있다. 일정한 중력과 여러 가지 볼의 물체 무게 그리고 탄성의 계수(bounce)는 다음과 같다.

룰렛볼의 Specification

- 나이론(Nylon) 1.14(light) Excellent
- 아세탈(Acetal) 1.42(light) Excellent
- 아이보리(Ivory) 1.75(medium) Good
- 빌라드(Billiard) 1.80(medium) Good
- 테프론(Teflon) 2.20(heavy) Poor

9) 볼스톱의 효과(Effect of the Ballstops)

오늘날 다양한 룰렛휠을 사용하고 있는데 각 휠에는 볼의 운영효과의 차이(差異)가 있고 여러 가지 비교할 수 있는 볼스톱을 가지고 있다. 수직(vertically)으로 놓여진 볼스톱보다 위쪽에서 볼을 조절(control)하는 역할을 한다. 관측에 익하여 윈(win)을 시도하는 게임자는 통상 볼의 방향에 일치하는 효과를 실행하는 볼스톱이 있는 휠을 선택할 것이다.

10) 세파레이터의 영향(Influence of the Separators)

게임자가 관측에 의해 윈(win)하고자하는 바램은 휠의 "랜덤(randomness)"이 어느곳에서는 줄어들거나(detract), 또는 늘어나는(enhance)현상이 있는 특징이 있는 휠(wheel)과 주로 연관된다. 세파레이터의 높이와 성질은 이러한 배경(contex)에 중요한 요인이 된다. 세파레이터(separator)의 폭이 넓다는 것은 볼트랙에 가장 좋은 방향(方向)으로 가는 것이다. 즉, 관찰에 의해 윈(win)하려는 욕심을 가진 게임자는 넓은 세파레이터를 가진 휠(wheel)을 선택할 것이라는 것이다.

11) 휠 코운의 효력(Effect of the Wheel Cone)

코운(cone)과 함께 있는 포켓모서리의 높이는 볼 트랙으로 포켓의 능력에 영향력을 분명히 가졌다. 이러한 요인이 부가되었고, 그것은 사실이며 비록 곧바로 명백하지는 않더라도 원뿔형(cone)의 구조는 또한 볼의 움직임에 중요하다. 여기에 두 가지 중요한 사항이 있다. 하나는 코운의 각도로 상황을 쉽게 볼 수 있다는 것과 또 하나의 다른 요인이나 적절성은 코운의 내부 구조에 있다는 것이다. 숙련된 관찰자는 특별한 테스트행위 또는 휠의 어느 곳에 코운(cone)과 볼(ball)사이에 탄력에 의해 복구되느냐를 알 수 있는 통찰력없이도 숙련된 관찰자는 탄력의 작용에 대한 유용한 정보를 완벽하게 습득할 수 있다. 그러나 그것은 단지 코운(cone)표면 위에서 회전하는 볼의 움직임만 보고도 알 수 있는 것이다.

12) 휠의 속도(Speed of the Wheel)

휠 실린더(wheel cylinder)의 회전속도는 패턴의 폭에 영향을 미쳐 특색있는 휠이 제공된다. 만약 그 휠이 충분히 빠르게 스핀(spin)되었다면, 그 패턴은 휠(wheel)주위 범위가 넓어지게 될 것이다.

13) 딜러의 절차(Dealer Procedures)

룰렛 휠의 운영은 어떤 휠의 특징으로 스핀의 결과에 의존하는 만큼의 효력을 가질 수 있다. 딜러 또한 적극적인 관찰(constructive observation)을 위한 전형적인 후보자 대상이다. 어느 게임자가 개인의 특성으로 이익을 가졌다는 것은 어느 딜러가 운영하는 휠의 움직임과 일치하였다고 볼 수 있다. 만약 딜러가 매번 변화를 주는 행동으로 볼을 스핀하였다면, 정확하게 예측하는 방법을 사용하기에는 대단히 어려울 것이다. 그러나 그것은 변칙적인 실행인 만큼, 딜러 본연의 업무자세가 아니다. 게임자가 벳을 예측하여, 성공적으로 가려는 순서에는 딜러에 의해 그 볼이 플레이상태에 있는 동안 벳팅을 하고 있다. 그러므로

이러한 타입의 게임을 방어하는 가장 효과적인 행동은 그 볼이 게임에 스핀(spin)을 가진 후에는 어떤 벳도 허용하지 않는 것이다. 이러한 액션은 하우스에 유리한 포켓 또는 지역에 드롭시키는 볼을 스핀할 수 있는 딜러를 두려워하기 때문에 게임자들이 수용하려 않을 것이다. 따라서 게임자의 신뢰를 얻으려면 "No, more bets"라는 콜링 전까지는 볼이 스피닝(spining) 중에 벳팅을 허용하는 것이 딜러를 위하여 필요하고 이것을 습관화하는 것이다.

딜러(dealer)는 게임자 또는 하우스에 일정한 이득이 가는 게임으로 종종 볼 스핀을 시도할 것이라는 것은 잘 알려진 사실이다. 이것에 대한 동기는 직업적으로 또는 인간성의 자질이라고 볼 수도 있지만, 딜러들이 선호하는 게임자에게는 마음을 끌게 하기도 하고, 하우스가 루스(lose)하는 것을 기다릴 수 없는 딜러는 게임자에게 적대감을 가지게 할 수 도 있다. 이러한 문제들을 해결(resolution)하기 위하여 어떤 기계적인 장치(mechanical device)에 의해 그 볼을 게임의 어떤 위치에 놓으려는 것은 문제를 더욱 확대시키는 과정이 될 수도 있다. 그러므로 이 문제는 보다 더 수용할 수 있는 다른 장치(perspective)로 해결에 접근하는 것이 타당하다. 유럽에서는 이전의 위닝넘버(previous winning number)포켓에 그 볼을 그대로 놓아두어야 하며, 이러한 게임규칙으로부터 벗어나는(deviation)딜러의 어떤 행위도 허용하지 않으므로 플레이어로 부터의 항의(소송)에 전적으로 책임을 지운다.

14) 관찰에 의한 위닝 메카니즘(Mechanism if winning by Observation)

관찰에 의한 위닝 기법의 특징은 가장 적은 정도에서 가장 큰 것으로 모든 게임자가 섹션을 압도하는 운용을 망라한 것이다. 관찰자(observer)가 이득을 가지는 상황일 때, 즉 휠 결과의 랜덤본질(random nature)이 줄어드는 경우는 다음과 같은 과정을 가졌었기 때문이다.

관찰자의 체크요령

① 게임진행에 딜러는 볼의 위치를 어느 곳에 두는 지 주목(注目)한다.
② 휠(wheel)이 장애물을 통과하는 볼(ball)과 관련지어 "그린싱글제로"를 기점으로 관찰하여 그 볼이 가장 가깝게 떨어지는 포켓(pocket)을 예측(predict)한다.
③ 예측된 포켓상의 벳팅은 예측된 넘버의 양 쪽 사이드 두 개의 넘버로 모두 5 unit의 벳(bet)으로 한다.
④ 그 볼은 정확히 예측된 포켓안에 반드시 떨어지는 것은 아니다. 그러나 어느 예측된 곳에 상당히 근접한 포켓안에 걸려들어갈 커다란 가능성은 있을 것이다.

플레이어 벳은 예측한 넘버에 인접한 몇 개의 포켓은 동시에 윈(win)할 수 있는 가능성이 높다. 벳의 이런 그룹을 "패턴(pattern)"이라 불리운다. 그것은 최적의 패턴 폭(width)에 대한 정확한 규격이 게임자에게는 가장 중요하며 랜덤(random)이 적은 휠은 폭이 좁은 패턴에 의해 알맞도록 제공되어져야 할 것이다. 모든 휠(wheel)에는 패턴이 존재한다 할지라도 커다란 랜덤 성질을 가진 어떤 휠이 필요로 하는 패턴이 대단히 넓다면, 게임자는 매번 패턴이 그가 필요로 한 것 같이 경제적이 아니므로 이 휠의 사용으로부터 실망하게 될 것이다.

4. Biased Wheel의 원인과 교정

이미 언급한 바와 같이 어떤 바이어스(bias)결함은 서로의 기능을 상쇄하는 원인이 될 것이다. 그것은 결함의 시리즈가 함께 나타나 작용이 일치할 때, 그 휠은 강한 바이어스(bias)를 보여주므로 게임자의 어드밴티지로 사용되어진다. 그러나 게임자의 결과로 "바이어스"를 인식하였어도 게임자를 상대하여 하우스 어드밴티지를 위해서 사용하여도 좋다는 것은 아니다.

1) 테이블(The Table)

휠이 놓여져있는 장소 또는 다리(legs)와 같이 같은 테이블부분이 경사와 뒤틀림 등과 같은 불균형으로 원인이 될 수 있다. 피트(pit)의 테이블 수평을 위하여 검사를 마치고 매일 휠(wheel)을 옮기는 것은 실용적이 아니며, 휠에 밀착 접근하여 점검하는 수평측정(level measurement)이 중요하다. 테이블들은 하중(荷重)이 무거운 게임이 있는 곳에 종종 게임자에 의해 흔들리거나 움직이는 경우가 있다. 이는 둘 다 우발적이었던지, 의도적이었던지 간에 테이블과 휠(table & wheel)이 그날의 게임출발은 완전하게 시작되었으나, 한 밤중에는 "바이어스"로 균형이 맞지 않는 테이블로 발전될 수도 있다. 이에 아래의 체크포인트는 아침에 하는 각 테이블의 점검사항에 도움이 될 것이다.

- 체크 포인트(check point)
① 휠(wheel)이 자리잡고 있는 지역
② 휠(wheel)이 있는 끝 쪽의 테이블다리가 별도의 무게(weight) 때문에 카펫 속으로 가라앉지는 않았는지 여부
③ 다리가 헐거워졌거나 뒤틀리지는 않았는지 여부

2) 수평(Leveling)

휠(wheel)이 완벽하게 수평을 이루어야 함은 필수적이다. 만약 휠이 한 방향으로 아주 적은 기울기가 있다면, 그것은 볼트랙(balltrack)으로부터 볼이 출발하는

데 영향을 미칠 것이다. 이것은 볼트랙의 사면(斜面)정점에서 보통 일어나며, 이러한 유형은 같은 볼스톱(ballstops)을 자주 히트하게 되고, 그 지역 포켓포인트에 들어가게 된다. 휠이 2도(degree)또는 약 1/8수평면이 기울어진다면, 볼트랙에서 떠나는 그 볼은 80%가 같은 지역에 머물게하는 동기가 될 것이다. 그러므로 이것은 휠이 수평에 대한 바이어스(bias)를 가진 것으로 게임자에게 알려진다면 커다란 어드밴티지를 줄 것이다.

수평(leveling)점검은 매일, 보울림(bowlrim) 또는 터릿(turret)의 상단을 가로질러 정밀 수평기(precision level)를 놓고, 테이블 또는 휠의 높낮이가 조절되어야 할 것이며, "인디케이터 윈도우"를 통하여 앞·뒤와 좌·우 양면의 수평을 이용하는 것이 중요하다. 이러한 방법으로 휠의 수평은 동시에 연결지어 올바른 지점을 조절하는 것이다.

휠수평(wheel level)은 보울의 양편으로 정밀 수평기를 일자로 걸쳐놓고, 점검한 후에 각 사이드에 대한 독립된 수평(水平)의 수치를 살펴본다.

확실한 휠의 터릿(turret)이라도 정밀하게 규격화 되어있지 아니한 "터릿"에서 보면 정확할 수 없는 측면도 있다. 실제의 표준지점을 근거로 각 시간대에 테이블을 점검하고, 휠을 움직이는 것은 현실적으로 쉬운 일은 아니다. 휠의 수평에 효과적으로 접근하여 테이블 수평을 가지려는 점검이, 휠(wheel)이 있는 지역을 완벽하게 수평을 이루려는 보장은 아니다. 마지막 테스트는 20번 정도, 볼에 대한 스핀(spin)으로 볼트랙에서 벗어나 볼스톱에 부딪치는 지역을 기록하는 것이다. 이것은 각 볼이 드롭(drop)되어진 후에 각 지점에 칩스를 놓는 것으로 테스트가 행해질 것이다. 만약 테이블이 수평이 이루어졌는데도 같은 지역 트랙안에 볼이 나오는 빈도수가 높다면, 이것은 휠의 보울(bowl)안에 문제가 있는 것이다.

매일 기본적인 위치에서 휠의 1/4에서 회전하는 것은 반대급부로 현상태의 바이어스를 결정하는 지식을 아는 플레이어에게 도움이 될 것이며 이것은 또한 보울(bowl)의 어느 지역의 볼트랙(balltrack)을 집중하여 마모(wear)시키는 요인을 예방해야 할 것이다. 만약 휠의 다리 또는 베이스포인트를 조절할 수 있도록 사용할 수 있다면, 이것은 휠의 주위를 동등한 포인트로 3곳이 평형(平衡)을 이루도록 할 것이며 동시에 테이블을 눌러(touching)만드는 불균형과 플레이 동안의 흔들림을 모든 지점에서 개선하여 예방하여야 할 것이다.

- 체크 포인트(check point)
① 휠(wheel)이 자리잡은 테이블의 지역
② 휠의 다리 또는 베이스포인트(base point)와 그 밖에 테이블 위의 잔여 게임
  용 비품

3) 보울 월프(Bowl warp)

휠의 보울(bowl)안에 있는 볼트랙(balltrack)스스로가 뒤틀려(warp)질 수도 있
다. 그러한 휠은 정밀 수평기를 사용하였을 때 찾아볼 수 있으며 볼이 트랙의 원주
위를 회전하면서 여러 가지 이유에 의하여 나타나는 현상이다. 이러한 "바이스
(bias)"는 보울림(bowlrim)위에 칩스를 올려놓고 볼(ball)이 트랙(track)의 어느 지
점에서 벗어나는가를 테스트 하는 방법으로 약 20번 정도 테스트하면 확실한 바이
어스를 찾아낼 수 있을 것이다. 만약 게임자가 그 볼이 어느 지점에서 볼 트랙으로
부터 벗어나는 것을 알고 있다는 것을 가정한다면 그는 오로지 볼트랙부분의 낮은
어느 지역을 선택하여 결정할 것이다. 바이어스된 드롭지역은 보통 트랙킹경사가
가장 높은 지역이므로 휠 전체를 이 문제에 대응하여 어느 지역을 높이거나, 낮추
거나 해야 할 것이다. 이것은 휠이 불균형을 이루는 테이블 때문인 것처럼 보이지
만 그것은 볼트랙안의 수평때문인 것이다.

- 체크 포인트(check point)
이전에 수평이 테스트(test)된 지역에 보울(bowl)을 놓는다. 만약 보울 테스트에
보여준 것이 수평(level)이 맞지 않는다면, 그 문제는 보울 자체에 있는 것으로 간
주하여 체크(check)한다.

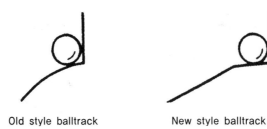

Old style balltrack   New style balltrack

〈그림 V-2〉 볼트랙(balltrack) 디자인

4) 볼트랙의 마모와 월프(Wear & Warp in the Balltrack)

볼트랙 표면이 스무스(smooth)하여 장애가 없이 자유스러워야 하는 것은 대단히 중요하며, 볼트랙의 직경은 완벽한 원형(perfect circle)이어야 함도 역시 중요하다. 왜냐하면 볼트랙이 타원형(ellipse)의 성향을 보여준다면, 회전의 대부분이 같은 지역에 볼(ball)이 드롭되기 때문이다. 마모된(worn)볼트랙은 틀림없이 바이어스의 근거가 될 것이다. 가장 훌륭하다는 카지노조차 볼트랙에 커다란 균열을 가지고 있는 것을 본 적이 있다. 볼트랩과 마찰지점은 테두리가 플라스틱(plastic) 또는 비닐(vinyl)로 입혀져 있는데 이것이 너무 두텁거나, 얇다면 트랙의 바이어스 원인이 되기도 한다. 그리고 종국에는 룰렛볼 스스로가 볼트랙을 마모시키는 원인이 되기도 한다. 룰렛에서 사용하는 모델이 룰렛볼(roulette ball)의 소재는 아세탈(acetal)또는 나이론(nylon)으로 완벽한 원형이 되어야 할 것이다. 이러한 볼 들은 원형으로 돌아가는데 아주 면밀한 성질이 있는 것으로 회전하여 어느 지점에서 물 흐르듯이 미끄러질 것이며, 볼은 도달하려는 힘은 반대로 작용한 형태로 "스무스(smooth)"한 회전을 오히려 안정감을 멀어지게 하는 것도 중요하다. 만약에 항상 이상한 소리를 내는 타입의 볼이 있다면, 그 볼을 교환하거나, 만약에 그 문제가 계속된다면 그 문제는 볼트랙에서 찾을 수 있다. 상아(ivory)볼은 수제 또는 기계에 의해 제작되어지나 완벽하리만큼 원형에 밀접하지 않은 것 같다. 이러한 근거로 회전에서 이상한 음(音)이 연속되는 것이고, 많은 카지노들이 아직도 아이보리 볼을 사용하는 것은 회전하는 볼의 소리가 전통적이기 때문이다.

• 조치(Cure)

매일 휠(wheel)의 위치 방향을 1/4씩 이동한다. 이것은 볼트랙의 마모를 줄이는데 도움이 된다. 그리고 매일 볼 트랙을 촉촉하고 부드러운 천으로 정지하지 않은 상태로 닦는다. 만약 할 수 있다면 윈도우 클리너(Window cleaner)를 4 : 1로 희석하여 사용하며, 정확한 원형이고 가벼운 무게의 볼을 사용하고, 합성수지(teflon) 또는 금속성 볼은 피한다.

5) 볼(The BAll)

룰렛 볼의 무게(weight)와 사이즈(size)는 게임의 결과에 일정한 영향을 미치게 될 것이다. 사이즈 또는 무게가 다른 룰렛볼을 체인지 하는 것은 어떤 바이어스를 펼치는 변화를 줄 수도 있다. 따라서 애틀랜틱시티에서는 카지노에 허용되는 룰렛 볼의 형태를 다음과 같이 규정하였다. 「룰렛 게임에서 사용되는 볼은 완전한 비금속 물질로 만들어져야 하고, 위원회에 승인된 사항이외에는 직경 14/16인치보다 크거나 12/16인치보다 작아서는 안된다.」

볼의 무게가 너무 무거우면, 볼트랙에서 곧바로 가까운 포켓의 한 곳에 그대로 떨어진다. 볼이 너무 작고 가벼우면, 휠 건너편으로 튕기고 자주 휠 밖으로 나가는 경우가 있다. 또한 중앙 원심력에 의해 실린더의 끝부분에 걸리기도 하고, 게임을 정지시키는 "헝볼(hung ball)"이 되기도 하며 볼의 새로운 스핀이 되기도 한다. 또한 "Wall of Death"라고 불리우는 현상으로 이것 역시 실린더의 회전에 의하여 원심력이 분리되어 포켓 속으로 볼이 떨어지지 않는 현상이 계속 유지되는 경우로, 이런 상황은 "No play"로 간주하고 볼을 다시 스핀한다. 이는 볼의 축(axis)과 포켓사이드의 크기 사이에 직접 관계가 있다. 따라서 이상적인 볼(ball)사이즈는 13/16인치를 추천할 수 있으며 가장 적당한 무게와 비중은 "아세탈(acetal)" 또는 "합성수지(plastics)"볼이 될 것이다. 그러나 테플론(teflon)은 너무 무겁고, 나이론 (nylon)은 너무 가볍다. 대부분의 국가의 카지노는 동물성 아이보리(ivory)를 수입하여 사용하는 것을 허용하는데. 이와 같은 볼은 "위험하지 않은 종류(endangered species)"로 분류되기 때문이다.

6) 실린더(Cylinder)

수직 스핀들 샤프트(vertical spindle shaft)에 있는 회전판으로 베아링의 정확성으로 도움을 받으며, 그 샤프트 자체가 평면으로 실린더 수평을 유지한다. 베아링이 마모 또는 헐거워지거나, 샤프트가 마모 또는 손상되는 일이 있으면 실린더는 불안정하고 "rise and fall"운동이 일어난다. 이 운동은 베아링의 마모를 더욱 가속화시킨 것이다. 이러한 영향으로 실린더의 한지역(section)에서 회전축 아래의 반이 시간상의 수치가 소멸될 것이다. 아울러 그 볼은 한 쪽 섹션의 포켓에서만 수용되는 결과가 될 것이다.

- 조치(cure)

"rise and fall"운동에 대한 점검을 "다이알 인디케이터(dial indicator)"라는 장비를 사용하여 일분 동안만 가진 다음 만약 실린더의 경사가 0.015보다 많게 보여준다면, 베아링이 단단하게 조여있는지 점검한다. 또한 높이를 확실하게 조절하여 정확하게 한 다음 스핀들 샤프트를 견고하게 고정시킨다. 만약 문제가 그대로 존재한다면 베아링을 교환한다. 실린더가 손상되었거나, 마모되어지는 일은 매우 중대한 문제이므로 그 휠은 통상적으로 제작자에 의해 보수되어야 한다.

7) 새파레터(Separator)

세파레토(separator)는 금속조각으로 각 넘버사이에 놓여있고, 볼이 떨어지면 가두도록 한 장치로 넘버가 매겨진 포켓의 양쪽에 만들어져 있다. 최신형으로 제작된 휠의 세파레티의 재질은 "크롬(chrome)"또는 "브래스(brass)"로 납작하고 둥근 모양으로 되어 있다. 순서대로 동등한 사이즈의 넘버를 가져야하는 포켓의 길이,

크기, 넓이 등을 동등한 수치로 범위를 만드는 "세파레터"는 대단히 중요하다. 그러나 세파레터를 만드는 주조(鑄造)의 방법에서 일정하게 둥글고 납작한 방식이 동등하지 아니하고 얇을 수도 있으므로 각 세파레터의 점검은 휠 제작자(manufacture) 의무이다. 왜냐하면 이는 제작업자 상호간에 작용하는 허용오차(許容誤差) 때문이다. 표준치를 허용한다면, 모든 수치에 가장 큰 수와 가장 작은 수의 차이는 0.015″인치의 1,000분의 15보다 크지 않아야 할 것이다. 몇몇의 휠은 각각의 세파레터를 장소에 나사로 고정시킨 것도 있다. 한편 견고한 링(ring)으로 주조(cast)하여 활용한 것도 있다. 개개의 세퍼레터로 고정되어 있으므로 그 링(ring)전체를 교환하거나 보수할 수도 있다. 그 고정된 링(fixed ring)또한 마모되고 굽어질 수 있기 때문이다.

- 체크 포인트(check point)

① 높이(height) : 만약 어느 세파레이터가 다음의 것(next separator)보다 높이가 낮다면 볼이 이 포켓을 스쳐 지나가는 이유가 되어, 부근 넘버에 떨어질 것이다. 다음 핸드상에 만약 세파레이터가 일정한 어느 것 보다 높았다면 그 볼은 이 포켓안에 걸려들 가망이 높다.

② 너비(width) : 만약 어느 세파레이터가 다른 것 보다 두터웠다면, 그것은 포켓 사이즈의 크기는 좀 더 작게 만들어 질 것이고, 볼(ball)은 그 세파레이터의 상단부분에 부딪치는 이유가 될 가능성이 많다. 그리고 다른 포켓안 또는 휠의 어느 지역으로 바운스(bounce)된다. 만약 세파레이터가 다른 것 보다 얇다는 것은 너비가 큰 포켓을 만드는 것이고, 이 볼이 트랩(trap)에 들어가는 가능성에 더 영향을 미치게 될 것이다.

③ 길이(length) : 만약 세파레이터가 다른 것보다 짧다면, 그 볼은 포켓주위를 쉽게 통괴되어진 것이다. 다른 핸드상에 만약 세파레이터가 다른 것 보다 길이가 길다면, 그 스핀(spin)은 어느 포켓 속에 볼이 들어가는 데 좀 더 효과적인 "트래핑"이 될 것이다.

④ 루스 세파레이터(loose separator) : 세파레이터가 헐거워졌을때는 사이드에서 사이드로 또는 위에서 아래로 이동되어 다른 치수(demention)의 포켓을

만들어낸다. 또한 볼의 결과에 대한 영향을 둔화 시킬 것이며 "루스 세파레이터(loose separator)"는 휠의 어느 지역에 볼트랙을 가질 가능성이 있다.

⑤ 손상/마모된 세파레이터(damaged / worn separator) : 세파레이터의 도금이 벗겨졌거나 손상되었을 때, 이것은 포켓의 두께에만 영향을 주는 것이 아니라 볼의 바운스(bounce)결과를 여러 가지로 변화를 줄 수도 있다.

• 조치(cure)

세파레이터의 높이는 상호관계가 있는 "다이알 인디케이터(dial indicator)"의 사용에 의하여 측정되어 질 수 있다. 이러한 도구(instrument)로 세파레이터가 굽어진 부분은 펼쳐서 부착하고, 급강하는 부분에 plunger needle이 직접 위치하도록 접근한다. 계량기를 0.015″보다 커져서는 안될 것이다. 각 포켓의 인사이드 측정은 내부측정기(caliper gauge)의 사용에 의하여 측정되어질 것이다. 이 도구는 계량기로부터 두 개의 다리를 놓게 하여 두 세파레이터 사이에 놓여졌을 때, 포켓의 넓이를 측정하게 될 것이며, 이러한 측정의 읽음은 세파레이터가 다른 어떤 것보다 적게 되었는지, 커졌는지, 포켓의 상태를 보여주게 되는 것이다. 계량기는 제로(zero)로 고정시키고 오차는 0.015″보다 적어야 할 것이다.

Old style separator high-side

New style separator low-side

〈그림 Ⅴ-3〉 세파레이터(separator) 디자인

8) 볼스톱(Ballstops)

볼스톱(canoes)들은 포켓지역에서 볼의 접근에 좀 더 많은 랜덤(random)을 유도하려는 의도에서 만들어진 것이다. 만약 스톱들이 너무 높다면 단지 비켜가지 않고 그 진로(path)에서 멈추게 할 것이다. 만약에 그것이 헐거워졌다면, 볼에서 나오는 영향을 둔화 시킬 것이다. 만약 휠 안에 볼 스톱이 너무 많거나, 또는 너무 크다면 이것은 볼의 접선적 편향보다는 오히려 장애를 초래할 것이다. 또한 있어야 할 곳에 없는 볼스톱은 볼(ball)이 섹션의 측도(bypass)없이 또는 제한없이 자유롭게 들어가게 하는 이유가 될 것이다.

Old style ballstops

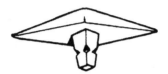

New style ballstops

〈그림 V-5〉볼스톱스(ballstops) 디자인

9) 포켓과 포켓패드(Pocket & Pocket pad)

포켓의 바닥은 통상 적절한 컬러(opprepriate color)로 플라스틱 또는 비닐의 소재로 지역(section)를 구분하였다. 이러한 섹션의 구분은 휠의 표면에 접착(plug)하였으나, 구형 휠(old wheel)의 섹션은 적절한 컬러로 페인트(paint)하였다. 패드(pad)는 포켓안의 기포로 페인트가 벗겨지거나, 부서질 수도 있다. 이것은 볼에서 오는 영향을 둔화시킬 것이며, 포켓지역에 볼이 정지되는 가능성이 많을 것이다. 그것은 무감각한 포켓이 만들어졌으므로 레드넘버가 자주 윈(win)한다는 것은 그 볼(ball)의 영향력이 둔화된 것이고, 레드 넘버에 페인트가 더 많이 칠하여졌다고 생각할 수 있다. 이 경우 접착제로 연결하거나, 두 요소에 에폭시(epoxy)의 사용에 의하여 부서지거나 벗겨진 부분을 복원하여 포켓의 기포 또는 벗겨진 섹션이 남아 있지 않도록 확실히 만든다. 좋은 상태의 포켓트래핑(pocket trapping)은 일정하게 볼이 떨어지는 소리의 높이가 고정되어 있고 루스(loose)한 포켓은 둔한 음향이 들린다. 각 포켓의 깊이(depth)는 마이크로 메타(micrometer)에 의해 측정되어진다. 이 도구로 다른 것과 관계를 비교하여 포켓속의 면적을 늘리거나 포켓의 깊이를 측정한다. 그것은 또한 어느 지역의 포켓패드가 높거나 낮거나 하는 부분을 측정에 의해 보여줄 것이다. 이러한 측정의 오차는 0.015″보다 많아서는 안될 것이다.

10) 휠 회전의 속도(Speed of Wheel Spin)

깊은 포켓을 가진 구형 룰렛휠(roulette wheel)상에 휠 회전은 볼을 서둘러 이동시키는 데 일조(一助)하며, 이로 인해 위닝넘버의 확대로 더 많은 랜덤(random)이 만들어지는 원인이 되며, 동시에 그 상아볼(ivory ball)이 튕겨져 날아가 손님에게 불평을 안겨주는 이유가 되기도 하였다. 최신의 휠(modern wheel)은 낮은 측면(profile)의 포켓을 가졌고, 그 활동은 여러 가지 설계의 요소(element of design)에 의하여 볼에 전달하는 것으로 휠의 구조안에 복합되어있다. 그러므로 빠른 속도의 회전이 필요한 것은 아니다. 따라서 휠 회전의 최적속도는 약 30rpm이며 가장 균형이 잘 맞는 회전의 시간은 4~5분 동안 회전하는 것이다. 천천히 회전하는 휠은 어느 지역에 스스로 떨어지는 볼(plunk ball)을 그대로 수용할 것이며 특히 구형 휠(old wheel)상에서 많이 일어난다. 휠의 스피닝(spinning)을 계속 유지하는 것은 게임자의 벳(bet)을 유도하는 것이다. 따라서 대부분의 카지노들은 테이블에 손님이 없을지라도 휠의 스피닝을 계속 유지시키고 있다. 어떤 위닝(winning)이 연속적으로 리듬(rhythm)을 깨고 있다는 것은 실린더의 스피드를 증가할 것이다. 즉 어떤 바이어스 존재로 스피드를 증가시키는 것으로 이는 패턴의 정도를 체인지하려는 것이다.

11) 딜러의 운영(Dealer's Operation)

룰렛 휠의 운영자는 어떤 다른 특징있는 휠로 게임의 결과에 영향이 많이 있는 것으로 가질 수도 있다. 부연하여 설명하면, 어떤 문제가 있는 휠을 가지고 딜러의 행동에 의해 그 영향을 상승시키거나 또는 반대로 행동할 수 있다는 것이다.

같은 위치에서 볼을 스핀하는 딜러가 각 게임에 같은 속도로 게임을 하여도 여전히 일치하지 않는 남아있는 문제가 있기는 하나 각 스핀으로 변화를 주는 운영을 하는 딜러를 위하여 사실적이지는 아니더라도, 휠 스핀의 속도 변화, 볼의 속도와 포인트에 접근하려는 시도 등에 훌륭한 연습이 될 수 있다. 만약 룰렛 딜러에게 게임의 결과에 미치는 영향을 가진 "펫션(fashion)"의 볼을 스핀할 수 있느냐고 질문한다면 그 대답은 대부분 틀림없이 "예스"라고 할 것이다. 이것은 알려진 바에 의하면 휠(wheel)을 적정한 회전량(回轉量)으로 유지하고 나서, 볼(ball)은 각각의 스핀으로 같은 지역의 볼트랙에 떨어뜨리는 것이다. 다시 말해서 휠 회전의 일정한 포인트가 싱글제로 또는 더블 제로 일 때 딜러는 순간적으로 볼을 스핀하여 볼을 실린더의 반쪽을 겨냥하는 것으로 딜러가 여러 가지 방향으로 결심할 수 있으며 대부분 그 볼은 순간적인 찰나에 손을 놓았을 때 자주 결심한 곳에 떨어진다.

12) 랜덤 배분의 법칙(Law of Random Distribution)

만약 코인(coin)을 300번을 던져 앞쪽(head)이 70%가 나왔더라도 이것은 이상할 것이 없다. 만약 코인을 똑같이 3,000번을 던졌더라도 그대로 70%의 결과일 것이다. 왜냐하면 그것은 코인에 이상이 있는 것으로 기대되기 때문이다. 룰렛 휠 역시 같은 논리이다. 짧은 시간에 일정한 넘버가 자주 나왔다는 것은 장시간의 퍼센티지(percentage)에도 같거나 근접할 것이다. 전장(前章)에서 보여준 그래프(graph)는 휠의 특별한 지역(section)안에 대단히 강하게 휠이 바이어스(bias)된 것이다. 휠이 바이어스된 섹션은 짧은 기간 동안 자주 나오는 넘버의 빈도수가 높아 당황스럽게 하고, 특히 위닝 넘버들이 휠 주위를 비교적 대등하게 분배되지 않는다는 것이다.

게임실무 진행절차

1. 딜러의 직무(Function)

1) 딜러업무의 책임(General Description og Dealer Responsibility)

① 게임자는 한가지 컬러(color)씩만 사용할 수 있도록 하며, 모든 게임자에게 룰렛칩스로 플레이할 수 있도록 유도(leading)한다.

② 딜러는 카지노 칩스를 셔플(shuffle)해서는 안되며, 업무교대시 딜러는 테이블 앞에서 양손의 앞뒤를 보여 분명함을(clear hand)보인다.

③ 딜러는 매 스핀마다 플레이어의 테이블 미니멈(minimum)리미트를 체크해야 하며, 예의바른 행동으로 게임자를 대우한다.

④ 딜러는 현재의 테이블상태가 게임을 하기 위한 준비가 되어있는지 확인하며, 모든 컬러칩스는 다루기 용이하고 쉽게 구분할 수 있도록 셋팅(setting)한다.

⑤ 딜러는 볼의 위치를 확인해야 하며, 항상 각 테이블에 2개의 볼이 유지하도록 하며, 모든 딜러는 교육을 통해 게임에 관한 절차에 익숙해야한다.

2) 데드게임상의 딜러책임(Dealer Responsibility on Dead Game)

① 딜러는 데드게임(dead game)이라 할지라도 방심(放心)하지 않는다.

② 딜러는 데드게임 상태일 때, 플레잉에 참가하는 게임자에게 공손한 태도를 취해야 하며, 딜러는 데드 게임상태에서 뱅크롤 머니(bankroll money)를 만져서는 안된다.

③ 게임이 데드(dead)되었을 때는 모든 하우스머니가 뱅크롤에 있어야 한다.(레

이아웃상에 머니가 없는 상태가 데드게임이다)그리고 룰렛게임에 필요한 모든 칩스는 순서적으로 모양있게 정리한다.

④ 뱅크롤은 데드게임상태에서도 변하지 않고 항상 유지되어야 하고, 담당 테이블 관리자에게 주어진 적당한 권한 하에 데드게임상태에서 연습은 허용된다.

3) 게임자에 대한 딜러의 게임안내(Dealer Instructing Players)

룰렛딜러는 게임 관련 플레이어가 많은 의문을 갖고 있다는 것을 항상 인식하고 있어야 한다. 이런 의문을 상냥한 매너(manner)로 대답하여야 하며, 다음의 룰(rules)을 지켜야 한다.

① 딜러는 게임자의 질문이 있을 시, 대답은 간결해야 하며 절대 즉흥적이어서는 안된다.

② 딜러는 게임자에게 어느 곳에 어떻게 벳팅을 하는지, 벳팅의 방법을 가르쳐주는 친절은 바람직하지 않다. 벳팅의 방법은 손님의 판단에 맡기며, 단지 어떠한 벳이 있는지, 그 종류를 소개하고 그 벳의 의미가 무엇인지만 설명한다.

③ 딜러는 질문에 대답하기 위해 게임을 중단하거나, 진행을 지연시켜서는 안되며 고객에게 모든 방법을 통해 설명을 하였으나, 고객이 이해하지 못하였거나, 문제의 질문으로 당황케 하더라도 인내심을 갖고 행동하여야 한다. 그리고 게임 중에 질문에 대한 대답을 할 수 없을 경우는 그 대답을 테이블 관리자에게 위임한다.

4) 딜러의 일반적인 품행(Dealer General Conduct)

① 룰렛딜러는 게임에 임할 때 언제나 기민(smart)하고 공손한 자세를 유지하여야 하고 딜링하는 게임 테이블을 등지고 돌아서는 행동을 하여서는 안된다.

② 딜러는 게임진행에 특별한 이유가 있지 않는 한, 딜러간의 대화는 허용하지 않으며, 대화가 필요한 경우도 데드게임(dead game)상태일때만 최소화한다.

③ 딜러는 불필요하게 손님의 돈 또는 하우스머니를 취급해서는 안된다. 라이브(live)게임상태에서 딜링을 할 때, 룰렛딜러는 레이아웃에서 세심한 주의를

기울여 정확하게 지불해야 함에도 불구하고 피트(pit)주위를 주시하는 등의 산만(散漫)한 정신자세가 있어서는 안 된다.

④ 룰렛딜러는 최소한 안전하고 능률적으로 게임을 유지시켜야하고 뉴-딜러는 가능한 빨리 환경에 적응하도록 노력해야 한다.

2. 게임진행절차

1) 게임의 보호 및 리미트(Game protection & limit)

① 카지노는 휠 헤드(wheel head)위로 거래하는 것을 허용하지 않으며, 휠 보울림(wheel bowlrim)위에 손을 얹어 휴식을 취하는 등의 행동도 허용되지 않는다.

② 벳(bet)에 대해 어떤 의심이 있을 때, 딜러는 그 볼(ball)이 떨어지기 전에, 게임자에게 그 벳을 분명하게 하거나 "No bet this spin"이라 어나운스멘트하고, 그 게임자에게 돌려준다. 볼이 드롭(drop)되려고 할 때는 어떠한 체인지(change)도 해서는 안된다.

③ 딜러는 두 플레이어가 서로 동일한 벳이라고 주장한다면, 테이블관리자에게 보고하고, 그의 결정에 따라 처리한 다음, 이러한 일이 재발하지 않도록 벳팅을 세밀히 주시한다. 또한 게임자가 있는 쪽으로 칩스 테이크(chips take)를 삼가하여 논쟁이 없도록 사전에 예방하고, 어떤 의심스러운 일이나 잘못된 상황이 발생하였을 경우, 즉시 담당테이블관리자를 부른다.

④ 게임자가 카지노가 정한 테이블 맥시멈을 초과하는 벳팅을 하였고, 딜러가 스핀하기 전에 알리지 않았더라도, 그 벳은 테이블 맥시멈(maximum)에 준하여 게임이 이루어지며, 테이블 관리자는 게임자에게 사실을 알리고 초과분에 대해서는 들려준다. 이에 딜러는 항상 볼이 스핀하기 전에 "라지베트(large bet)"을 체크하여야 한다.

2) 스피닝 볼(Spinning Ball)

딜러의 오른 편에 있는 휠(wheel)은 시계반대 방향으로 회전시키며, 이 때 볼

(ball)은 반대방향 즉, 시계방향으로 스핀(spin)
시킨다. 딜러의 왼쪽 편에 있는 휠(wheel)은
시계방향으로 스핀하며 이때, 볼은 시계반대방
향으로 스핀시킨다.

① 볼을 스핀하기 전에 딜러는 게임자에게
충분히 벳팅(betting)할 수 있는 시간을
준다.

② 휠(wheel)도 볼이 특정 넘버에 히트되었
을 때, 충분히 바운스(bounce)될 수 있

는 속도로 회전되어야하며, 이 속도는 게임자가 넘버를 식별할 수 있어야 한다.

③ 휠 헤드(cylinder)와 볼(ball)은 시계방향과 시계반대방향으로 상반되어 스핀
되어야 한다.

유럽식 볼 스타트

유럽에서의 볼 스타트는 "라스트 위닝넘버(last winning number)"에서 스
핀된다. 이는 딜러가 의도하는대로 볼이 휠의 일정한 지역에 드롭되는 것
을 방지 위해서이다. 딜러가 라스트 위닝넘버가 어닌 곳에서 볼을 스핀하
였다면, 즉시 게임자에 의해 항의(outcry)를 받으며 다시 스핀해야 한다.

New Jersey regulations state 19:47 - 5.3 휠의 로테이션과 볼

① 룰렛볼은 딜러에 의해 휠의 반대 방향으로, 적절한 스핀(spin)이 되기
위해서는 적어도 휠 트랙(wheel track)을 완전하게 4회전 해야 한다.

② "볼(ball)이 휠트랙을 회전하는동안 딜러는 "No, more bets"이라 콜
링히며 동시에(simultaneously)손으로 레이아웃(layout)을 정리해야
한다. 이때 휠이 오른편에 있다면 딜러는 왼손을 주로 사용하며, 왼편
에 있는 휠이라면, 오른손을 사용한다.

③ 휠의 특정번호에 볼이 떨어지면 그 넘버를 콜링한 다음 "크라운
(crown)"이나 "돌리(dolly)"로 알려진 포인트 마커를 레이아웃의 같은

넘버위에 놓는다.

④ 레이아웃에 포인트 마커를 놓은 후에 먼저 "루징 웨이저(losing wager)"를 콜렉트하고 "위닝 웨이저(winning wager)"에 지불한다.

3) 노-스핀(No-spin)

① 볼 트랙(balltrack)주위를 볼이 4회 이하로 회전하였을 때, 또는 외부물건이 휠 안이나 주변에 있는 경우(게임자의 손, 음료수병, 유리조각, 라머버튼, 담배등이 포함)에 노스핀이 된다.

② 볼(ball)과 실린더(cylinder)가 같은 방향으로 스핀될 때와 볼이 휠 바깥으로 튀어나갈 경우, 이 경우는 딜러가 스핀 실수를 하였거나, 실린더(cylinder)의 스핀속도가 너무 빠른 경우로 노스핀이 된다.

③ 딜러의 실수로 볼을 놓치거나 휠 안으로 다시 드롭되거나 테이블에 떨어지는 경우에도 노스핀이 된다.

• 조치(cure)

위와 같은 상황이 발생하였을 때, 딜러의 행동은 다음과 같다.

① 즉시 "노스핀"이라 콜링한다.

② 볼이 드롭되기전 스톱을 시도한다.

③ 볼은 라스트 위닝 넘버(last winning number)에 재위치시키고 정확한 방향으로 실린더를 적어도 한 번 이상 회전시킨다.

④ 딜러는 볼을 픽업(pickup)한 다음 다시 스핀한다.

4) 리-스핀(Re-spin)

이 상황은 실린더(cylinder)가 너무 빨리 회전하여 그 원심력(遠心力)으로 인해 실린더 가장자리에 볼이 걸려 발생한다. 볼이 실린더 위에서 10회이상 회전하면 딜러는 "노-스핀"이라 콜링하고 볼을 다시 라스트 위닝 넘버에 재위치 시킨 후 "리-스핀"한다.

① 볼을 픽업하면 반드시 스핀한다. 만약 게임자가 벳팅할 시간을 좀 더 요구하는 등의 딜러의 진행에 방해가 있다면, 반드시 볼을 리-스핀하기 전에 "라스트위닝 넘버"로 옮긴다.

② "노-스핀"이 되어 딜러가 라스트 위닝 넘버를 찾는 동안에는 실린더의 회전을 중단한다.

③ 딜러나 슈퍼바이저 누구도 휠이나 볼의 스핀으로 위닝 넘버에 대하여 영향을 끼치거나, 조종하는 것 같은 인상을 주어서는 안 된다.

5) 볼이 스피닝 되는 동안의 딜러 임무

① 볼이 스핀되면 딜러는 레이아웃(layout)을 지켜보며, 자리를 벗어난 벳이 있는지, 불확실한 벳이 있는지, 리미트가 오버되지는 않았는지 체크한다.

② 게임자를 위하여 벳팅을 할 때, "미스 언더 스탠딩"을 피하려면 복창하여 확인한다. 이 때 그 벳이 고객이 원하는 대로 결정될 수 없는 상황이라면 "No bet this spin"이라고 어나운스한 다음 고객에게 돌려준다.

③ 딜러가 "No more bet"이라고 콜링한 후 또는 게임에 대한 지불이 종료되지 않은 상황에서 "푸쉬 오프 벳(push off bet)"하였다면 "Sorry Sir/Madam too late next game please"라고 어나운싱하고 그 벳을 돌려준다.

④ 칼럼벳(column bet), 하이넘버벳(19-36), 또는 3rd 다즌벳의 벳팅자리는 섹션의 중앙 위치에 놓이도록 습관화하여 "패스트 포스팅"을 하지 못하도록 방지한다.

⑤ 미니멈 벳(minimum bet)은 제외하고, 모든 고액 칩스의 벳은 담당 테이블 관리자에게 알리며 미니멈 벳 지역에서 고액 게임이 있는 경우도 알려야 한다.

⑥ 딜러는 볼이 스피닝 중에 다른 딜러와의 교대가 이루어질 수 없으며, 모든 지불 행위가 끝난 후에 교대를 할 수 있다. 볼이 스피닝 되는 중에는 다음과 같이 레이아웃(layout)을 웟칭(watching)해야한다.

　㉠ 미니멈 이하의 벳과 맥시멈 이상의 벳을 정정하거나 그럴 시간이 없다면 명백하게 "No bet this spin"이라고 구두로 말한다.

ⓛ 분명치 않은 벳(obscure bet)은 게임자에게 분명하게 만들도록 하고, 시간이 없다면 게임자에게 의사를 전달받거나 전달한다.

ⓒ 현금 벳팅일 경우 칩스로 체인지(change)하여주고, 시간이 없다면 "No bet"이라고 알린다.

ⓔ 아웃 사이드 벳에 섞여 있는 컬러칩스는 분리하고, 휠첵(wheel checks)이 불분명하게 벳팅된 것은 타이디(tidy)가 필요하면 그 벳은 단정하게 정리한다. 예를 들어 두 개의 칩스가 26/29에 "side by side"로 걸쳐있다면 가능한 "stack on stack"으로 정리해둔다.

ⓜ 다른 테이블이나 타 카지노에서 사용되는 칩스는 적당한 설명과 함께 되돌려주며, 담당 테이블 관리자의 지시에 따라 업무를 수행한다.

레이아웃을 왓치(watch)하면서 볼이 스핀되는 소리를 들을 수 있어야 하며, 천천히 돌아가는 소리가 들리면 "No more bet"이라 어나운스하는 동시에 레이아웃을 정리한다.

6) 볼이 휠안에 드롭되는 경우

① 볼이 드롭(drop)될 때 딜러는 어떤 넘버에 드롭되는가 보려고, 휠 방향으로 몸을 완전히 돌려서는 안된다.

② 딜러는 휠을 슬쩍 볼 수 있도록만 하고 눈은 계속 레이아웃을 주시한다. 이는 게임자가 "레이트벳(late bet)"을 방지하기 위해서이며, 볼이 드롭될 때 휠과 레이아웃을 보기 위해서 필요하다. 또한 테이블 관리자(floorperson)는 레이아웃에 어떠한 레이트벳이 있었는지 체크한다.

③ 볼이 드롭될 때 즉시 휠을 보아서는 안되며 약 2초 동안 지체하여 레이아웃을 체크한다. 딜러는 항상 게임에 대한 책임이 있으므로 자신을 위하여 레이아웃(layout)을 왓치(watch)해야 하며, 첵 랙커(check racker)에 의지해서는 안 된다.

④ 볼이 넘버에 완전히 드롭(drop)된 것을 확인한다. 또한 외부의 물질이나, 그 요인으로 위닝넘버가 바뀌어지는 경우가 있으므로 "wheel head"를 체크해야 한다.

7) 볼이 드롭된 후의 절차

① 볼이 휠포켓(wheel pocket)안에 들어가면 딜러는 그 번호를 알리고 "크라운 마커"를 레이아웃의 같은 넘버 위에 놓은 다음 먼저 아웃사이드 벳의 루징 웨이저를 콜렉트(collect)/지불(payment)하는 기본 절차는 다음과 같다.

• 기본절차
  – 마커를 위닝 넘버위에 놓는다.〈그림 VI-1〉
  – 그 넘버주위를 클린(clean)시킨다.〈사진 VI-2〉
  – 아웃사이드벳을 테이크한다.
    columns → High number bet(19~36) → odd → 3rd Dozen → Red →
    Black → 2nd Dozen → Even → Low number bet(1~18) → 1st Dozen
  – 레이아웃을 스위핑(sweeping)한다. 〈VI-3〉
  – 아웃사이드(outside)에 지불한다.
  – 인사이드(inside)를 지불한다.

〈사진 VI-1〉 7-1-a항의 위닝넘버 marking

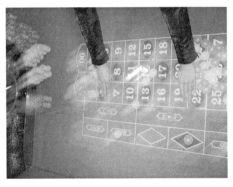

〈사진 VI-2〉 7-1-b항의 위닝넘버 cleaning

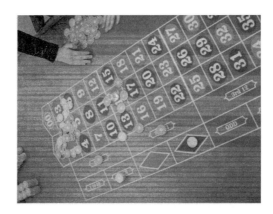

〈사진 Ⅵ-3〉 7-1-d항의 레이아웃 sweeping

② 딜러는 2nd와 3rd 다즌(dozen)섹션사이의 존(zone)아래쪽을 "아웃사이드 (outside)"로 간주하며, 위닝 넘버의 벳은 필요하면 카운트다운한다. 모든 아 웃사이드 벳은 레이아웃 쪽에서 휠 헤드(wheel head)쪽으로 지불되며 지불 하는 칩스의 가치(수량, 금액)는 테이블 관리자에 의해 확인하도록 콜링하여 야 하며, 게임자에게는 어떤 방식의 계산이 있는지 알려준다.

③ 인사이드(inside)벳은 위닝넘버 주위의 루징넘버의 칩스를 콜렉트하며, 지불 방법은 아웃사이드를 먼저 하고 나서 넘버는 바깥쪽으로부터 안쪽으로, 위에 서 아래로 지불한다.

④ 딜러는 라스트 위닝 넘버(last winning number)로부터 마커가 움직일 때까 지 게임자가 벳팅하는 것을 허용하여서는 안된다.

⑤ 딜러는 루스(lose)된 칩스를 스위핑할 때, 위닝 지역을 건드리는 것이 두려워 칩스를 질질끌듯 하지 않는다. 이 경우 루징칩스를 피킹(picking)하는 것도 필요하고, 모든 루징 칩스는 에프론(apron)으로 쓸어내 칩핑(chipping)한다.

⑥ 딜러에 의하여 테이크된 위닝벳에 대하여 고객이 어필(appeal)하거나, 복원 (replace)할 것을 요구할 경우, 일단 딜러는 테이블의 클리닝을 계속한 다음 테이블 관리자가 딜러에게 지시한다.

　㉠ 테이크된 칩스를 복원시키는 경우 :

　　예 "one blue chips 17/20"

ⓛ 그 자리에 칩스가 없었음을 고객에 전하는 경우 :

예 "Sorry, Sir/Mam

There was nothing"

만약 위닝벳을 테이크하려는 순간에 잘못을 알았다면 즉시 되돌려 놓는다.

⑦ "wrong number"(휠포켓속의 위닝넘버와 레이아웃상의 넘버가 다르게 스위핑한 넘버)로 클리닝 하였을 때, 딜러는 그 처리절차를 테이블 관리자에게 위임한다. 딜러는 슈퍼바이저의 지시를 기다려야하며 슈퍼바이저(supervisor)는 고객에게 어느 칩스가 어느 위치에 있었는지를 상세하게 설명한다.

※ 딜러는 애매하게 놓여진 칩스가 위닝이 되어 논쟁의 될것이라고 판단되면 어떤 움직임도 하지 말고, 담당테이블관리자의 판단과 결정에 맡긴다.

8) 지불 순서(Payout Order)

① 딜러는 모든 손님에게 지불이 완료될 때까지 위닝지역에서 칩스를 이동하거나 칩스에 손을 대는 행위를 하지 못한다.

② 아웃 사이드 벳은 칼럼(column)에서 시작하여 이븐머니벳(even money bet) 그리고 다즌 벳(dozen bet)순서로 진행되며, 넘버벳(number bet)의 지불순서는 스트레이트 업 칩스를 중심으로 위에서부터 아래로 맨위의 컬러롤(color roll)부터 시작되는데 다른 벳의 칩스와 합산(totaling)한다. 예를 들어, 스트레이트벳 맨위에 "블루칩스"가 있다면 그 벳주위에 있는 블루칩스의 계산을 모두 합하여 지불한 후, 다음 컬러를 지불하는 방식으로 진행한다.

③ 위닝넘버안에 스트레이트 벳이 없다며, 그 외의 벳중에 가장 높은 배수의 벳부터 지불을 하고 항상 큰소리로 콜아웃(callout)한다. 그리고 이러한 모든 지불은 "1st Dozen"지역의 반대쪽에서 만들어지며 머니칩스를 지불할 경우도 마찬기지이다. 그러나 게임자에게 선날되기전에 항상 테이블 관리자에게 동의를 받아야 한다.

④ 벳팅의 합산 금액에 대한 칩스를 준비하면서 즉시 손님이나 테이블 관리자에게 어나운싱(announcing)하는 것이 "미스테이크(mistake)"를 예방할 수 있다.

9) 아웃사이드 벳 지불(Paying the Outside Bets)

① 위닝이 칼럼벳(column bet)한곳에만 있더라도 항상 휠(wheel)로부터 딜러의 손이 가장 먼 곳부터 지불해야한다. 만약 위와 같은 지역에 두 곳의 벳이 있을 경우 같은 손으로만 지불해야 한다.

② 칼럼 벳을 2:1로 지불할때는 사이징(sizing)을 두 번하고, 캡핑(capping)을 해서는 안된다. 이븐찬스와 위닝이 더즌(dozen)일때도 휠(wheel)에서 가장 먼곳에서부터 안쪽의 순서로 지불한다.

③ 지불(payout)가능한 위닝지역내에서 균형있게하고, 컬럼과 다즌을 합산하여 지불해서는 안되며 "Dozen bet"을 지불할 때 혹시 딜러의 왼쪽에 놓여있을 "Line bet"이나 "Street bet"에 대해 특별히 조심해야 한다.

④ 위닝지역 페이(pay)는 다음지역으로 옮겨가기 전에 순서에 의해 지불되며, 페이하다가 부족한 칩스를 가져오는 동안, 부분적으로 페이하였던 벳에 대해 잊어버리는 일이 없도록한다.

⑤ "라지컬러칩스(large color chips)"지불에 대해서는 이에 상응하는 가치로 다음과 같이 지불한다.

   ㉠ 우선 위닝지역 위에서 컷다운(cut down)하고 그 금액을 콜링한다.

   ㉡ 콜링한 다음 테이블 관리자 앞에서 상응하는 "머니칩스(money chips)"로 만든 다음 콜링한다.

⑥ 가능한한 베팅한 칩스에 손을 대는 것을 피하고 육안으로 확인하도록 하며, 리미트(limit)에 대해 알리는 것도 테이블 리미트가 초과되어 보일때만 콜링한다.

10) 넘버 벳 오프닝(Opening the Bet on the Number)

① 아웃사이드벳 지불을 완료하였을 때, 딜러는 클린핸드(clean hand)를 보여주고 그 손으로 휠(wheel)에서부터 가장 먼 곳의 벳(bet)을 오픈한다.

② 딜러는 꼭 필요하지 않는 한 벳을 만지지 않으며 5개보다 적은 칩스의 벳은 테이블 관리자에게 보고하고 손대지 말고 그대로 둔다. 5개보다 많은 컬러의

칩스는 각 5개를 기준하여 수직
으로 "side by side"하여 계단을
만들어 테이블 관리자가 한눈에
확인할 수 있게 한다.

③ 컬러가 믹스(mix)된 것은 컬러별
로 분리하여 2항과 같은 절차를

가지며, "샌드위치 벳"은 지불하기 전에 다시 정리한다.

④ 칩스의 금액이 큰 액수 일때는 위닝지역에서 "컷다운"하고 머니칩스로 지불하
며, 맥시멈이 초과된 벳팅인 경우, 맥시멈금액을 콜링하여 주면서 초과금액
의 칩스를 게임자에게 돌려준다. 그리고 컷다운 할때는 휠에서 가장 먼손으
로 픽업해서 가장 가까운 손으로 한다.

11) 웨이저(wager)

① 지불(pay off)이 완료되면, 딜러는 위닝 넘버에서 "크라운 마커(crown
marker)"를 제자리에 옮겨 놓는다. 그런다음 "Next game, place your bets,
please"라고 어나운스 한다. 지불이 종료될 때까지 게임자는 새로운 벳을 할
수 없으며 크라운마커는 항상 위닝 넘버로부터 제자리로 옮겨 놓는다.

② 모든 벳팅은 룰렛 레이아웃에서 벳팅이 허용되는 곳에만 칩스를 놓는 것으로
이루어지며, 게임자에게 같은 컬러의 "non-value"룰렛 칩스를 주지 않으며,
좌석이 있는 게임자(seated player)에게는 무가 칩스로 게임을 하며 좌석이
없는 게임자(standing player)에게만 유가칩스로 플레이하는 것을 허용한다.

③ 딜러가 "No more bets"콜링한 후, 플레이어가 벳팅을 하면 즉시 "No bets"이
라고 콜링을 한 다음 휠을 보기전에 레이아웃에서 그 벳을 돌려준다.

④ "버발웨이저(verval wager)"는 캐쉬와 동반하였을 때, 이런 타입의 벳은 인
정되기도 한다. 이 경우 볼이 스핀되지 않고, 딜러는 구두(口頭)로 확인된 것
을 게임칩스로 전환시킨다. 만약에 이러한 타입의 벳을 그대로 허용한다면,
딜러는 게임자와 테이블 관리자에게 그 벳팅을 알 수 있도록 콜링한다. 어느

곳에, 얼마나 벳팅하였는지를 멘트한다. 이 벳팅이 딜러에 의해 콜링될 때 비로서 인정되며, 칩스를 픽업하기전에 콜링하여 어떤 의혹도 없게 한다.

3. 룰렛게임 운영자의 기타업무

1) 딜러의 팁(Toke procedure)

① 딜러는 토크(toke)를 재촉하거나, 공공연한 요구나 또는 암시(暗示)하는 행위는 금지되며, 이런 행위가 발생하면 엄격한 징계를 받게 된다.

② 딜러는 게임자가 토크를 주면 최대의 감사표시를 하고 토크박스에 팁(tip)을 넣는다. 만약에 게임자가 딜러를 위해 어느곳에 "toke bet"을 해야하는지 물어봐도 가능한 한 게임자가 결정하도록 한다.

③ "For the dealer bet"이 만들어지면, 그 토크벳은 다른 벳과 섞이지 않게 따로 분리한다. 또한 루징벳(losing bet)을 테이크하는데 있어 고의적인 태만은 부정한 비리로 간주되며, 그 행위는 딜러의 해고사유가 된다. 그리고 슬리퍼(sleeper)벳이나, 게임에서 소유가 불분명한 머니(unclaimed money)는 어떠한 상황에서도 토크나 토크벳으로 유용(有用)되어서는 안된다.

④ 플레이가 벳팅하여준 위닝토크(winning toke)는 먼저 페이(pay)되어야 하며, 게임자 벳과 토크벳을 합하여 멕시멈 벳의 리미트(limit)를 초과하여서는 안된다. 토크의 인사이드, 아웃 아이드 리미트는 카지노가 별도로 정하며 토크 칩스가 토크박스에 들어가기전에 중·저가의 칩스로 체인지 한다.

2) 첵렉커의 업무(The Checkracker)

① 첵랙커(checkracker)는 레이아웃을 분명히 판단할 수 있게 가능한한 휠(wheel)이나 테이블 근처에 위치하여 딜러가 콜링하거나, 위닝넘버에 "마킹(marking)"하는 동안 레이아웃을 윗치(watch)한다. 또한 딜러가 정확히 콜링하였는지 또는 마킹하였는지를 확인한다.

② 첵랙커는 딜러가 아웃사이드와 인사이드의 루징벳을 클리어(clear)시키고 어

떤 지불을 준비하는 것을 윗치하며 첵랙커는 유가 칩스(value chips)를 취급해서는 안되며, 딜러는 컬러칩스로 우선 지불하는 책임이 있다.

③ 볼(ball)이 매번 스핀될 때마다, 칩스가 완전히 정돈(rake up)되었는지 확인하며 레이아웃을 윗치하기에 적절한 장소에 위치한다. 그리고 게임자와는 어떤 대화도 나눌 수 없으며 게임자와 딜러간에 동의 할 수 없는 일이 발생하였을 경우 이들간의 문제가 발생한 정보를 테이블 관리자에게 알려준다.

룰렛테이블의 Cashing in

• 게임자가 룰렛테이블에서 떠나기를 원할 때, 딜러는 게임자가 다른 게임도 할 수 있는 칩스로 환전(exchange)한다. 이는 무가칩스를 유가칩스로 전환시키는 것이다.

• 만약 레이아웃에 게임자의 칩스가 남아있다면, 테이크하여 캐쉬하며 게임자가 남아있는 칩스는 계속 게임하기를 원한다면, 이벳이 윈(win)또는 루스(lose)될 때까지 기다린 다음 "캐싱"한다.

• 게임자는 자신의 무가칩스를 일부만(partial)유가 칩스로 캐싱(cashing)할 수 있으며, 이때 딜러는 게임자가 무가칩스를 캐쉬하기전에 테이블 관리자에게 허락을 받아야 한다.

---

3) 슈퍼바이저/플로어 퍼슨(Supervisor/Floorperson)

룰렛 테이블 게임관리자가(슈퍼바이저/플로어퍼슨)는 딜러의 게임진행 감독은 물론 치터(cheater)의 움직임에 대해서도 경계한다. 또한 게임의 절차와 전략에 정통(acquaint)해야 할 것이며, 특히 테이블 관리자로서 자세(attitude)는 게임방어기술만큼 중요하다. 게임관

〈Roulette game gambling class 장면〉

리자는 항상 모든 게임을 통제(control)할 수 있게 딜러에게 지시를 하며, 테이블에서 어떤일이 일어나는지 정확히 알고 있어야 한다. 또한 게임자가 치팅(cheating)

하는 행위를 감지할 수 있도록 항상 주시해야 한다.

• 룰렛 테이블 관리자의 guide lines

① 항상 움직이면서 계속해서 레이아웃을 주시하고, 한 테이블을 주시하는 동안에도 다른 테이블의 액션을 청각으로 듣는다. 그리고 모든 절차에 따르도록 딜러들을 인식시켜야 한다.

② 게임자들의 인식정도, 게임의 자세, 베팅의 수준 등을 알고 있어야 하며, 게임자가 초조해 있지는 않은지 어떤 벳팅을 시도하고 있는지, 테이블의 눈치를 보고 있는지를 살핀다.

③ 테이블에서 분쟁을 일으키는 게임자에게 너무 열중해 있거나, 연연하지 말아야 한다. 이는 치트팀(cheat team)에 의해 주위를 산만하게 하려는 계략일수도 있다.

④ 테이블 관리자가 볼 때 단순 치트(cheat)용의자로 의심가는 행동은 게임자의 게임상식 부족이거나 또는 꾸준하게 영악한 실수를 만드는 데 기인하는 경우가 있다. 그러나 "하이롤러(high-roller)"의 의심가는 행동은 매우 조심스럽게 다루어져야 하며 유머(homour)로서 대응한다. 하이롤러는 한도가 없는 벳(non-extent bet)으로 오픈할 것을 요구하며 그의 "라지크레딧(large credit)" 라인을 악용하기도 한다. 참고로 게임진행에 대한 지식을 기초로 항상 최상의 역할을 해야 하며, 하이롤러의 전략에 대한 지식을 갖춘 피트매니저의 지시를 받는다.

⑤ 딜러와 테이블 관리자는 모든 지불(payout)에 대해 (유가칩스포함)서로 동의되어야 한다. 만약 서로다른 계산이라면, 플로어퍼슨의 지시로 합의에 도달하도록 한다. 결코 딜러가 어떻게 지불할지 결정해서는 안된다. 이것은 게임 방어에 위험이 있기 때문이다.

⑥ 칵테일 서비스가 슈퍼바이저의 시야를 방해하지 않도록 하며 또한 딜러나 첵렉커에게 방해가 되지 않게 한다. 그리고 볼을 스핀할 때 습관적으로 레이아웃 주위를 서성대는 게임자가 있는지 살핀다.

⑦ 좌석에 앉아있는 게임자(seated player)뒤에 서있는 게임자(standing player)를 주시한다. 그들은 "치트팀(cheat team)"의 일원이거나, 다른 게임자의 벳

(bet)또는 "첵스(checks)"를 훔치려는 의도가 있을지 모른다.

⑧ 볼드롭(ball drop)전에 딜러의 집중력을 흐리게 하려고 상습적으로 딜러에게 많은 양의 칩스를 주고 벳팅을 요구하는 게임자를 주시한다. 그리고 위닝넘버에 많은 양의 컬러 칩스를 베팅한 게임자를 주시한다. 이 경우 고액칩스가 맨 아래에 놓여질 수도 있다. 딜러는 "late bet"으로 간주하고 칼라칩스로 다시 돌려준다.

⑨ 칼럼(column)과 이븐머니벳근처에 스코어 카드, 종이조각, 담배 등을 가지고 있는 게임자 또는 컬러 첵(color check)을 가지고 테이블을 떠나는 게임자를 주시한다.

⑩ 볼이 드롭(drop)될 때, 레이아웃 위를 칩스로 두들기는 게임자를 주시한다. 이는 컬럼 벳(column bet)에 속임수 행위를 하기위해 주위를 산만하게 하려는 것일 수 있다. 그리고 테이블 한쪽에서 일어나는 논쟁과 혼란에 대해 주의한다. 이는 딜러에게 혼란을 야기시키는 것이며, 테이블 반대쪽에서 발생되는 속임수 행위를 다른쪽으로 주의를 돌리려는 것이다.

⑪ 계속적인 실수로 위닝넘버의 칩스를 테이크하였다가 곧바로 다시 "리플레이스(replace)"하는 딜러를 주시한다. 이 상황에서 테이크한 것 보다 많은 칩스를 리플레이스 할 수 있기 때문이다. 특히 게임자를 위해 베팅한 곳에 볼을 드롭시키는 느낌을 주는 딜러를 주시한다. 이는 매우 의심스러운 것이다. 그리고 이븐머니 벳(even money bet)에서 루징 벳(losing bet)에 잘못 지불(in error pay)하는 딜러도 주시한다.

⑫ 계속 라머가치(lammer value)를 알아야 한다. 라머의 가치가 바뀐적이 있는지, 어떤 게임자가 그 컬러를 갖고 있는지 새로운 가치로 무엇을 정하였는지, 그리고 딜러는 변화에 대해 보고하였는지를 살핀다.

⑬ 정확한 넘버에 정확히 지불되는지 확인하는 것은 물론 볼이 떨어지는 (dropping)소리에 귀를 기울이며 또한 계속 레이아웃과 위닝넘버를 주시한다. 그리고 딜러가 레이아웃을 정리하기전에 위닝벳을 기억하도록 하며 특히 테이블 관리자의 눈치를 살피는 게임자를 주시한다.

⑭ 컬러칩스와 유가칩스는 각각의 게임자들이 어느 만큼 가지고 있는지, 각 스

핀마다 어느 정도 벳팅하는지, 주시하며 볼이 스핀되는 동안 인사이드 벳의 유가칩스를 체크하고 어떤 게임자가 플레이 했는지를 확인한다. 또한 컬러칩스 아래에 있는 유가칩스를 체크한다.

⑮ 볼이 스핀되는 동안 레이아웃의 같은 장소에 유가칩스가 계속 있는지 확인한다. 어떤 게임자는 다른 게임자가 컬러칩스를 벳팅하는 동안 유가칩스를 "스틸(steal)"할 수 있다. 그리고 싱글컬러 칩스 아래에 단위가 높은 유가 칩스를 유의해야 한다. 이는 자주 일어나는 일이다.

⑯ 한명의 딜러가 한 명의 게임자와 일대일로 게임하는 것을 주시한다. 이는 매우 위험스러운 상황이므로 자주 관찰하여야 한다. 게임자가 자신의 벳(bet)이고 주장하는 벳에 대해서는 즉시 페이(pay)하지 않는다. 테이블 관리자는 항상 양쪽의 입장을 존중하고 게임의 지연없이 신속한 판정이 되도록 한다. 이런 문제가 통상적으로 일어나지는 않지만, 자신의 판단대로 일방적인 결정은 금물이다.

⑰ 플레이어가 딜러를 역이용하는 일이 있게해서는 안된다. 맥시멈테이블 리미트에서 초과된 벳과 뒤섞여진 벳(complicated bet)을 체크한다. 또한 칼라벳의 가치를 나타내는 "라머(lammer)"를 체크하고, 볼이 떨어지기 전에 딜러가 "No more bet"을 하는지 확인한다.

⑱ 볼이 스핀되는 동안 게임자의 벳팅은 매우 복잡하게 놓여진다. 딜러가 그 벳팅을 정리하지만 레이아웃에 미처 정리하지 못한 경우와 늦게 베팅하거나, 다른 곳으로 벳팅을 이동하는 게임자를 주시한다. 그리고 볼이 떨어진 후에 위닝넘버에 벳팅하는 게임자를 주시한다.

⑲ 레이아웃에 있는 모든 유가칩스를 알아둔다. 볼이 떨어진 후에 추가로 벳팅된 칩스가 있다면 그것은 되돌려준다. 그 칩스에 대해 "얼리벳(early bet)"이었다고 주장하

는 게임자가 있다면 테이블 관리자는 어떤 게임자를 윗치(watch)해야하는지 확실히 알게 될 것이다.

⑳ 상식적인 행동을 하지 않는 게임자 즉, 다른 게임자의 뒤에서 있든지, 어두운 곳(badly-lit)에 숨어서 게임을 윗치하거나 슈퍼바이저의 행동을 살피는 게임자를 주시한다. 또한 휠의 한 넘버에 히트(hit)시키려는 딜러를 주시한다. 종종 딜러는 싱글제로 또는 더블 제로에 본인의 의도대로 히트(hit)할 수 있다. 이러한 그린 포켓은 특정한 레드나 블랙넘버보다 쉽게 히트할 수 있다.

룰렛게이밍 장비

이 장비(equipment)들은 휠(wheel)과 테이블(table)이 수공예품으로 나온 이래, 오랫동안 룰렛의 게임에 사용되어 있다. 카지노 고객의 대단한 볼륨에(extraordinary volume)에 즉면하여 현대의 장비는 속도를 빠르게 하는 동시에 룰렛게임의 내부에 고도의 안전한 패턴을 유지하도록 고안되어졌다.

〈chinese style roulette wheel〉

1. 휠(wheel)의 구조 및 부품의 명칭

현대의 휠은 공차(tolerance)가 없는 정도로 정밀하게 설계되어졌다. 휠의 중요 구조는 크게 실린더(cylinder)와 보울(bowl)로 구분한다. 실린더는 두 개 또는 세 개의 베아링의 조력으로 사프트를 회전시킨다. 대부분의 휠 실린더는 교체할수 없도록 되어있으며 각 개의 부속은 제작자로부터 여분의 부속품을 제공받을 수 있다. 모든 휠의 모델은 제작의 의지에 따라 세련되게 변화를 주는 일정한 특색있는 디자인을 가져왔다.

1) wheel의 각 부품별 종류 및 명칭

• Turret/Ornament : 이것은 휠의 중앙에 튀어나와 있으며, 손잡이(handle)로 장식되어 있는 것도 있다.

- Turret Base Plate : 금속으로 둘러싸여진 접시 모양으로 나무 또는 베아링 하우징 없이 터릿(turret)을 움직이지 않게 감아돌리게 되어있다.
- Turret Base Ring : "베아링 하우징"의 바깥쪽을 커버하는 금속링 장치
- Bearing House : 금속샤프트(metal shaft)의 통로로 실린더의 중앙을 통과하도록 이어졌으며 주요 베아링은 이 샤프트 내부에 위치되었다.
- Heigh Adjuster : 이 장치아래에 베아링이 실려있고 실린더가 회전하는 곳의 메인 스핀들(main spindle)에 직접 연결되어졌다. 보울(bowl)내부에서 실린더를 들어 올리는데 사용되기도 한다.
- Bearing : 이것은 탑(top)과 버텀(bottom)베아링으로 구분하며, 실린더 안에 베아링샤프트의 맨위와 맨아래에 위치한다. 그리고 이것은 "메인스핀들"주위에 단단히 고정되어있다.
- Separators/Frets : 파트를 나누고 넘버가 매겨진 포켓을 만드는 메달이다.
- Pockets : 세파레토에 의하여 만들어진 넘버가 있는 섹션
- Pocket Pad : 각 포켓의 베이스에 "레드(red)", "블랙(black)", "그린(green)"과 같은 컬러나 번호의 조형물 조각(plastic strips)
- Cone : 실린더를 뒤덮듯이 위쪽으로 곧바로 이어지는 부분으로 넘어가 있는 포켓으로 둘러싸여 있으며, 이것에는 보통 공평한 구획을 8개의 검은선으로 밑에서부터 위로 동시에 그어져있다.
- Balltrack : 보울(bowl)의 상단섹션 내부의 홈(inner)을 따라 볼이 회전되는 곳을 말한다.
- Ballstops/Canoes : 작은 배를 닮아 카누라고도 불리우며, 이것들은 "볼트랙"의 맨아래쪽에 위치해있으며, 볼을 천천히 떨어지게 하거나 또는 내리막길로부터 볼을 벗어나게 하는 작용을 한다.
- Main Spindle/Shaft : 금속막대의 본축으로 베아링을 주위에 회전시킬 수 있는 곳이다.

2. 테이블(Table) 구조 및 장비의 명칭

룰렛 테이블은 적합한 테이블 다리와 단층 3/4인치 합판을 더블로 하여 제작설치되어진다. 테이블의 길이는 9피트이며, 7명또는 8명의 게임자가 앉을 수 있도록 한다. 유럽에서는 더블 레이아웃 테이블이 대단히 대중적이고, 이는 한 대의 휠(wheel)에 양사이드의 윙(wing)으로 두 대의 테이블을 갖는 구조이다. 게임에 사용되어지는 여러 가지 장비의 종류와 명칭은 다음과 같다.

1) Table의 장비 및 명칭

- Ball : 금속이 아닌 소재(non-metalic)
- Layout : 벳팅섹션(betting section)을 프린트한 모직 천(felt)으로 되어있으며, 그 디자인은 깊은 염색을 하였으나, 원단위에 손으로 페인트 한 것이 있다.
- Non Value Chips/Wheel Checks : 플레이어가 게임을 하려고 구매한 서로 다른 컬러의 벳팅칩스로, 그 칩스는 게임자에 의해 요구된 금액으로 가치(價值)가 결정된다. 또한 각 게임자는 다른 게임지와 다른 컬러 칩스로 플레이하므로, "플레이칩스"라고도 불리운다.
- Lammer Rack/Value Marker Indicator Rack : 게임자가 무가칩스를 구매할 경우 칩스하나는 마커와 함께 랙(rack)위에 놓여진다면, 그것은 칩스의 가치를 보여주는 것이다.
- Marker Rack : 마커의 가치를 유지하는 곳의 랙(rack)으로 게임자의 무가휠첵(non-value wheel checks)의 맨위에 올려 놓는다.
- Drop Box/Drop Slot & Money Paddle : 슬롯은 테이블에 돈을 넣는 박스 안에 작은 패들(paddle)의 도움으로 밀어 넣는 곳이고, 플라크(plaques)를 사용하였을 경우에도 슬롯(slot)안으로 떨어뜨린다. 슬롯아래의 잠겨진 드롭박스는 게임이 진행된 후 정기적으로 옮겨진다.
- Crown Marker/Win Marker/Dolly : 위닝넘버를 지정(指定)하는 목적으로 사용하기 위해 만든 장식용품(decorative)이다.
- Ball Tester/Magnet : 룰렛 볼(roulette ball)의 금속내용여부를 테스트하기위

해 사용하는 장치를 말한다.

- Bet Limit Sign : 게임자에게 허용된 미니멈 벳(minimum bet)과 맥시멈 벳 (maximum bet)을 안내하고저 각 테이블에 부착된 사인보드
- Bank Cover : 투명한 플라스틱 커버로 테이블이 클로즈(close)되었을 때 카지 노 칩스와 휠 첵에 대한 잠금장치
- Wheel Security Shield : 테이블의 플레이어 사이드 쪽의 룰렛 휠 섹션 주위를 둘러쌓은 투명한 플라스틱을 말한다.
- Chipper Champ : 칩퍼챔프는 딜러에게 루징벳의 무가칩스를 공급하여주는 테 이블의 에프론(apron)에 부착되어있는 머신(machine)이다. 이 머신은 하우스 뱅크 지역에서 스텍(stack)을 만드는 딜러를 위하여 종류별로 컬러를 만들어 준다. 이 머신은 오늘날 유럽피언(European)카지노에서만 찾아볼 수 있다.
- Laser Ball Locater/Display : 작은 레이저 투광기(laser protector)는 휠의 림 (rim)위에 놓여져 있고, 볼이 떨어진 곳의 포켓이 그것을 읽는다. 위닝 넘버 포 켓은 휠 위에 전시된 스크린에 전송하여 20개의 넘버를 보여준다. 또한 그 스 크린(screen)은 각 게임자의 가치도 보여준다.

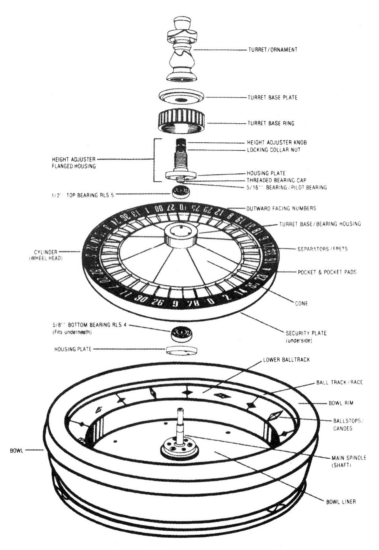

〈그림 Ⅶ-1〉 Roelette Wheel Parts

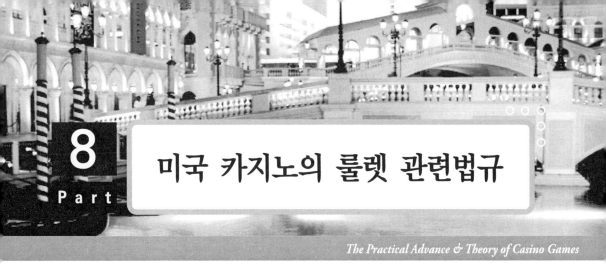

　룰렛게임은 "찬스(chance)"의 게임이고, 여러 가지 형태로 운영되어진다. 갬블링은 연방법(federal laws)에 의해 지배되지만 체스(chess)게임, 브릿지(bridge)카드게임 등의 스킬게임과는 달리 룰렛게임은 스킬(skill)을 요구하지 않는다. 게임자의 행위와 상관없이, 결과는 "표준(average)"을 근거로 한 법(法)으로 찬스의 게임이 되는 것이다. 그러나 돈을 손에 넣으려는 유일한 목적이 있는 "슬롯머신(slotmachine)"과는 달리 고정된 퍼센티지가 "바이어스(bias)"상에 위닝을 분배하여 룰렛은 즐기는 의도 또는 즐거움을 위해 게임된다.

　슬롯머신은 연방 또는 주법에 의해 엄격히 통제되며 그것들은 "기계적인 장치(mechanical devices)"라고 규정하고 있다. 룰렛 휠은 이와 같은 모든 법에 규제대상이 되는 것이 아니다. 몇 가지를 제외하면 모든 룰렛 휠은 여가를 즐기는 데 사용하기 위하여 대중들은 미국에서 어디서든지 구입할 수 있다. 룰렛 휠이 갬블링 목적으로 사용할 의지가 있거나, 또는 실제로 사용하였을 때는 "anti-gambling" 법이 룰렛 휠의 구매(purchase)또는 운영(opertaion)에 영향을 미치게 된다. 이 법령시행이 슬롯머신과 다르다면 유일하게 갬블링 목적에만 적용된다는 것이다. 다시 말하면, 룰렛 휠은 목적을 위하여 실제로 사용될 때까지는 갬블링장치로 고안된 것이 아니라는 뜻이다. 예를 들면, 1941년 "뉴-저지(New Jersey)"주에서 슬롯머신이 제작되기 앞서 장식품으로 간주되었었고, 동시에 그것들은 대중에게 합법적으로 구매될 수 있었다. 현재 룰렛 휠은 어디에서 만들어졌던 제작자와 관계없이 뉴-

저지주에서 구매할 수 있다. "New Jersey"법은 룰렛게임 규정과 갬블링 목적을 위하여 사용된 룰렛 휠 관련 사항을 명쾌히 규정하는 법을 제정하였다. 뉴-저지 법령은 문서로 정의(written definitions)하여 룰렛게임을 운영하는 규칙이다. 이 조항들은 카지노 운영과 게임자가 있는 곳의 룰(rules)이므로 특별히 섹션(section)의 플레이스 벳(place bet)과 승산(odds)에 대해 숙고(熟考)되어진 것이다.

1. 룰렛 테이블 및 룰렛볼

1) 19:46-7 룰렛 테이블의 물리적 특성
(Roulette Table: Physical Characteristics)

① 룰렛(roulette)은 테이블의 끝부분에 직경 30인치보다 적지 않은 룰렛 휠을 가진 테이블에서 게임되어질 것이다.

② 각 룰렛 테이블은 아래와 같이 기술(describe)되어진 싱글제로 종류와 더블제로 종류가 될 것이다.

㉠ 각 싱글제로 룰렛 휠은 하나의 제로(zero)와 휠 주위에 일정한 간격을 둔 동등한 칸막이(spaced compartment)로 37개의 번호를 가진 것으로 한 개의 제로는 그린컬러(green color), 다른 넘버는 레드(red)와 블랙(black)의 컬러로 1번부터 36번까지 교대로 휠 주위에 정돈되어있다.

㉡ 각 더블제로 룰렛휠은 하나의 제로와 하나의 더블제로와 함께 휠(wheel) 주위에 일정한 간격을 두고, 동등한 칸막이로 38개의 넘버를 가졌고, 싱글제로와 더블제로 둘다 그린컬러로 다른 넘버는 레드와 블랙의 컬러로 1번부터 36번까지 교대로 휠 주위에 정돈되어 있다.

2) 19:46-8 룰렛 볼스(Roulette Balls)

룰렛게임에서 사용되어지는 볼은 비금속물체(non-metallic substance)로 완벽하게 만들어져야하고 위원회(commission)에 의해 별도의 승인을 받지 않는 한, 그 직경의 인치(inch)가 14에서 16보다 크거나, 12인치에서 16인치보다 적어서도 안 된다.

2. 게이밍 칩스(유가 및 무가) : 물리적 특성(Gaming Chips ; Value & Non Value ; Physical Characteristics)

① 카지노에서 발행된 각 게이밍 칩스는 둥근 모양이 될 것이다. 직경은 1과 9/16인치로 분명하게, 영구적으로 카지노의 이름이 각인되어 발행된다. 칩스의 특정한 금액을 제외하고 카지노는 가치를 날인하지 않은 게임칩스발행이 허용되며, 룰렛게임목적을 위하여 도안을 조각(engrave)하거나 인쇄(imprint)한다. 가치가 표시된 게이밍 칩스는 "유가칩스"라고 불리우고 가치가 표시되지 않은 게이밍 칩스는 "무가칩스"라고 불리운다.

② 유가칩스(value chips)는 카지노사업권자에 의해 25¢, 50¢, $1.00, $2.50, $5.00, $10.00, $20.00, $25.00, $50.00, $100.00, $500.00 등으로 지정하여 발행한다. 이러한 종류를 결정하여 발행하는 권한은 카지노 경영권자(casino license)의 판단범위로 카지노에 실행되어질 것이고, 각 종류의 칩스금액은 원활한 카지노 게임운영을 위하여 필요하게 될 것이다.

③ 1979년 1월 1일 이후 시행되어 카지노에 사용되는 유가칩스의 각 종류(elenomination)에 대하여 각 카지노 사업권자의해 활용되어지는 컬러(color)와 금액이다.

Denomination	Color
$.25	Gray
$.50	Blue
$1.00	White
$2.50	Pink
$5.00	Red
$10.00	Brown
$20.00	Yellow
$25.00	Green
$50.00	Orange
$100.00	Black
$500.00	Purple

Note : 모든 컬러는 "컬러 코딩의 먼셀 시스템(Munsell System of Color Coding)"의 오차(誤差) 범위를 줄여야 한다.

④ 카지노안에서 사용되는 각 무가칩스(non-value)는 룰렛 테이블에서 게임을 목적으로 유일하게 발행되어진다. 각 룰렛테이블의 무가칩스는 숫자(numberal)와 디자인(design)등을 그려넣어 카지노안의 모든 다른 룰렛테이블에서 사용되는 무가칩스와 상징(symbol)을 차별화하는 것이다. 룰렛테이블에서 발행되어진 무가칩스는 오로지 게임을 위하여 해당 테이블에서만 사용되어져야 할 것이며, 카지노의 어떤 다른 테이블의 게임을 위하여 사용되어서는 안될 것이며 또한 카지노사업자와 그의 고용인은 그들이 발행한 곳으로부터 다른 테이블로 무가칩스를 이동하는 카지노 손님도 허용하지 않는다.

3. 19:47-5.1 웨이저스 : 룰렛게임상에 룰 (Wagers: Rules on Roulette)

① 룰렛의 모든 웨이저(wager)는 게이밍 칩스를 놓는곳(placing)에 의해 만들어 지거나 또는 캐쉬와 함께한 구두웨이저(verbal wager)를 제외한 룰렛 레이아 웃의 적당한 지역의 플라크(plaque)또는 캐쉬와 동등하게 인정된 현금등 기물(cash equipment)이 웨이저로 수용될 것이다. 이는 딜러에 의해 수용하는 조건으로 캐쉬 또는 현금과 동등한 등가물을 게이밍 칩스로 신속하게 전환(convert)되었거나, 또는 운용규정에 따른 승인된 플라크와 증서(instruments)를 현금화한 것이다.

② 룰렛테이블의 손님에게 무가칩스를 허용하여 발행되어 질수 있는 것은 같은 테이블의 다른 사람에 의하여 사용되는 칩스가 아닌 칩스로 칩스의 가치에 일치하는 컬러와 디자인(color & design)이어야 한다.

③ 각 게임자들은 그의 웨이저위치(wager positioning)에 대하여 딜러의 도움 여부에 관계없이, 레이아웃 상의 웨이저는 개인이 책임져야 할 것이며, 각 게임자는 그 웨이저의 자리(placement)에 관하여 딜러에게 도움을 청한 사실이 정확하게 실행되었지를 확인할 책임도 있다.

④ 각 웨이저(wager)는 그 볼(ball)이 떨어져 휠의 칸막이(compartment)안에 정지되었을 때, 레이아웃상의 포지션에 따라 엄격하게 계산(settle)되어질 것

이다.

⑤ 각 카지노 사업자(casino licensee)는 카지노의 룰렛 테이블을 운영함에 있어 허용되어진 미니멈 웨이저(minimum wager)의 승인(approval)과 재고 (review)는 위원회(comission)에 제출되어야 한다. 위원회에서 승인된 미니 멈웨이저와 카지노 사업자에 의해 결정되어진 맥시멈 웨이저는 각 테이블의 사인보드(sign board)에 보기 쉽게 부착된다.

4. 19:47-5.2 룰렛 지불 조건(Roulette Payout Odds)

① 카지노사업자는 그의 고용인 또는 대리인이 아래에 목록된 승산(勝算)보다 적은 룰렛게임의 위닝 웨이저(winning wager)를 지불하는 것은 아니된다.

〈룰렛지불 조견표〉

Bets	Payout Odds
Straight	35 to 1
Split	17 to 1
3-Numbers	11 to 1
4-Numbers	8 to 1
5-Numbers	6 to 1
6-Numbers	5 to 1
Columns	2 to 1
Dozens	2 to 1
Red	1 to 1
Black	1 to 1
Odd	1 to 1
Even	1 to 1
Low	1 to 1
High	1 to 1

② 휠 주위에 제로(0)와 더블제로(00)로 표시된 칸막이(compartment)에 정지되 는 룰렛볼(ball)있다면, 웨이저 상의 레드, 블랙, 이븐, 아드, 1-18, 19-36 벳은 모두 로스트(lost)될 것이다. 그러나 각 게이머의 위와 같은 웨이저

(wagers)는 벳팅금액의 반을 포기(surrender)하여 남아있는 금액 반을 이동할 수도 있다.

5. 19:47-5.3 휠과 볼의 회전(Rotation of the Wheel and Ball)

① 룰렛볼은 휠(wheel)의 반대방향에 딜러에 의해 스핀(spin)되어지고 유효한 스핀(spin)의 성립은 휠트랙(wheel track)주위를 완전하게 적어도 4회이상 회전한 것이다.

② 휠(wheel)의 트랙주위에 볼이 그대로 회전하고 있는 사이에 딜러는 "No more bets"라고 콜링할 것이며 동시에 테이블의 아래쪽에서 휠이 있는 쪽으로 칩스를 쓸어오는 스위핑모션(sweeping motion)으로 레이아웃에 대하여 딜러의 손(hand)을 통과하여야 한다. 만약 룰렛휠이 오른편에 있다면 딜러는 그의 왼손을 사용하고, 룰렛 휠이 왼편에 있다면 그 딜러는 오른손을 사용해야 할 것이다.

③ 딜러는 볼이 휠 주위 칸막이(compartment)에 정지되었을 때, 딜러는 포켓의 넘버를 어나운스(announce)하고, 룰렛 레이아웃의 넘버위에 "크라운 / 돌리(crown / dolly)"라고 불리우는 포인트 마커(point marker)를 놓은 것이다. 레이아웃에 "Crown"이 놓여진 후에, 딜러는 루징 웨이저(losing wager)를 먼저 콜렉트하고 위닝웨이저(winning wager)를 지불하는 절차를 시행한다.

6. 19:47-5.4 부적절한 스핀(No Spin : Irregularities)

① 만약 볼(ball)이 휠(wheel)과 같은 방향으로 스핀이 되면 딜러는 즉시 "No spin"이라고 어나운스 하고 휠로부터 룰렛 볼을 이동하여 앞전에 나온 넘버의 포켓에 정지시키도록 시도한다.

② 만약 볼(ball)이 휠 트랙(wheel track)주위를 4회이상 회전하지 못하였다면, 딜러는 "No spin"이라고 어나운스 하고 휠로부터 룰렛 볼을 이동하여 앞전에 나온 넘버의 포켓에 정지시키도록 시도한다.

③ 만약에 볼(ball)이 정지되기전에 휠(wheel)안에 외부물질이 들어갔다면 딜러는 즉시 "No spin"이라고 어나운스하고 휠로부터 룰렛볼을 이동하여 앞전에 나온 넘버의 포켓에 정지키시도록 시도한다.

7. 속임수장치(Cheating Devices)

블랙잭 게임의 "카드카운팅(card counting)"의 출현과 함께 카지노 게임의 결과를 예측하려고 컴퓨터(computers)를 사용하는 것은 게이밍 산업에 새로운 시대가 시작되는 것 같다. 인간의 지능을 높이는 "Enhance"의 장비사용에 네바다(Nevada)와 뉴-저지(New Jersey)는 입법을 추진하여 왔으며, 카지노의 강력한 로비(lobby)는 다음과 같은 법률을 제정하는 동기가 되었으며, 그 법률상의 효력(legal ramifications)은 아직도 단호(斷乎)하다.

1) 뉴-저지(New Jersey)

뉴저지 카지노 감독위원회(New Jersey Casino Control Commission)는 다음과 같은 준칙으로 규정을 제정하였다.

• 19. N. J. Admin. Reg. 47-81.
   Electronic, electrical, and mechnical devices prohibited

카지노 감독 위원회에서 특별히 허용된 이외의 장치를 가지고 사용할 의도(intent)를 가지고 있거나, 또는 실제로 어떤 테이블에서 사용한 사람, 그 어느쪽도 자신에 의해 행하여졌거나, 다른 협조가 있었거나 또는 계산기, 컴퓨터, 전기, 전자, 기계적인 장치로 어떤 게임의 결과를 예측하였거나, 또는 딜링된 카드를 분석하여 트랙을 유지하려는 장치 그리고 테이블 게임의 확률을 변경하려는 전략들과 이를 활용하는 게임은 물론 위에 열거한 내용은 뉴-저지 법에 의거 모두 허용되지 않는다.

2) 네바다(Nevada)

네바다에서 속임수(cheating)의 정의는 N. R. S. 465. 015조항에 보면 게임의 결과 또는 게임에서 자주 지불하는 금액등의 "결정된 것의 기준 선택 변경하는 것"이라고 규정하였다. 최근에 이것은 의회 법안(Senate Bill)467로 법령이 더욱 강화되어져 "사용하거나 사용할 의도를 가지고 있는 아래의 사항 도우려는 장치"는 위법(felony)임을 강조하였다.

Senate Bill 467.

① 게임의 결과를 예측하는 장치
② 플레이된 카드의 트랙을 유지하려는 장치
③ 게임에 관련된 사건에 일어날 수 있는 확률을 분석하는 장치
④ 게임에 사용된 플레잉(playing)또는 벳팅(betting)에 대한 전략 분석 장치등이다.

이 법안이 네바다에서 통과되어 그 법안의 효력이 단기간 내에 전체범위(full scope)에 이미 영향을 미치고 있다. 1988년 4월 네바다 고등법원(Nevada Supreme Court)은 숨겨진 마이크로 컴퓨터(micro computer)의 사용은 "치팅(cheating)"행위로 간주하여 주법(state laws)상에 위법으로 판결하였다. 마이크로 컴퓨터는 카지노 갬블러가 사용하였을 때는 치팅장치라고 보아야 한다고 판결문에 명시되어있다. 이법에 관해서 여기에서 제기하는 문제는 게임의 결과와 승률을 예측하는 계획에 컴퓨터 사용을 허용하는 카지노들이 있다는 것이다. 그리고 게임자의 갬블링 습관을 허용하기도 한다는 것이다. 그러나 카지노들에 사용되는 곳의 계획과 이러한 방법을 결정하는 장치와 같은 방법을 활용하는데 공공연히 허용될 수 없다. 따라서 인간지능 높이는 기회를 주는 카지노들은 유일하게 올바른 사용을 결정하는 갬블링에 적합하고 합법적인 "Enhance"가 바람직하다는 것이다.

 카지노 산업에 의해 새로운 논리가 제시되었다. 카지노의 갬블링은 오락의 형태이고, 그들은 오락사업안에 갬블러에 대한 위닝머니(winning money)는 법이 허용한 최대금액안에서 이루어져야 한다는 것이다. 이러한 의견은 정확하게 하우스의 이익에 확률은 없지만, 카지노의 운영 경비는 지불될 수 있다. 간단히 말하자면 카지노에서 갬블(gamble)로 이루어질때만 루스(lose)된 부분, 바로 이것이 오락을 즐긴 경비가 될 것이다.

APPENDIX : 룰렛게임 용어해설(Glossary of Roulette Game)

- **American Roulette** : 싱글제로(0)와 더블제로(00)가 있는 휠을 가지고 미국에서 플레이 되어지는 게임이다. 게임테이블은 7~8명의 게임자들 수용할 수 있으며, 테이블 끝부분에 휠(wheel)이 놓여져 있다. (싱글 레이아웃 테이블)개인별 컬러칩스를 주어 각 게임자의 게이밍을 구분시키며 네이보우벳 (neighbours bets)이라도 콜벳(call bet)은 인정되지 않으며 레이아웃은 영어로 표기되어 있다.

- **American Roulette(European Style)** : 휠(wheel) 안에 싱글제로만 있다는 것과 "네이보우 벳 (neighbours bets)"과 같은 종류의 벳을 콜벳 (call bet)으로 인정하는 것등을 제외하고, 미국에서 행해지는 아메리칸 룰렛게임과 똑같이 게임되어진다. 물론 레이아웃(lay out)은 영어로 표기되어있다.

- **American Wheel / Double Zero Wheel** : 싱글제로 넘버와 더블 제로 넘버를 같이 가지고 있는 휠(wheel)즉, 1번부터 36번 그리고 0와 00가 있으며 주로, 미국, 남미, 카리브 연안국 등에서 많이 사용된다. 이 휠의 하우스 "페이버 (favor)"퍼센티지는 5-넘버벳이 7.89%이고 그 밖에 벳은 5.26%이다.

- **Apron** : 레이아웃(layout)상에 실제 벳팅할수 있도록 프린트되어진 부분과 휠 (wheel)사이의 공간부분을 말한다.

- **Backboard** : 게임을 수행하기 위하여 필요한 칩스를 스텍(stack)으로 만들어 종류별로 정리하여 진열되어있는 룰렛 테이블의 일정지역.

- **Bank** : 위닝벳의 지불에 카지노가 이용할 수 있는 테이블 상에 통화(通貨)를 말한다. 초창기 몬테칼로(Monte Carlo)카지노에서는 각 테이블당 1만프랑한도 내에서 뱅크(bank)가 설정되었다. 만약 뱅크가 루스(lose)되면, 그 테이블은

클로즈(close)되어 게임자는 다른 테이블로 옮겨야 한다. 이 경우를 "Breaking The Bank"라고 한다.

- **Bank Cover** : 테이블이 클로스되어 있을 때, 카지노칩스 또는 휠첵스(wheel checks)를 보호하기 위하여 투명한 플라스틱으로 잠글 수 있도록 만들어진 장치
- **Ball** : 휠(wheel)의 보울(bowl)안쪽에서 돌다가 위닝 넘버가 될 포켓안으로 떨어지는 것을 목적으로 만들어진 금속이 아닌 재질로 된 작은 모양의 구면(球面)체
- **Ball Out** : 볼(ball)이 휠(wheel)밖으로 튀어나간 상태
- **Ball Stop / Canoes** : 룰렛 휠의 볼트랙 아래쪽 주변에 있는 타원형의 금속 물체로 수직, 수평 각 8개씩 16개가 부착되어 있어 볼이 회전하는 곳보다 조금 아래쪽인 포켓 가까운 쪽을 지칭한다.
- **Bet Limit Sign** : 각 테이블의 미니멈과 맥시멈을 알려주는 표시를 말한다. 만약 테이블의 리미트를 변경하고자 한다면, 게임자에게 30분 전에 알리는 것이 통례이다.
- **Bias / Biased Wheel** : 어느 부분이 마모되어 불균형을 이루게 하는 곳이 있는 휠(wheel), 이 경우 어느 섹션(section)의 넘버에 확실한 승률을 줄 수 있다.
- **Black Number Bet** : 18개 블랙 넘버의 어떤 웨이저(wager)
- **Black** : 국내에서는 100,000원 가치의 칩스, 라스베가스에서는 $100 달러의 가치의 칩스 또는 "휠 첵스(wheel checks)"
- **Bowl / Bowl Rim / Bowl Liner** : 회전판(spinning cylinder)을 갖고 있는 용기 모양의 나무 원통. 위 꼭대기 주위 가장 자리를 보울림(bowl rim)이라하고 안쪽으로 메달이 부착된 아래쪽 부분의 선을 보울라이너라고 말한다.
- **Buy-in** : 플레이어가 게임을 하기 위해 현금으로 룰렛칩스나 카지노 칩스를 구매하는 행위
- **Call Bet** : 게임자가 어떤 머니(money)노 놓지않고 구누(verbal)로서 벳팅하는 경우로 대부분의 카지노는 이러한 관행의 벳을 금지하고 있다.
- **Carre** : 프렌치용어로 코너 벳(corner bet)을 뜻한다.
- **Cash-in** : 게임자가 룰렛 칩스 혹은 카지노 칩스를 되돌려 주고 카지노로부터 해당 가치의 캐쉬를 지불받는 것을 말한다.

- Check Racker / Mucker : 룰렛 테이블에서 게임을 원활하게 진행하기 위하여 딜러를 도와주는 자 즉, 루징벳(losing bet)에 대한 칩스를 종류별로 정리하여 주고 스텍킹을 할 의무가 있으며 또한 "패스트 포스트(past post)"를 시도하려는 게임자를 주시하기도 한다.

- Checks / Wheel Checks / Non Value Roulette Checks : 이것들은 서로 다르게 디자인 되었고, 다양한 컬러를 지닌 게임용 칩스를 말하며 이는 게임자를 구분시키고 개인별 벳팅을 확인시켜주기 위함이다. 이때 게임자는 플레이(play)한 해당 테이블 레귤러 카지노 칩스로 교환이 가능하며 레귤러(regular) 카지노 칩스만이 케이지에서 캐쉬되어진다.

- Chips / Casino Chips : 카지노가 발행한 유가통화, 현금으로 교환할 수 있으며 플레이어가 게임에서 사용할 수 있다. 각각의 칩스에 해당되는 값이 매겨져 있으며 그 값어치만큼 현금으로 교환되어진다.

- Clocking : 룰렛 휠의 측면에서 본 용어로서 어떤 넘버 혹은 섹션이 다른 어떤 넘버보다 자주 발생되는 현상을 말한다. 다시 말해서 게임자에 의하여 그 특징 등이 간파되어진 특유의 성질의 휠(wheel)을 말한다.

- Color-in : 무가 휠첵을 유가 칩스로 즉, 머니칩스(money chips)로 캐쉬될 때 사용하는 용어

- Column Bet : 수직으로 각 12개의 넘버가 있는 3개횡렬로 되어진 섹션중의 한 곳에 베팅하는 장소로 지불배수는 2 to 1이 된다.

- Combination Bet : 스플릿 벳(split bet)또는 코너 벳(corner bet)과 같이 한 넘버 이상을 동시에 커버하는 벳을 말함.

- Complet Du Deux : 프렌치(French)용어로 넘버 2번에 컴플리트(complete)로 하는 벳팅을 말한다.

- Complete Number Bet : 스트레이트 벳(straight bet)과 함께 컴비네이션(combination)으로 넘버주위를 완전하게 에워싸는 벳팅을 말한다.

- Cone : 휠의 터리트 베이스(turret base)아래 실린더의 경사면(傾斜面)으로 넘버가 매겨진 포켓(pocket)쪽으로 이어져 있다.

- Corner / Square Bet : 유니트(unit)하나로 4넘버를 커버한 벳팅으로 지불배수는 8 to 1이 된다.

- Croupier : 프렌치 용어로 딜러(dealer)를 뜻한다. 그 뜻은 말을 타는 기수가 되려고 공부하는 자의 선생 즉, 승마 조련사를 뜻하며 아마츄어 카드 플레이어가 전문가를 고용하면서 그의 뒷좌석에 앉아 게임의 방법을 배웠다는데서 유래되었다. 지금의 "그루피어"는 룰렛 테이블에서 게임운영에 책임을 지고 카지노를 위해 일하는 자를 말한다.

- Crown Marker / Win Marker / Dolly : 위닝 넘버(winning number)의 위치를 표시하여 주는 도구 또는 장식품을 말한다.

- Cuban System : 1950년경 큐바(Cuba)에서 성행되었던 베팅시스템으로 1차적으로 3rd 칼럼(이 섹션은 블랙 컬러보다 레드 컬러가 2배 많음)에 베팅을 하고, 다른 칼럼 섹션에는 블랙 컬러만 커버(cover)하는 베팅방식으로, 만약 3rd 칼럼섹션이 윈(win)이 아니더라도 블랙넘버가 위닝 넘버가 될 가능성이 크므로, 위와 같이 커버하는 시스템이다. 만약 운이 좋아 "3rd column" 섹션에 블랙 컬러가 위닝(winning)하였다면 3 to 1의 지불이 될 것이다.

- Cylinder / Wheel Head : 보울(bowl)안쪽 주위를 회전하는 룰렛 휠의 중앙 부분으로 이 기계장치에 넘버와 포켓이 있다.

- 12D : "3rd Dozen(25~36)"의 프렌치용어로서 "Detmire"의 줄인 말. 프렌치 레이아웃의 베팅섹션이다.

- Dealer / Croupier : 테이블의 정면에서 게임을 수행하는 자로서 볼을 스핀하고, 위닝 벳을 지불하며, 루징 벳을 테이크 하는 등의 게임운영을 책임을 진다.

- Douzaine : 프렌치(French)용어로 더즌(dozen)혹은 12넘버 벳을 말한다.

- Douzaine A Cheval : "스플릿 더즌 벳(split dozen bet)"에 대한 프렌치용어로 이 벳(bet)은 통상적으로 프렌치 아웃에만 사용되는 것을 볼 수 있다.

- Double Zero Wheel / American Wheel : 싱글제로넘버와 더블제로넘버를 가지고 있는 휠(wheel). 1~36번의 숫자와 0.00가 있으며 미국, 한국과 남미 그리고 카리브 연안국에서 사용하고 있다.

- Dozen Bet : 1st 12(1~12), 2nd 12(13~24), 또는 3rd(25~36)의 지역에 놓는 베트(bet)을 말한다.

- Drop Box : 테이블 바로 밑에 위치한 철제박스로서 테이블 위에 있는 슬롯(slot)을 통하여 캐쉬 또는 플라크를 넣을 수 있도록 장치한 도구로 매일 일정한 시간대에 교체하도록 되어 있다.

- En Plein : 한 번호에 스트레이트 업 벳(straight up bet)에 대한 프렌치 용어

- En Prison : 싱글제로 휠(single zero wheel)이 가지는 옵션 룰, 이는 싱글 제로(0)가 위닝넘버일 때, 모든 이븐 머니 벳(even money bet)은 다음의 스핀으로 결정될 때까지는 원/루스가 홀딩된다는 뜻이다. 이와 같은 벳을 "En prison"또는 "Imprisones"이라고 하며, 다음 스핀에 그 벳이 루스(lose)되었다면, 하우스가 테이크하고, 게임자가 원(win)하였다면 그 벳을 가져갈 것이다.

- Even Bet : 어떤 짝수 숫자가 원(win)하기 위해 레이아웃상에 "EVEN"이라고 프린트되어진 섹션에 놓여진 벳

- Even Money Bet : 게임자가 벳팅한 금액만큼 동일한 금액을 지불해 주는 벳으로서 레드와 블랙(red & black), 홀수와 짝수(odd & even), 로우와 하이(low & high)벳 등을 말한다.

- Paites Vos Joux : 영어로 "Please, your bets"라는 프렌치용어

- Finals : 모든 넘버의 끝 숫자(아라비아 숫자)를 커버(cover)하는 벳, 예를 들어 "Final 5"라고 하면 5-15-25-35의 넘버에 베팅한 것을 일컫는다.

- Five Number Bet : 단지 더블 제로 휠(double zero wheel)에서만 가능한 벳으로 0.00, 1, 2, 3을 커버하는 벳이다. 이벳은 룰렛에서 어떤 다른 벳보다 높은 퍼센티지로 하우스 페이버(favor)를 주며 일명 "사커(sucker)"벳으로 알려져 있다.

- Floater : 스피닝 중에 볼(ball)이 실린더 위에 걸려서 포켓속으로 드롭(drop)되지 않은 상태를 표현하는 용어

- French Roulette : 테이블 양쪽으로 딜러가 있으며 그 맞은 편 끝에 프렌치 휠(French wheel)이 놓여져 있다. 그 휠은 싱글 제로만 있고, 테이블 한쪽으로 오목하게 들어가게 설치되어 있다. 게임자는 테이블의 모든 사이드에서 게임할

수 있으며, 베팅은 통상 플라크(plaque)또는 제톤(jetons)에 의하여 이루어지고, 딜러는 "레이크(rakes)"라는 전통적인 기구를 사용하며, 모든 콜벳(call bets)을 허용한다. 이러한 게임방식의 레이아웃은 프랑스에만 있다.

- French Wheel : 싱글제로만 가지고 있는 룰렛휠에 대한 또하나의 다른 명칭으로 테이블 위에 노출되게 놓여져 있는 일반적인 휠과는 반대로 테이블안으로 우묵하게 들어앉은 타입의 휠을 말한다.

- Gafted Wheel : 계획적으로 장치를 고정시켰으나, 개조하여 하우스가 계속 윈(win)하거나, 게임자가 계속 루스(lose)하도록 만든 휠(wheel)을 말한다.

- Green / Quarters : 미국내 카지노에서 통상적으로 발행한 $25짜리 유가칩스(value chips)를 지칭한다.

- Hoca : 17세기 프랑스에서 유래된 게임으로 현재의 룰렛게임의 원조(元祖)라고 볼 수 있다.

- Hook : 룰렛 게임 테이블에서 딜러가 있는 쪽의 커브된(curved) 부분을 말한다.

- House Percentage : 실제의 승산(勝算)보다 적은 벳팅(betting)의 승률(勝率)을 규정하므로서 발생하는 하우스의 "엣지(edge)"이다.

- Inside Corner : 휠(wheel)로부터 가장 멀리 떨어져있는 사이드로 딜러가 업무 수행하는 테이블 구역

- Inside Bet : 레이아웃(layout)상의 어떤 액츄얼(actual)넘버 위에 놓여진 벳. 싱글제로와 더블제로도 포함된다.

- Jetons : 베팅지역의 라지 금액을 표시하는 통화(通貨)로서 유럽에서는 기본적으로 사용하고 있으며, 소재는 플라스틱 또는 모조의 진주조가비로 만들어졌다.

- Kick the Wheel : 휠 실린더(wheel cylinder)의 회전을 빠르게 진행시키는 행위를 말한다.

- Lammer / Lammer Rock / Buttons : 작은 칸막이의 "락(rack)"속에 들어있는 토큰으로 가치가 프린트되어 있고, 이는 칩스의 가치를 가르치는 수단으로 사용하기 위함이며, 게임자의 무가 칩스 위에 놓여져 있다. 예를 들어 게임자가 칩스 한 개에 ₩1,000가치로 "Bying in"하였다면, ₩1,000이라고 마크된 라머를 라머락안에 그의 칩스위에 놓는 것이다. 따라서 이런 경우 한 스텍(stack)은

20개의 칩스이므로 ₩20,000의 가치로 계산되어진다. 이와 유사한 스몰마크 (small mark)를 유럽에서 "보아젠(voisin)"또는 "네이보우 벳(neighbour bet)"을 놓을 때 사용한다.

- **Layout** : 소재는 통상 그린 울(green wool)로서 이 펠트(felt)위에 벳팅섹션 또는 숫자를 프린트하였거나 염색한 테이블 커버.

- **La Partage** : 게임자가 루스(lose)할 때의 웨이저(wager)의 분할을 뜻하는 용어로 베팅금액의 반은 하우스가 키프(keep)하고, 나머지 반은 그대로 존속시킨 다는 룰이다. 이 룰은 종종 "앙 프리종(en prison)"룰 대신 사용되어지기도 하며, 블랙잭 게임의 "서렌더(surrender)"룰과 유사하다.

- **Let It Ride** : 다음 스핀(spin)을 위해 위닝한 금액을 가져오지 않고, 그대로 벳 팅하는 것으로 "Leave a bet"이라고 한다.

- **M12** : 프렌치 레이아웃의 베팅지역으로 "Moyenne"의 줄인 말로 세커드 다즌 (2nd dozen)즉 13~24넘버 지역에 대한 용어이다.

- **Manque** : 로우 넘버 벳(low number bet) 즉, 1~18넘버를 베팅할 수 있는 섹 션 존(section zone)에 대한 프렌치용어.

- **Marker / Marker Buttons / Marker Rack / Lammer** : 양 사이드에 금액을 프린 트한 토큰으로 게임자의 무가 칩스에 대한 가치를 표시하는데 사용한다. 또한 카지노가 특정 게임자에게 발행하여준 게이밍 크레딧 슬립 그리고 마커랙은 라 머를 넣어두는 곳으로 사용한다.

- **Martingle System** : 더블 업(doubling-up)베팅시스템으로 루스(lose)할 적마 다 "웨이저(wager)"를 더블로 베팅하는 방식을 말한다.

- **Money Paddle / Money Stuffer** : 드롭박스(drop box)또는 드롭슬롯(drop slot)에 현금 또는 통화를 밀어 넣기 위해 만들어진 도구.

- **Nickels** : "레드 칩스(red chips)"로 미국의 카지노에서 공통적으로 사용하는 $5 값어치의 칩스를 말한다.

- **Noir** : 블랙 넘버 컬러벳(black number color bet)에 대한 프렌치용어

- **No Spin** : 딜러에 의하여 볼-스핀이 무효화가 결정된 상황, 이런 경우는 보통 볼(ball)이 실린더위에 걸려 포켓 속으로 드롭되지 않거나, 또는 볼트랙 주위를

4회 이상 회전하는 데 실패했을 경우이다.

- Odd Bet : 어떤 홀수 넘버의 윈(win)을 위해 레이아웃상의 "아드(odd)"베팅 섹션의 베트(bet)을 말함.

- Odds : 알맞은 조건의 승산에서 가능성있는 승산의 조건으로 하우스에 의해 제공되어진 지불 금액을 말한다. 예를 들어 35(unfavorable chances)대 1(favorable chances)이라는 뜻은 게임자가 윈(win)하였다면, 그 벳의 35배를 지불받게되며 오리지날 벳은 게임자의 것이고, 35 for 1이라는 뜻은 게임자가 오리지날 벳의 35배를 윈(win)하게 되나, 그 오리지날 벳은 하우스의 몫이된다는 뜻이다.

- Orphelins : "올팬(orphans)"이라는 뜻으로 "네이보우 벳(neighbour bet)"으로 커버되지 않는 숫자들을 말한다. 이 벳은 5유니트로 8넘버를 커버하며 싱글제로휠에서만 플레이 되어진다.

- Outside Bet : 레이 아웃상에 실제 넘버(actual numbers)의 바깥쪽에 있는 어떤 벳팅 지역의 벳을 말한다.

- Outside Corner : 휠(wheel)로부터 가장 멀리 떨어진 지역으로 게임자가 위치한 곳으로, 룰렛테이블의 구석을 말한다.

- P12 : 1st 다즌벳(1~12넘버)으로 "Premiere"이라는 뜻으로 프렌치 레이아웃의 베팅섹션이다.

- Pair : 짝수(even number)에 대한 프렌치용어

- Passe : 19~36(high number)벳에 대한 프렌치용어

- Pastposting / Post Betting : 게임의 결과가 결정되어진 후에 불법으로 놓여진 벳팅(betting)을 말한다.

- Pit : 딜러가 업무를 수행하는 테이블의 안쏙을 차시하는 지역을 말한다.

- Plaques : 고액이 표시된 직사각형의 베팅칩스로 유럽에서 기본적으로 사용된다. 소재는 플라스틱 또는 모조진주조가비(mother-of-pearl)로 되어있다.

- Pocket / Pocket Pads : 볼이 떨어져 들어가도록 만든 장치로 이곳에 볼이 들어가면 위닝(winning)넘버가 된다. 전체적으로 휠(wheel)은 컬러로 된 포켓패드가 섹션내부에 부착되어있다.

- Press the Bet : 위닝벳(winning bet)에 머니(money)를 더 추가시키는 벳으로 위닝벳을 더블로 만드는 것을 말한다.

- Purples : 보라색의 유가칩스를 말하며 미국에서는 $500값어치의 칩스로 사용하며, 국내에서는 통상 ₩1,000,000짜리 컬러로 사용한다.

- Rake : 루징벳(losing bet)을 테이크하거나, 위닝 벳(winning bet)을 지불할 때, 딜러에 의하여 사용되어지는 도구로 프렌치용어로 "Rateau"

- Rien Ne Va Plus : "No more bets"에 대한 프렌치용어로 좀 더 구체적으로 표현한다면 "Nothing goes anymore"가 된다.

- Right Hand Table / Layout : 딜러의 오른손쪽에 위치한 휠(wheel)을 가진 테이블을 말한다.

- Rise and Fall : 실린더의 동작, 즉 실린더의 회전이 울퉁불퉁(wobble)한 상태를 말한다.

- Rouge : 레드넘버(red number)벳에 대한 프렌치용어로 "레드 넘버 컬러벳"이라고도 한다.

- Section Betting / Section Prediction Betting : 실린더의 콘(cone)위에 그려진 모양의 넘버와 일치하도록 벳팅하는 방식으로, 예를 들면, 더블 제로 휠에서 4-16-33-21-6번으로 인접한 넘버를 베팅하였다면 한 섹션을 커버한 것이 된다. 이는 볼과 넘버의 회전을 관찰한 후에 그 볼이 떨어지는 지역을 예측하여 그 부근에 인접한 넘버에 벳팅하는 것을 말한다.

- Security Shield : 플레이어(player)가 있는 사이드 쪽에 룰렛휠을 보호하기 위하여 휠(wheel)을 둘러싸고 있는 투명한 플라스틱을 말한다.

- Separators / Frets : 휠의 실린더에 개별적으로 넘버가 매겨진 포켓에 각각 만들어진 금속 칸막이(metal partitions)

- Shill : 게임자와 같은 행위를 하는 하우스가 고용한 사람. 여타 게임자의 플레이 상대가 되어 도움을 주기도 하고, 게임을 계속하도록 유도하기도 한다.

- Sixaine : 식스넘버벳(six number bet)또는 라인벳(line bet)에 대한 프렌치용어

- Sleeper Bet : 게임자가 잊어버리고 레이아웃에 남겨둔 벳

- Snake Bet : 모든 "레드넘버(red number)"를 연결하는 것으로 레이아웃을 꼬불꼬불기어가는 모양으로 1-5-9-12-14-16-19-23-27-30-32-36번에 벳팅한 형태를 말한다.

- Spin : 실린더라는 물체가 움직이는 동작 또는 볼의 회전 운동등을 말한다.

- Surrender / Le Partage : 위닝넘버가 제로(0)일 때, 게임자는 절차에 의하여 그의벳의 반을 키프(keep)할 수 있고, 나머지 반은 하우스에 "서렌더(surrender)"되어진다는 뜻이다. 이는 싱글제로와 더블제로 둘 다 가지고 있는 휠(wheel)에서만 제공되어지며, 이와 유사한 룰이 "레 빠따즈(le partage)"이다.

- System : 위닝의 기회를 증가하고저 게임자에 의해 주문되어지는 일정한 방식에 따르는 베팅의 구성

- Take It Down : 벳팅한 금액을 치우거나 옮기는 것

- Ties Du Cylinder : "Tiers"라고 불리우며 싱글제로 휠에서만 게임할 수 있는 6유니트 벳이며, 12넘버를 커버하는 콜벳으로 유럽에서 사용되고 있으며, 휠(wheel)의 3분의 1을 커버하는 벳(bet)임.

- Transversale Pleine : 로우벳(low bet)또는 스트리트 벳(street bet)에 대한 프렌치 용어

- Toke / Toke Box : 토크박스 안에 담겨져 있는 딜러의 팁. 네바다주 카지노팁은 딜러에게 개인적으로 주어지는 것이 허용되나, 애틀랜틱시티에서는 모든 팁을 박스 속에 넣었다가 모든 딜러에게 나누어 준다.

- Tourneur : 볼을 스핀하는 딜러에 대한 프렌치용어

- Voisons Du Zero : "보이젠(voisin)"또는 "네이보우(neighbours)"라고 불리우는 프렌지용어로 "세로(0)"의 이웃이라는 뜻이다. 싱글제로휠에서만 플레이 할 수 있고, 9유니트 벳으로 17넘버를 커버하며, 제로에 인접한 곳에 있는 넘버를 커버하는 유럽피언 벳이다.

• Wheel Cover : 테이블이 클로스(close)되었을 때 룰렛 휠을 보호하기 위한 커버(cover)를 말한다.

• White : 미국에서 통상 $1.00값어치의 칩스 컬러를 뜻하며, 한국에서는 ₩1,000짜리로 사용한다.

• Zero : "0"하나만 있는 싱글제로휠이든, "0와00"가 모두 있는 더블 제로 휠이든, 초록색(green color)으로 표시되어진 휠상의 넘버를 말한다.

MISE		RAPPORT
Ⓐ	En plein(un numéro)	35X
Ⓑ	À cheval(deux numéros)	17
Ⓒ	Transversale pleine(trois numéros)	11X
Ⓓ	En carré(quatre numéros)	8X
Ⓔ	Quatre premiers(0,1,2,3)	8X
Ⓕ	Sizain(six numéros)	5X
Ⓖ	Colonne(douze numéros)	2X
Ⓗ	Douzaine(douze numéros)	2X
Ⓘ	Rouge ou noir	1X
Ⓙ	Impair ou Pair	1X
Ⓚ	Manque ou Passe	1X
Ⓛ	Courtoisie(le 0 en plein)	35X

• Zone Bets & Zone Tables / Diagram

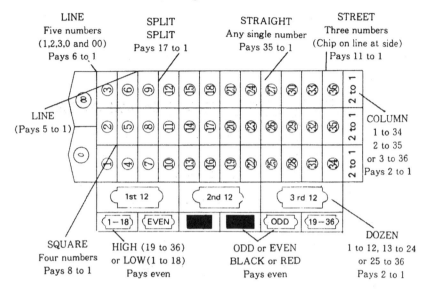

STRAIGHT		SPLIT		STREET		QUARTER		LINE	
35 to 1		17 to 1		11 to 1		8 to 1		5 to 1	
1	35	1	17	1	11	1	8	1	5
2	70	2	34	2	22	2	16	2	10
3	105	3	51	3	33	3	24	3	15
4	140	4	68	4	44	4	32	4	20
5	175	5	85	5	55	5	40	5	25
6	210	6	102	6	66	6	48	6	30
7	245	7	119	7	77	7	56	7	35
8	280	8	136	8	88	8	64	8	40
9	315	9	153	9	99	9	72	9	45
10	350	10	170	10	110	10	80	10	50

• Double Zero Wheel & Layout

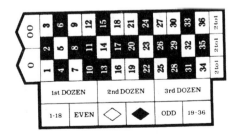

• French Roulette Table

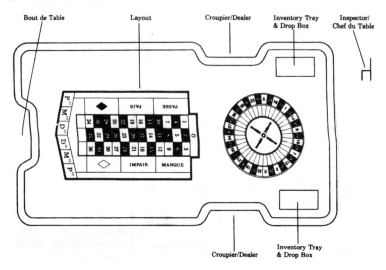

• Common Bets Diagram

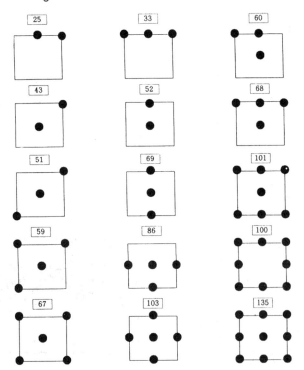

제3부

바카라(BACCARAT)게임의
이론 및 실무

The Practical theory & Preceduce of Baccarat Game

The practical advance & theory of Casino games

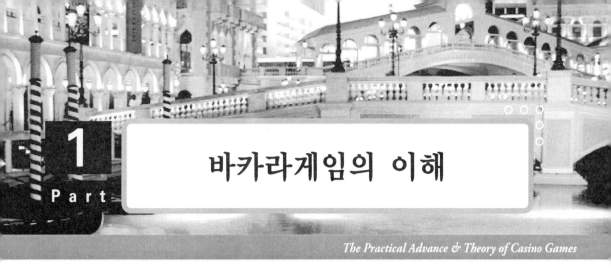

Chapter
I 바카라게임의 이해

1. 바카라게임 엿보기 (Baccarat Game Glance)

전설적인 영국의 스파이 "제임스 본드(James Bond)"와 같이 즐기는 영화장면에서 보았듯이, 우아하고, 정중하며, 고전적인 카드 게임으로 잘 알려진 "바카라(baccarat)"는 유럽에서 최초로 개발되어 라틴 아메리카와 아시아를 통하여 그 게임방법이 진보되어 왔다. 바카라 게임의 목적은 "뱅커(banker)" 또는 "플레이어(player)"둘 중의 하나를 선택하여, 어느쪽이던지 벳팅(betting)을 하고, 핸드의 합이 점수가 "9"와 동등한 수치 또는 가까운 점수로 승부하는 게임이다. 다른 선택으로 게임자는 양 핸드가 똑같은 값이 되는 것에 대한 벳(Tie bet)을 할 수 있다.

테이블 레이아웃에는 게임자의 인원에 관계없이 오로지 두 핸드만 카드가 딜링되며, 이를 "뱅커 핸드(Banker hand)"와 "플레이어 핸드(player hand)"라고 하며, 양 핸드가 똑같은 값이 되는 "타이 핸드(Tie-hand)"에 벳팅할 수 있다. 게임자의 벳팅 금액을 게임을 시작하기 전에 테이블의 "미니멈(minimum)"과 "맥시멈(maximum)"의 한도금액을 정한다. 바카라 게임용 카드는 6덱 또는 8덱을 사용하게 되며, 그림카드 J, Q, K와 10카드는 0점으로, Ace카드는 1점으로 그 밖에 다른 카드는 아라비아 숫자 그대로 카운트한다. 카드는 딜러에 의해 "셋업(set up)"되어 "셔플(shuffle)"되고 "슈(shoe)"에 넣어진 다음에 그 슈(shoe)는 시계 반대 방향으

로 게임자와 게임자로 패스(pass)하여 핸들링 된다.

뱅커핸드가 다시 나온 게임자가 슈(shoe)를 계속 핸들링하도록 되어 있으나, 그 게임자는 추가 위험이 없이 핸드를 선택할 수 있으며, 이러한 경우 하우스가 뱅커(banker)가 된다. 만약 첫 번째 2장의 카드 합이 점수가 8점 또는 9점이 되었다면 그것은 "내추럴(natural)"로 추가 카드 없이 그대로 게임이 종료되고 그 밖에는 게임의 규칙에 따라 세 번째 카드를 받은 점수와 합산하여 9점에 가까운 점수를 가진 핸드가 "위너(winner)"가 된다.

바카라(baccarat)는 게임자가 벳팅 조건만을 고려할 때, 카지노 게임중 가장 유리하다고 한다. 실제로, 바카라는 아마츄어가 게임하는 방법 또는 기술을 개발하는데 시간을 낭비하지 않고 단 기간에 게임을 이해할 수 있으며, 어느 게임보다 웨이저(wager)의 크기를 조절할 수 있어 게임자에게는 최고의 게임인 것 만은 분명하다.

2. 바카라 블루스(Baccarat Blues)

1995년 영화"카지노스(Casinos)"에서 "로버트 드니로(Robert De Niro)"가 "에이스 로젠스테인(Ace Rothenstein)"이라는 인물로 분장하여 일본의 하이-롤러와 바카라 게임에서 한 핸드에 3만불(한화 약 3천만원)로 리미트(limit)를 책정하고 플레이 하였던 바, 일본의 하이롤러가 200만불을 가져간다는 잠깐 동안의 스토리 장면이 있다.

이는 "리미트(limit)"가 카지노 수입을 위해 기능적인 작동의 구실을 못하였지만, 허구적이기는 하나 "카지노스"영화의 결말은 그 돈을 가져올 수 없도록 모든 비즈니스 수단으로 일본으로 출발하는 항공편까지 저지시켜 일본인 고객이 카지노로 되돌아온다는 내용이다. 자연적으로 게임자는 바카라 테이블을 떠날 수 없을 것이고, 그가 이겼던 돈과 소지(所持)하고 있던 백만불을 합하여 3백만을 계속해서 "로스(loss)"하였다. 「카지노에서 가장 중요한 비즈니스는 고객들에게 계속해서 게임하도록 유도(incitment)하는 것과 재방문 하도록 하는 것으로, 고객들이 오랫동안 게임을 할수록 그들은 로스(loss)하게 될 것이고, 카지노는 모든 것을 가지게 된다」고 "로버트 드니로(Robert De Niro)"가 영화에서 그 논리를 강변하는 장면이 있다.

그러나 바카라 게임(baccarat game)은 특정한 계층만 즐기는 귀족게임이라는 선입관(先入觀), 하이롤러의 감소(減少), 한정된 시장성 등의 제한적인 요소에 의해 침체되고 있음은 주지해볼 만한 사실이다. 이에 침체된 바카라를 활성화 하기 위한 대안으로 "미니 바카라(mini baccarat)"가 등장하였으며, 미니바카라는 카지노 영업장에 대중적인 인기게임으로 성장하게 되었다.

미니바카라의 특징

어느 지역이고 미니 바카라/미디 바카라(시장성에 따라 구분하여 불리운다.)는 통상적으로 메인 바카라(main baccarat)와 같은 "룰(rules)"아래 정확히 이루어지는 게임으로, 작은 사이즈의 테이블, 한명의 딜러, 그리고 정상적인 페이스(pace)보다 빠르게 진행되며, 일정한 시간의 여유를 갖지 않는 핸드를 더 허용한다는 것이다.

2003년 네바다(Nevada)의 바카라 테이블 드롭(drop)은 $1.31 billion으로 $181.9 million을 "윈(win)"한 것으로 보고되었고, 애틀랜틱시티(Atlantic city)의 2003년 보고서차트에는 "미니바카라"가 여러 게임과 명칭을 구분하지 않고 합산하여 매출이 보고되었다. 미니바카라가 있는 곳에 지배력을 가장 크게 확장한 지역은 아시아계 손님을 단골고객으로 유치했던 캐나다(canada)카지노로서 그 성장동력을 게임장비의 개발에 있다고 볼 수 있다. "셔플 마스터 게이밍(Shuffle Master Gaming)"

회사의 부사장인 "부루크 둔(Brooke Dunn)"은 미니바카라 테이블을 여러 가지로 제작하여 공급하는 업체가 있기 때문이라고 하였다. 이는 연속적인 셔플을 하는 기능을 가지고 있으면서, 그 카드가 6~8덱임을 증명하는 "MD-2"셔플러와 "Smart" 수리 제작이다. 이것은 각각의 위치에서 딜링된 카드의 숫자를 기록하고 입증하도록 제작되었다. "미니바카라"의 지배력을 대폭 강력하게 성장시킨 배경은 엄청난 금액의 잠재력을 가졌기 때문이라고 "둔(Dunn)"은 이야기 한다.

바카라 게임의 외형(外形)은 적합한 현실적인 거래(deal)만이 그 수명의 연장을 가져온다. 테이블 게임은 카지노산업을 위해 그 성장배경을 살펴보면, 압도적으로 크게 나타난 부분에 카지노 산업체에게는 다행스럽게도 대중적인 포커게임개발과 이에 따른 새로운 게임자들의 유입을 들 수 있다. 이는 카지노 피트(pit)의 상호작용으로 사교적이고, 더욱 젊어졌고, 즐거움이 거침없이 흐르게 되는 계기가 되었음도 간과해서는 안 된다.

3. 바카라 서베일런스(Baccarat Surveillance)

바카라 게임에서 어떤 형식(形式)으로 부정행위(scaming)가 있었다면, 수익의 총금액에 대한 손실을 카지노가 그 대가(代價)를 치를 것이다. 레이아웃에는 14곳을 벳팅할 수 있는 "팟(pot)"이 있기 때문에 다른 게임보다 더 카지노가 금액을 부담한다고 볼 수도 있다. 게임자들은 "슈(shoe)"로부터 카드를 받으며, 그들은 또한 플레이어/뱅커 또는 타이핸드에 벳팅을 할 수 있는 "옵션(option)"을 가지고 있다. 만약 게임자가 뱅커(banker)에 베트(bet)하기로 결정하여 이겼다면, 게임자는 5%의 컴미션(commission)을 지불해야 한다. "라지테이블(large table)"에서의 게임자들은 플로어(floor)감독자 뿐만 아니라 게임을 진행하는 세명의 딜러와 함께 통상적으로 플레이를 앉아서 한다.

서베일런스 적용범위는 바카라게임에서 대단히 중요하다. 두 대의 카메라(camera)

는 테이블구역을 나누어 배치한다. 한 대의 카메라와 비디오는 1에서 7번의 벳팅위치와 뱅크(bank)를 커버함과 동시에 두 번째 카메라는 8에서 15번의 벳팅위치를 커버하게 될 것이다. 테이블에는 13번 자리가 존재하지 않는다. 카메라는 모든 벳팅과 지불뿐만 아니라 게임자의 얼굴도 포착하여 "레이아웃(layout)"을 가로질러 촬영하도록 각도(角度)를 잡아야 한다. 게임자가 카드를 핸들링(handling)하기 때문에 카드를 구부리는 경향이 있으므로, 카드들은 컷-카드(indicate card)가 나온 후에는 리-셔플(re-shuffle)하지 않고 교환하게 될 것이다. 카드의 교환시점에 카드의 봉인(封印)을 풀기 전, 셔플을 하기에 앞서 서베일런스룸에 통보해야 할 것이다. D. A. R(Daily Activity Report)에 "셔플"에 관한 사항의 기록은 어떤 문제가 발생하였을시, 서베일런스 녹화의 포인트가 될 것이다. 서베일런스는 카드 셔플링 절차가 정확히 행해졌는지, 모든 카드가 골고루 셔플되었는지 입증할 수 있도록 적절한 장비의 선택 또는 균형으로 게임상의 슈(shoe)에 포커스(focus)를 맞추어야 한다.

바카라 게임에서의 속임수행위는 색다른 형태로 그 차이(差異)가 있다. 만약 속임수를 행하는 자가 장비를 사용하여 "솔루션(solution)"할 수 있다면 아마 8덱의 카드를 보전하는 슈(shoe)가 될 것이고, 그들은 카드가 딜링되기전에 읽을 수 있다는 것이며, 그 게임자는 사전에 약속된 신호 또는 그의 벳팅 패턴에 따라 지시(指示)하는 것으로 다른 "치터(cheater)"에게 정보를 중계할 수 있다. 이와 같이 바카라 게임에서의 서베일런스 중요성은 바카라 게임시설 운영자의 몫이 될 것이다.

4. 바카라 게임의 역사(History of Baccarat Game)

바카라게임을 고안한 천부적인 재능을 가진 자의 명확한 이름을 진정 아는 사람은 아무도 없으며, 그 변천사는 마치 팽이 돌아가듯 변화되어 왔다. 1680년경, 루이 16세 시대의 프랑스 궁전에서 자주 벌였던 "Nine"이라는 게임에서 징후를 찾아볼 수 있다고 하고, 다른 문헌으로는 파리(Paris)의 빈민가 부랑자들에 의해 전래(傳來)되었다는 설(說)도 있지만, 아직도 후세의 사람들은 "코르시카(Corsica)"에서

유래되었다고 믿고 있다. "바카라(baccarat)"는 카지노 게임중에서 가장 베팅금이 큰 게임이다. 바카라는 중세 이탈리아(Italy)에서 유래를 찾을 수 있다. 후에 프랑스(France)로 건너가 귀족들 사이에서 크게 유행했다. 제임스본드(James Bond)같은 신사들이 이 게임을 즐기는 영화장면도 있다. 가끔 공공장소에서 게임을 즐기기도 하지만, 대부분 은밀한 살롱에서 이루어지는 것으로 묘사하였으며, 특히 바카라는 고액 베터(better)들 사이에 인기가 높은 것으로 알려져 있다. 이들은 종종 베팅금액의 한도를 정하지 않고 게임을 한다. 카드 1장으로 수백만달러를 윈(win)하거나, 루스(lose)하는 일은 그리 특별하지 않다. 최근 바카라는 바덴바덴, 몬테칼로 같이 유럽의 가장 고급스러운 카지노에서 이뤄진다. 바카라(baccarat－t는 묵음)는 푼토 방코(Punto banco)로 알려져 있다. 이 게임은 영국에서 시작되었으며 바카라가 단순화된 버전이다. 명칭은 게임이 이루어지는 장소에 따라 달라진다. 푼토 방코는 영국 용어이고, 바카라라는 용어는 주로 미국에서 사용한다.

본질적으로 게임의 목적은 순수하게 "헤드(head)"또는 "테일(tail)"이냐를 선택하는 승부이다. 양쪽의 두장의 카드를 가지고 세 번째 카드를 받든, 안 받든 양쪽에서 2장 카드의 합으로 결정한다는 뜻이다. 그러나 룰(rules)은 한 단계 변화되어져 "플레이어(player)"의 세 번 째 카드가 룰에 따라 딜러에 의해 드로우(draw)할 것인지, 아닌지를 게임자에게 선택의 자유를 주었다. 이 게임은 "쉬멩 드 페(Chemin de fer)"로 미국에서는 "시미(shimmy)"로 알려졌고 게임은 게임자와 게임자의 대결로 하우스는 커미션만 가져갔다.

그리스(Greece)에서는 1922년 반세기전부터 명칭이 변화를 거듭하여 "A deux fableaux"라고 호칭하였다. 이 뜻은 양 사이드의 게임자에게 한 슈(shoe)로부터 카드가 딜링된다는 뜻이다. "뱅커(banker)"는 프랑스의 "리비에라(Riviera)"지역에서 자주 열렸던 게임중에 그리스인 "Nick Zographos"에 의해 그 이름이 붙여졌다. 그는 테이블의 중앙에 자리잡고 테이블의 양쪽에 대항하

여 그의 핸드로 게임하는 방식이다. 이런 방법은 흥미로운 승부(勝負)를 위하여 만들어졌다. "The Greek Syndicate"라고 불리우는 이 게임에 "Nick"은 다음 핸드에 무엇이 만들어질 것인지, 그 예측에 근거를 두고 멤버를 구성하는 데 목격이 있었다. 그 멤버(member)들은 양쪽 사이드에 도전(挑戰)하고저 "아테네(Athene)"로부터 온 대담하고 용기있는 자들로 구성되어 있었다. "Nick"은 베팅사이즈(betting size)를 측정하여 플레이어의 세 번째 카드를 드로우(draw)할 것인지, 그대로 둘 것인지는 쌍방의 양쪽 핸드 베팅 사이즈에 의존하여 시도하였다. "Nick"은 자주 한쪽이 확실히 패(敗)하는 것을 알고 있음에도 불구하고 드로우(draw)하지 않으려고 한 적이 있다. 그 이유는 많은 금액을 베팅한 편(便)에게 카드를 드로우하여 이길 수 있다는 계산을 하였기 때문이다. 변형된 게임방법으로는 슈(shoe)를 테이블 위에 이동시키면서 진행하는 방법이다. 본인에게 "뱅커(banker)"의 위치가 돌아왔을 때, 감당할 수 있는 총액을 플레이어 사이드에게 알려주는 것이다. 오른쪽 좌석의 게임자로부터 원하는 만큼의 금액을 베팅하는 것을 시작으로 다음, 그 다음 게임자 순으로 커버(cover)하여 전 게임자가 베팅을 하던가 또는 뱅커(banker)와 동일한 금액이 될 때까지 베팅하는 것이다. 그리고 슈(shoe)를 가지고 있는 게임자 즉, 뱅커가 카드 딜링을 하여 이겼다면, 하우스는 5%의 컴미션(commission)을 가져가는 것이다. 때로는 플레이어가 뱅커를 대신하여 아직 커버(cover)하지 못한 잔액을 혼자서 감당하여 대결하는 극적인 장면도 있다. 이 게임의 불리한 점이 있다면 항상 고액으로 윈(win)할 수 없다는 것이다. 뱅커의 웨이저(wager)에 대하여 플레이어는 뱅커금액에 제한을 두고 어느 정도 벳팅(betting)할 것인가를 결정하기 때문이다. 그래도 당시의 상류계급에 유일한 놀이로서 왕실과 억만장자들에게는 대단한 인기가 있었다고 하나, "Bad Homburg" 또는 "Monte Carlo"에 모여든 일반적인 손님들을 알기 쉬운 룰렛게임을 선호하였다고 한다. 이러한 유럽식 게임은 비디를 건너 남미의 아르헨티나(Argentina)에 처음으로 전해졌고 북상하여 쿠바(Cuba)의 하바나(Havana)로 이어졌다고 한다. 그 시대의 미국인은 쿠바가 미국의 식민지로 인식하고 있었던 시절로서 하바나는 세계적인 서부의 파리(Paris)이며 매춘 장소였던 바, 이 분위기 속에 도박이 갬블링이 번성하였던 것은 사실일 것이다.

이와 동반하여 부정한 카지노와 부정직한 복권이 성행하였고, 이 시기에 "바티스

타(Batista)"라는 실력자와 그의 추종자(追從者)는 엄청난 부(富)를 축적하였다. 그 동료중 한사람인 "놀란도 마시페레레(Rolando Masiferrer)"라는 인물은 카지노의 수입을 기다리지 못하고 현금이 필요할 때는 자기 휘하의 사병들에게 무장시켜 직접 쿠바 재무성에 들어가 새로 인쇄된 100페소짜리 지폐를 빈 트렁크에 가득 채워 가지고 나오는 해프닝을 벌였는가 하면 카지노의 오너(owner)들 조차도 돈을 벌기 위해서는 갖가지 방법을 동원하여 혈안이 되었던 시절이었다. 쿠바(Cuba)의 카지노는 미국의 여행자들로 넘쳤고 돈을 걸고 싶어도, 게임테이블에 손이 닿지 않을 정도로 북적거렸으며 그 모습은 매우 소란스럽고 재미있었다고 한다. 옛날 영화 "Casablanca"의 한 장면에서 주인공 "험프리 보가드(Humphry Bogard)"가 절망한 젊은 남자에게 "22번을 시도해보라"고 넌지시 권하면, 딜러가 버튼을 순간적으로 누르던가, 아니면 레버를 밟아 휠(wheel)의 넘버가 원하는 숫자가 나오도록 만들어져 있는 그러한 장치도 그곳에 있었고 "블랙잭(blackjack)"게임은 아무리 눈을 똑바로 뜨고 보아도 모를 정도로 얼마든지 "세컨드 드로우(second draw)"할 수 있는 "미카

닉스(mechanics)"라고 불리우는 부정 행위가 딜러에 의해 행해졌다. 예를 들면 "Tropicana"카지노에서는 게임자에 대한 필승 전략으로 게임자가 크게 벳팅(betting)할 때 까지는 정직하게 게임을 진행하다 볼륨(volume)이 커지게 되면 딜러를 "미카닉스(mechanics)"로 교대한다.

"쉬멩 드 페(Chemin de fer)"는 초보자도 최대의 돈을 걸 수 있는 게임이기도 하지만 그저 즐기는 수준으로오는 많은 미국인들에게는 너무 복잡하게 보였던 것 같다. 새로운 방식의 게임이 구전(口傳)으로 아르헨티나에 소

개되어졌고, 그것을 약간 변형시켜 "쿠반 바카라(Cuban baccarat)"이라는 명칭을

가지고 "하바나(Havana)"에 정식으로 재소개되었었다.

　필요성을 충족시키기 위하여 이 게임은 자연스럽게 발전 되어 왔다. "뱅커(banker)"가 되었든, "플레이어(player)"가 되었든, 어느 사이드라도 선택하여 벳팅(betting)할 수 있고 카지노가 오너(owner)가 되어 엄중한 룰(rules)에 따라 진행되는 게임으로, 게임자는 얼마를 어느 사이드(side)에 베팅할 것이냐를 선택하는 것 이외에는 오로지 챤스(chance)만이 있는 게임으로 발전되었다.

　1959년 11월 라스베가스(LasVegas)샌드 호텔 카지노(Sand hotel & casino)업장을 로프로 나누어 특별히 고안한 장소에 카지노가 게임의 자금을 부담하고, 수익을 얻는 새로운 게임테이블을 설치하는데 합의했다. 이러한 게임으로 "토미 렌조니(Tommy Renzoni)"는 "쿠반 바카라"를 소개하였으며, 이 게임은 곧 "아메리칸 바카라(American baccarat)"로 알려지게 되었다.

Chapter II 바카라 게임의 개요

1. 바카라 게임의 기대(What to expert)

　"Baccarat(바－카－라 로 발음 되어짐)"는 네바다(Nevada)그리고 애틀랜틱시티(Atlantic city)에서 주로 플레이 되는 게임으로 한국의 카지노에는 1970년대에 서울 워커힐에 처음 소개되었고, 지금은 한국은 물론 아시아(Asia)지역의 "메인게임(main game)"으로 자리잡았다. 이 게임은 승산(勝算)의 비율로 게임자(player)에게 어떤 기댓값을 예측하는 잠재력을 시도(venture)케 하는 게임이다. 부연 설명으로, 다른 게임에서는 나타나지 않는 정당한 조건부 등식에서 일어날 수 있는 어떤 흥미로움을 자아내게 하여 승부한다는 특성이 있다. 실제로 복잡하게

여겨지는 플레잉(playing)이지만, 자연적으로 이해한 게임자에게 유일한 경험이라면, 윈(win)또는 로스(loss)하는 것만 기억할 수 있다는 것이다.

모든 카지노 게임 중에 바카라(bacarat)가 돋보이는 이유 중의 하나는 지위와 재산을 가진자들이 관심과 흥미를 가지고 있고, 바카라테이블은 그들의 전유물로 여기는 장소로서, 조금도 손색이 없기 때문이다. 통상적으로 바카라 게임장소는 일반 피트게임(pit game)지역으로부터 별도로 떨어진 특정한 지역에 설치되어 있으며, 일반적인 게임과 게임자들과 차별화 하고 있다. 카지노의 최고대우의 고객, 즉 하이롤러(high-roller)와 졸부(sudden riches)들을 유혹하기를 기대하여 바카라 테이블을 영화배우와 TV스타들 또는 여러분야의 유명 인사들이 선호하도록 게이밍 환경이 조성되어 있다.

"바카라(baccarat)"는 룰렛게임의 레드/블랙 컬러 벳, 또는 크랩스 테이블의 패스/돈패스와 같이 어느 사이드를 선택하느냐는 베트(bet)으로 비교할 수 있지만, 그러나 바카라는 적어도 가치있는 베트를 만드는 방법으로는 베트(bet)를 만들 수 없으므로 윈/로스(win/loss)가 비교적 빠르게 결정되는 본질적인 요소가 어쩌면 게임자에게 짜릿한 즐거움을 줄 수 가 있다. 한쪽을 선택하는 게임을 한다는 것은 마치 코인(coin)으로 앞면(heads)또는 뒷면(tails)을 선택하여 놓고, 코인을 던져 맞추는 방법으로 바카라(baccarat)라는 게임은 "플레이어(player)냐, 뱅커(banker)냐를 놓고 승부하는 게임이라고 생각하면 된다.

"룰렛과 크랩스(roulett & craps)"는 게임자에 대하여 옵션(option)을 제공한다. 이는 여러 가지 벳팅의 방법으로 게임의 구조가 이루어졌으나, 바카라 게임에는 걱정할 만한 요인이 없다는 것이 아마도 큰 차이가 될 것이다. 그러나 바카라는 엄청남 베팅금액의 크기조절로 승부하는 게임이라고 한다면, 고도의 스킬(skill)이 필요한 게임임은 말할 것도 없다.

2. 열려있는 리미트와 간단한 게임구조
(Lifting the limits & a simple game)

바카라 게임이 제공하는 흥미 중에 또 다른 요소로는 테이블 리미트(limit)를 자주 올려 경험하지 못한 모험을 하도록 게임자에게 유도한다는 것이다. 예를 들어 게임자가 한 핸드(hand)에 일천만씩 벳팅(betting)할 수 있다면, 아마 흥미를 느끼는 것은 무리가 아니다. 따라서 수시간만에 억대의 금액을 윈(win)하느냐, 로스(loss)하느냐는 바카라 테이블에서 특별히 보기 드문 일이 아니다. 이와 같이 바카라 게임에는 거액의 웨이저(wager)가 거래(去來)된다는 특성으로 여타게임과는 비교할 수 없는 차이가 있다. 그러나 오늘날 대부분의 카지노에서는 게임을 즐기려는 핸드(hand)에 수천만원의 웨이저(wager)보다는 카지노가 정한 비교적 적은 미니멈(minimum)벳 이상만 요구되어진 테이블의 양 사이드의 게임자가 수백만원씩 양편으로 벳팅을 하였다면, 미니벳(mini bet) ₩100,000이 조금 터무니없는 듯 보이겠지만 그것은 문제가 아니다. 가장 중요한 것은 어느 게임자의 엄청난 큰 금액의 벳팅보다는 미니－벳 이상의 자신의 웨이저(wager)를 결정하고 그 핸드가 이겨"리버(liver)"를 안전하게보전하는 것이다. 바카라 게임의 리미트(limit)구조(structure)는 미니멈 벳(minimum bet)만 한정하고 맥시멈(maximum)의 리미트는 열려있어, 그 게임의 볼륨(volume)은 게임자들의 의지(意志)에 달려있다는 뜻이다.

바카라게임의 또 다른 특징(distinction)은 게임이 비교적 단순하다는 것이다. 정말로 바카라는 카지노에서 게임하기에 가장 쉬운 게임이다. 실제로 관심을 가질

만한 기술과 관련된 지식이 없을지라도 학생이나 실무자들은 바카라 게임의 구조적 기능에 대해서 이해하는 것이 매우 중요하기에 다음 차트에서 다시 연구하기로 하고, 이 대목에서 강조

하고 싶은 것은 여러분이 누구든 이해시킬 수 있는 게임의 논리를 숙지하여 게임자의 모든 사람에게 효과적으로 기회를 동등하게 주는 진행을 할 수 있어야 한다는 것이다.

3. 여타게임과의 비교(Comparison with other games)

바카라는 단순한 게임 방식이긴 하지만 게임방법이 많은 여러 게임과 흥미있는 비교를 할 수 있다. 바카라 테이블의 게임자는 "플레이어"와 "뱅커"의 두 핸드로 나뉘어지고, 모든 게임자는 합의 숫자가 9에 가까운 핸드로 이길 가능성이 있는 한쪽 사이드(side)를 선택하여 벳팅(betting)을 하게 된다. 게임자는 두 가능성 중 오직 한 쪽만 선택하여 벳팅하기 때문에 바카라 게임은 룰렛(roulette)의 레드(red)와 블랙(black), 크랩스(craps)의 패스(pass)와 돈패스(don't pass)와 비교된다. 바카라 테이블에서의 벳팅(betting)은 어떠한 가치를 높이려는 옵션(option)은 없다. 그래서 바카라는 기본적인 윈(win)과 루스(lose)만 있을 뿐이다. 이뜻은 한쪽을 선택하고, 그곳에 베팅하고 승부를 가리는 마치 동전던지기와 다르게 없다는 것이다. 동전 던지기의 기본적 승부개념이 바카라에 적용되었다고 생각하면 쉽게 이해될 것이다.

동전을 던져 앞면일까, 뒷면일까, 바카라는 플레이어 핸드일까, 뱅커핸드일까, 이러한 맥락으로 고찰하여 보았을 때, 카지노의 게임방법이 따로 있는 것이 아님을 볼 수 있다. 그러나 "룰렛게임"은 게임자에게 많은 게임 방법의 선택을 제공하고 있고, "크랩스게임"역시 많은 베팅 방법을 제공하여 이 많은 베팅 숫자는 이들 게임을 복잡하게 하는 요소가 되기도 한다. 그러나 위에서 언급한 바와 같이 바카라 게임에서는 어느 한편을 선택하는 방법이외는 어떤 요소도 없는 바, 그 구조적 기능은 단순하며, 이점이 바카라 게임의 특성이기도 하다. 실제로 "블랙잭 게임"은 기술의 게임이라는데 의문이 없으며 전체적으로 게임을 카운트 할수 있는 기대의 여지와 어느 정도 게임자에게 유리하게 작용하는 선택도 있다. 따라서 "블랙잭 게임"이 카지노에서 최고의 게임인 것은 사실이나, 가장 복잡한 조합(combination)으로 이루어진 게임인 것도 사실이다. 바카라 게임과 비교하면 요트(yacht)를 운항하는 것과 보트(boat)를 젓는 것과 같다. 두 게임은 카드를 사용하면서 물 위를 항해하지만 차이가 있다면, 하나는 쉽고 하나는 그렇지 않다는 것이다.

4. 게임의 예측 및 게임자의 기술
(Game's predictability and Player's skill)

1) 게임의 예측(豫測)

바카라 게임의 또 다른 흥미있는 비교는 게임의 기본적인 개념이다. 다른 게임과의 승산(odds)을 비교하여 보면 정확한 일정방식이 없고, 게임의 속성을 단정할 수 없는 것이 바카라(baccarat)이다. 게임자가 윈(win) 또는 루스(lose)의 예상할 수 있는 기회(chance)의 모든 곳에 모든 기술, 기능을 사용할 수 있겠는가, 게임자의 예측 또는 적어도 어떤 결과를 예상하여 그의 기회를 향상시킬 수 있겠는가, 실제로 게임자가 무엇이든지 조절할 수 있겠는가, 그 대답은 단호하게 "노오(No)"이다. 게임이 카드로 진행되어지는 사실임이 불구하고 게임의 속성 즉, 본질에 의해서 계속해서 예상을 변화시키므로 슈퍼파워(super power)없이는 아무도 그것을 발견할

수는 없다. "블랙잭게임"에서 카드를 카운트 하는 것과 "바카라게임"에서 카드를 카운트하는 것은 사과와 수박을 비교하는 것과 같다. 따라서 구름 너머에 길을 세우지 않는 한 불가능 하다고 볼 수 있다.

2) 게임자의 스킬(Skill)

세계에서 첫 카지노가 오픈한 이래 게임자들은 악귀처럼 카지노의 어드밴티지(advantage)에서 벗어나려고 수많은 저서를 통하여 모든 술수를 찾으려고 노력해왔다. 모든 게임은 반복해서 시험되어지고 도전 받아왔다. 예를 들면 크랩스 테이

블에서는 불순한 슈터(shooter)들이 다이스(dice)를 조작하여 기대되는 결과의 점수를 바꾸려고 노력했던 흔적이 역력하였다. 여기에서 "스킬(skills)"의 의미는 도덕적으로 생각하면 솔직히 약간의 정직하지 못한 부분도 있다는 것이다. 그러나 문제의 진상이 약간의 트릭(trick)이 존재하고 있어도, 카지노의 작은 어드밴티지를 충분히 보상받으려고 움직인다는 사실이다. "룰렛 테이블"에서는 딜러가 볼-스핀을 개발하는 신비로운 패턴(pattern)이 있는데, 이는 볼의 속도와 최종적으로 결과와 관련성이 있는 스킬(skill)로서 적어도 고려할 가치가 있음은 인정해야 한다. "블랙잭 게임"에서는 게임자의 확실한 전략이 게임자를 위한 가장 좋은 기회를 가져오는 것이라고 컴퓨터에 증명되었던 바, 완벽한 게임행위는 게임룰에 의존하거나, 게임자가 의도하는 뜻과 거의 막상막하인 카지노의 이점(advantage)을 제로(zero)로 만들어지는 것이다.

공평한 게임에 만족하지 않은 예리한 블랙잭 게임자들은 한 단계 더 나아가 카지노에서 게임자로 이동하는 확률처럼 기대치의 끊임없는 변화에 대응하여 게임자들은 새로운 카운팅기술을 연구하고 배우고 있다. 그의 지식과 상관관계를 베트(bet)의 크기에 적용하므로 영리한 블랙잭 게임자는 확실히 중요한 게임의 이점을 인식하고 있다. 이에 대응하려는 테이블 게임실무자는 훌륭한 기술, 인내심이 필요하며 이를 극복하기 위해서는 열심히 노력할 것을 재차 강조하고 싶다.

5. 무작위의 게임(A random game)

바카라게임은 모든 의도와 목적에서 사실상 순수하고 일정한 게임 방식이 없는 무작위 게임이므로 차이를 두고 베트사이즈(bet size)를 다양하게 만들어서 "플레이어(player)"또는 "뱅커(banker)"핸드를 선택하는 기대 이외는 방법이 없다.

바카라는 매번 승자를 결정할 때마다 일정한 행운의 기대와 실패를 함께하는 게임이기도 하다. 긴 설명이 필요없이 많은 결정을 함으로서 경험을 가지게 되고 그 경험은 게임의 문을 두드리게 된다. 카지노 게임중에 바카라는 하우스 어드밴티지(house advantage)가 가장 적은 게임이지만, 짧은 시간 진행에도 거짓말 같은 성공 또는 실패가 이루어지는 게임이다. 불행하게도 게임자에게는 이 짧은 시간이 상처받기 쉬운 시간으로 변할 수 있다. 이 게임의 대부분의 고객은 이 게임의 생리를 마스터(master)한 부류들로 구성되어 아마츄어(amateur)의 접근은 그렇게 쉽지만은 않은 것이 특징이다.

다음 장(章)에서는 각색 없이 진행하는 방법과 "서드 카드(third card)"의 양상으로 어떻게 게임의 흐름을 바꾸어 가는지 가장 간결하고 정확한 방법으로 진행의 절차를 연구하기로 하고 바카라는 다른 게임과는 달리 전략이 없다는 것이며, 게임룰에 의존하여 게임자와 약속한 시스템(system) 게임이다. 미국의 카지노 사례에서 카지노 연구보

고서에 의하면 바카라 테이블의 평균 웨이저(wager)가 전년도 대비 상당히 적었음을 보여주었다. 이는 하이롤러(high-roller)중심이 아닌 중·저액 게임자들의 참여로 점차 대중화 되어가고 있음을 뜻한다. 비록 바카라의 볼륨(volume)수치는 다른 테이블 게임보다 더 큰 정도로 바뀌었지만, "홀드 퍼센티지(hold percentage)"는 수학적으로 계산하였던 것보다 더 높은 퍼센티지를 유지했다. 보고서의 기록에 의하면 바카라는 3%정도를 나타내고 있지만 이는 우리가 알고 있는 수학적 계산보다 훨씬 낮은 수치를 보인다. 카지노의 계산이 더 높은 이유는 아직 거론되지 않은 "타이-벳(tie-bet)"작용 때문일 것이다. 만약 타이(tie)가 되도록 벳팅한다면 카지노는 "8 to 1"을 지불하지만, 이 벳(bet)의 어드밴티지(advantage)는 14%가 넘으며 많은 게임자들이 실제로 종종 "타이-벳(tie-bet)"에 베팅하고 있으며 이것이 결국 카지노에 더 높은 퍼센티지를 나타내는 이익이다.

6. 쉴과 고액 게임자(Shill and High-roller)

미국의 네바다(Nevada)와 애틀랜틱시티(Atlantic city)의 바카라 게임은 하우스 퍼센티지가 크지도 않고, 베트(bet)의 수치도 가득률이 적지만 카지노에 충분한 수입을 발생시킨다. 하우스 어드밴티지는 1.15%정도로 적지만 퍼센티지가 카지노수입에 비중이 있는 것은 확실하다. 오전이나 오후 시간의 "바카라 피트(baccarat pit)"에는 보통 서너명의 게임자가 참여하고 있지만, 그 모두가 실지 게임자가 아니다. 카지노는 바카라 게임의 시작을 도울 "쉴(shill)"을 고용한다.

　쉴(shill)은 카지노 머니를 사용하지만, 게임의 승부에는 별 흥미가 없으며, 하이롤러의 상대로 선택된 매력적인 여자들이 대부분이다. 카지노의 쉴(shill)들은 자신의 신분을 감추려고 노력하지 않는다. 그 이유는 게임자들에 대해 속임수를 사용하는 것이 아니라 혼자서 바카라 게임을 원하지 않는 고객에게 상대를 하여주는 하우스의 고용인(employe)이기 때문이다. 이에 늦은 저녁 시간대에는 대부분의 고객이 도박성이 강한 갬블러(gambler)와 게임하기를 더 선호하므로 테이블은 거의 만원이고, 자연적으로 액션이 최고조로 오르게 되어 있으며, 이 시간대에는 "쉴(shill)"을 고용하지 않는다.

　본론으로 들어가서 하우스에 충분한 수입을 발생시키는 것은 실제로 하이-롤러들로서 이는 퍼센티지(percentage)도 아니고, 고객의 수(quantity)도 아닌 것에 포인트(point)가 있다. 전형적인 바카라 테이블은 보통 한 시간에 거의 40핸드 정도 게임진행을 할 수 있다. 많은 결정에 게임이 너무 빠르게 진행되지 않는다고 하여도, 만약 카지노가 운(運)이 있고 많은 좌석에 하이-롤러가 성원된다고 가정한다면, 웨이저(wager)의 합계금액이 억대가 넘게 매 핸드에 베팅(betting)되어질 수 있다. 이는 종종 혼자서 최고의 금액까지 리프팅(lifting)하여 베팅하기도 하고, 다른 게임자와 함께 어울려 최고한도 금액까지 베팅하여 카드를 "스퀴즈(squeeze)"할 수 있기 때문이다. 여기서 카지노는 실제수익(true gain)을 만든다. 바카라 게임의 하우스 어드밴티지(advantage) 1.15%는 결코 적지 않다. 통상적으로 분주하였던 나이트 타임(night time)을 가졌다면, 카지노는 "위닝 에지(Winning edge)"를 가지는 운영을 하고 있다고 볼 수 있다.

III 바카라게임의 기능 구조

1. 게임의 방법(How to play)

이미 설명하였듯이 바카라(baccarat)는 가장 쉬운 게임이기는 하나, 그 구조적 기능(structure function)의 요소가 기술이 아니라 게임의 액션 및 볼륨(action & volume)에 있기 때문에 바카라 게임은 카지노 게임의 왕이라고 불리울만큼 금세기 최고의 게임으로 자리잡고 있다. 게임자는 "뱅커(BANKER)"와 "플레이어(PLAYER)"의 어느 한쪽을 선택하여 베팅(betting)할 수 도 있고 양 사이드에 각각 카드를 2장 또는 3장을 받는데 숫자의 조합(combination)은 "9"이하만 계산한다. 예를 들면, 핸드 계산의 합이 "19"라면 "10"단위는 계산에서 빼고 "9"가 최종(final)숫자가 되는 것이다. 승부는 게임자(player)대 게임자(player), 또는 딜러(dealer)대 게임자(player)의 대결로 양쪽의 합의 숫자가 같으면, 타이핸드(tie-hand)가 되어 게임의 승패가 없이 다음 게임으로 넘어간다. 게임자의 입장에서는 "세번째 카드룰(3rd card rules)"를 제외하고는 실제적으로 공부할 필요도 없고, 연습할 필요도 없으며, 어려운 결정(determination)도 없도록 게임의 구조적 기능은 단순하나, 이 게임을 운영하는 실무자측 입장에서 보면 상대적으로 상당한 지식과 경험이 절대적으로 필요한 게임으로 단 한번의 오류도 인정하지 않고 있음을 명심해야 한다.

2. 게임 테이블(Game table)

바카라 테이블 쪽으로 가면 12명의 게임자와 3명의 딜러가 있는 테이블을 볼 수 있을 것이다. 오늘날의 테이블 대부분은 12명의 플레이어 좌석이 있지만 몇몇의 카지노는 14명이 플레이할 수 있는 더 큰 테이블을 선택하기도 한다. 이 테이블에 마

지막 게임자가 앉아 있다면, 앞에 있는 좌석 번호는 14번이 아닌 15번이 된다. 14번째 게임자 좌석이긴 하지만, 번호는 15번이라는 뜻이다. 그 이유는 모든 카지노들이 13번이란 숫자를 삭제하기 때문이다. 이와 같은 이유로 호텔에도 13층은 없다. "13"이란 자리에 앉기를 원치 않기 때문이라고 추측되며, 만약 14번 자리에 앉아있다면 이는 사실 13번째 자리에 있는 것이다.

테이블 레이아웃(layout)의 게임자 앞에는 게임자가 베팅(betting)할 수 있는 두 곳의 베팅박스가 있다. 좌석에서 가장 가까운 곳이 플레이어 핸드박스(player-hand box)이고, 바깥쪽이 뱅커핸드 박스(banker-hand box)이며, 정확히 이러한 "베팅박스(betting box)"에 베팅이 되도록 하여야 한다. 테이블에 프린트된 레이아웃(layout)은 통상 크게 두 가지 구역으로 "박스(box)"와 "섹션(section)"으로 구분한다. 박스는 베팅을 할 수 있는 지역을 말하며 섹션은 웨이저를 다른 게임자의 것과 구별하기 위해 그려진 곳이다.

바카라 게임 테이블(12인용)

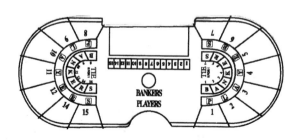

바카라 게임 테이블 레이아웃(14인용)

3. 바카라 딜러(The dealer)

카지노에서 공급된 칩스트레이(chips tray)쪽에 앉아 있는 두명의 "딜러(dealer)"는 게임자의 벳(bet)이 위닝하였을 경우 지불(payout)하여주고, 루징하였다면 콜렉션(collection)을 하는 업무를 전담하며, 각 딜러는 테이블에서 각자 한편의 사이드(side)를 책임진다. 이는 한 딜러가 1에서 6번 자리의 게임자를 담당하고 다른 딜러는 7에서 12번 좌석의 모든 게임자를 담당한다. 팀의 세 번째 딜러는 "콜러(caller)"로서 게임을 리드하는 딜링(dealing)을 하며, 게임의 결과를 멘트(ment)하고 슈의 "패스(pass)"를 담당한다.

패싱 슈 및 스쿠프 딜링
국내의 카지노 바카라의 세 번째 딜러는 "스쿠퍼(scooper)"라 호칭하며, 게임진행방법은 미국 스타일과 같으나 슈(shoe)의 패스없이 모든 진행을 딜러에 의해서만 이루어진다. 이에 본 교재는 "패싱 슈 – 딜링(passing shoe – dealing)"과 "스쿠프 – 딜링(scoop – dealing)"을 병행하여 기술하였다.

4. 바카라의 슈(The Shoe)

메인 바카라(main baccarat)테이블에서 8덱을 넣고, 효율적으로 카드를 딜링하고저 사용하는 "슈(shoe)"를 말한다. 슈의 재질은 장미나무와 아크릴로 만들며 8덱

–슈의 특징은 뒤쪽에 핸들(handle)이 달려있으며 덮개가 있다는 것이다. 카드는 조커(joker)가 없는 스탠다드 플레잉 카드(stancard playing card)로서 시중에서 판매하는 카드와 다른 점은 뒷면이다. 일반적으로 카지노들은 그래픽 패션(graphic

fashion)으로 뒷면에 로고(logo)가 있으며, 앞면에는 특별한 것은 없으나 숫자
(index)가 크게 부각된 블랙잭 게임용 카드는 사용하지 않는다. "슈(shoe)"의 모양
은 모든 사람이 내용물을 볼 수 있도록 투명한 아크릴(acyrile)로 제작되었고, 손가
락으로 약간만 밑쪽으로 눌러도 카드를 드로윙(drawing)하기 쉽게 만든 부스
(booth)이다. "톱-카드(top-card)"는 비스듬하게 기울어진 슈의 버텀-커브드 디
자인(bottom curved design)에 의해 쉽게 나올 수 있도록 제작되었다. 이는 경험
이 없는 게임자에게 슈(shoe)는 간단하고 편리한 고안물이어야 하고, 정직한 게임
을 보증하도록 도와주는 장비
(equipment)이어야 한다. 이
"슈"를 사용하는 바카라는 이
미 설명하였듯이 "플레이어"핸
드와 "뱅커"핸드에 각 두 장씩
기본적으로 4장의 카드가 딜
링되는 카드 게임이다.

　블랙잭 테이블이 매직 넘버(magic number)는 "21"이지만, 바카라는 "9"를 찾는
다. 양 핸드중 한쪽 또는 양쪽 둘다 가능하면 딜러의 진행으로부터 다른 카드를 받
는다. 이 카드가 게임의 변수가 작용되는 "세 번째 카드(3rd card)"이다.

5. 카드의 수치(Card Values)

　바카라 게임(baccarat game)에는 카드 수치에 관한 룰(rules)있다. 이제 그 "룰"
을 알아보기로 한다. "2"에서 "9"까지 모든 숫자카드는 적혀있는 숫자대로 카운트
한다. 에이스(ace)는 "1"로 카운트하고, 모든"10"숫자의 카드와 "페이스(face)"카드
는 "0"으로 계산한다. 만약 플레이어-핸드에 3과 4의 숫자의 카드가 있다면 합의
수치는 7이다. 뱅커-핸드에 8과 페이스 카드가 있다면 합의 수치는 8이 된다. 왜
냐하면 페이스(face)카드가 제로(nothing)이기 때문이다. 이러한 경우 8과 7로서
뱅커-핸드 쪽이 플레이어 핸드 쪽을 이기게 되는 것이다. 카드의 수치가 10~19점
이면 10점을 뺀다. 예를 들어, 8과 6의 숫자 카드가 있다면, 합의 점수는 14가 되

나 이에 10점을 빼면 이 핸드의 최종점수는 4가 되는 것이다.

(8+6=14-10=4)

핸드의 합이 20~29점이면 합계에서 20점을 뺀다. 예를 들어, 7과 9와 6의 숫자 카드가 나왔다면, 그 합의 점수는 22점이 되나 이에 20을 빼면 이 핸드의 최종수치는 2가 되는 것이다.

(7+9+6=22-20=2)

마지막으로 10점 가치 카드(ten value card) 즉, 페이스 카드(face card)가 3장이면 핸드의 최종수치의 값은 0(zero)가 된다. 따라서 핸드의 합이 점수가 9점을 초과할 수 없으며, 9보다 더 큰 핸드의 수치를 신속하게 계산하는 방법은 마지막 한 자리 숫자(digit number)만 간단히 계산한다. 19이면 9이고, 20이면 0이며, 17이면 7이 되는 것이다.

핸드의 합 수치 익히기

- 4+4=8
- 5+9=4
- A+J=1
- K+K+10=0

- 10+K=0
- K+Q=0
- 7+4=1
- 3+2+9=4

- K+8=8
- 3+5=8
- 6+6=2
- K+K+7=7

6. 딜링(Dealing the hand)

바카라(baccarat)게임을 흥미롭게 만드는 것은 게임자의 참여이다. 이미언급한 바와 같이 기본적인 게임을 더 흥미있게 하려면 게임자가 미숙하거나, 원하지 않더라고 카지노는 게임의 정직성과 게임자의 흥미를 유발하기 위해 게임자가 슈(shoe)에서 딜링하는데 참여하기를 원하지만, 만약 딜링하기를 원하지 않는다면 딜러에게 슈의 "패스(pass)"의사를 전달하면 된다. 게임 진행 실무편에 슈-딜링(shoe-

dealing)관련 제반 절차를 상세하게 학습하기로 하고 본 항목에서 슈-딜링의 본질만 설명하도록 한다.

1) 뱅커/큐레이터(Banker/Curator)

슈(shoe)는 시계방향으로 테이블에 돌아간다. 추가되는 베팅의 위험을 갖지 않고, 뱅커 힌드에 베팅하지 않더라도, 그저 뱅커 핸드를 대표하는 것으로 슈(shoe)를 가진 게임자는 "뱅커(banker)"로 간주된다. 많은 게임자들은 다른 게임자 베팅금액을 확실히 뱅킹(banking)함으로서 "슈"를 가진 게임자가 실제 위험 부담을 갖는 유럽형 바카라인 "시멘 드 페(Chemin de fer)"테이블에서는 슈를 가지는 것을 두려워 한다. 그러나 네바다(Nevada)스타일 바카라 테이블에서 카지노는 항상 진정한 뱅커이다. 뱅커로서 슈를 가진 게임자의 지정(指定)은 단순한 게임진행 규칙의 절차일 뿐이다.

일단락하고, 우리는 슈(shoe)를 가진 게임자를 "뱅커(banker)"라고 부른다. 첫 행동은 "Card for the player"라는 지시 안내 멘트에 따라 "뱅커"는 슈에서 카드를 페이스 다운(face down)으로 드로윙하여 딜러에게 그 카드를 밀어준다. 첨가하면 모든 카드들은 뒷면으로 딜링된다. 다음으로 딜러는 뱅커에게 "Card for the banker"라고 멘트한다. 이 때 뱅커는 딜러쪽으로 카드를 미는 대신 자신의 앞에 있는 슈의 하단 밑에 끼워놓는다. 이러한 진행절차의 시리즈로 "Card for the player"또 다시 "Card for the banker"라고 하면서 슈의 하단 구석 밑에 끼워놓는 것으로 반복되는 것이다. 이때 딜러앞에 페이스다운(face down)으로 있는 두 장의 카드는 "플레이어 핸드"를 나타내고, 뱅커가 가진 슈밑에 끼운 두 장의 카드를 "뱅커의 핸드"를 나타낸다.

2) 플레이어 핸드(The player-hand)

딜러는 "뱅커"에게 전달받은 카드를 "플레이어-핸드"쪽에 가장 큰 벳(bets)을 한 게임자를 결정해서 플레이어 핸드를 대표하는 두 장의 카드를 특정 게임자에게 건네준다. 게임자가 카드를 오픈(open)시켜, 딜러에게 되돌려주면, 딜러는 카드 합의 수치를 멘트한다. 이는 게임의 진행절차이며, 게임의 방법이다. 플레이어 핸드 쪽에 가장 큰 벳(bet)을 한 게임자는 처음으로 카드를 보는 명예나 특권이 주어진다.

3) 판정(The decision)

딜러는 게임자의 앞에서 직접 플레이어 핸드의 카드를 옮기고, 그 핸드의 합의 수치를 멘트한다. 그리고 딜러의 왼쪽, 플레이어 핸드 박스(player-hand box)상단에 놓여지고, 그

합을 모든 게임자들에게 알려준다. 여기에서 게임이 종료되는 것이 아니라 "세 번째 카드(3rd card)"가 요구되는지에 달려있다.

4) 세 번째 카드(The third card)

플레이어 핸드와 뱅커 핸드 또는 양쪽 전부가 승부가 결정되기전에 "세 번째 카드(3rd card)"가 요구되는 경우가 있다. 다음 장(章)에서 세 번째 카드룰에 대해서는 세부적으로 연구하기로 하고 본 항목에서는 게임진행의 절차를 완성하는 데 주안점을 두었으므로 실지 게임자의 행동에 대한 게임진행을 강조하였다. 그러나 세 번째 카드는 딜러의 지시(instruct)에 의해 행동하면 되므로 "뱅커(banker)"는 세 번째 카드룰(3rd card rules)을 꼭 알 필요는 없지만, 게임자에게 세 번째 카드룰이 어떻게 변수로 작용되는지는 배울만한 가치가 있고, 경험을 가진 많은 게임자들은 게임에 더 많은 흥미를 갖고저, 실제로 세 번째 카드규칙을 배우기를 원하고 있다.

딜러는 바카라 게임의 엄격한 룰에 의해 실지로 세 번째 카드가 요구된다면, 또

한 장의 카드를 딜링하도록 "뱅 커"에게 지시한다. 이 경우 딜러가 "Another card for the player" 라고 멘트하며, "뱅커"는 슈에서 카드 1장을 드로윙(drawing)하여 이 카드를 딜러에게 밀어준다. 만

약 세 번째 카드가 콜링(calling)되어진다면, 항상 플레이어 핸드가 먼저 진행된다. 그런 다음 "Another card for the banker"라고 멘트하면 또 한 장의 카드를 딜러 에게 보내주면 "뱅커"의 역할은 끝나는 것이다. 이러한 상황에서 각 핸드에는 3장 이상의 카드는 없으며, 딜러는 정확한 판정으로 예를들면, "Bankers wins 5 over 3"와 같은 위너(winner)를 콜링하여 주면 그 라운드는 종료되는 것이다.

5) 슈의 패싱(Passing the shoe)

"뱅커(banker)"라는 의미는 슈(shoe)를 소유한다는 뜻으로 "Holding the shoe" 라고 간주하기 때문에 뱅커 핸드가 이기기위해 웨이저(wager)를 베팅하는 것이다. 뱅커 핸드에 벳(bet)하는 것은 "뱅커"를 위해서 바카라 테이블에서 비록 룰(rules) 은 아니지만 습관적이다. 또 다른 형식을 선택하여야 하는 이유가 있을지라도, 통 상적으로 게임자들은 뱅커핸드에 베팅하였을 때 "슈(shoe)"를 잡는다. "뱅커"역시 베팅을 하고 테이블에 있는 다른 게임자들은 그들의 그들의 벳(bet)을 역시 이기려 고 할 것이다. "뱅커"가 결국 패하였을 때, 오른 쪽의 다른 게임자에게 슈를 넘기면 그 게임자가 새로운 뱅커가 된다. 게임의 절차는 필요한 만큼 정교하게 이루어질 것이며, 확실한 지시에 의해 진행되고, 정해진 순서에 격식을 차리는 매너는 바로 이 게임의 트레이드마크(trademark)이다. 다시 말해 모든 절차의 순서가 정식적으 로 이루어지고, 정식적인 룰을 가진 정식적인 게임이라고 단정지을 수 있다. 딜러 는 "페이맨(payman)"과 "콜러(caller)"의 역할을 분담하나, 그 업무는 세명의 멤버 가 그들의 "워크-시프트(work-shift)"중에 교대로 수행한다.

6) 커미션(The Commission)

(1) 5% 커미션

수학적으로 뱅커 핸드는 "세 번째 카드룰(3rd card rule)"이 규정되어 있어서 플레이어 핸드보다 약간의 이점을 가지고 있다. 그러므로 항상 뱅커핸드에만 베팅하려는 센스(sense)를 가지게 되었다. 이에 카지노는 뱅커핸드에서 위닝할적마다 게임자에게 "커미션"을 지불하게 함으로서 이 모순(conflict)을 깨끗이 해결하였다. 커미션은 확률의 차이를 동등하게 하고 "위닝승산(odds of winning)"을 양쪽 벳(bet)에 거의 같도록 균형을 이루도록 하고 있다. 비록 "커미션비율(commission rate)"0.15%이긴 하지만 뱅커 핸드가 이겼을 때만 커미션이 지불되므로 장기간 진행에 거의 5%가 안되는 것도 사실이지만 어찌되었던, 뱅커 핸드는 플레이어 핸드보다 원래 어드밴티지(advantage)가 있음을 간과해서는 안된다. 바카라 게임의 하우스 퍼센티지는 제 5장에서 다시 연구하기로 하고, 뱅커 핸드는 1.06%의 이점을 주는 반면, 플레이어 핸드는 카지노에 1.24%의 가치가 있다는 사실과 수치에서 볼 수 있듯이 동등한 커미션에도 불구하고 뱅커는 가장 좋은 핸드라고 생각하지만 사실은 양쪽 벳(bet)모두 카지노에게 "페이버(favor)"를 준다.

(2) 커미션 콜렉션

커미션의 트랙(track)관리는 콜러(caller)건너편에 있는 두 딜러(payman)들의 임무이고 직접적으로 카지노에서 간수(看守)한다. 바카라 테이블에는 칩스트레이 앞에 커미션 박스들이 각 게임자의 넘버별로 일렬로 프린트 되어있다. 매번 게임자가 뱅커핸드로 위닝할시, 5%의 커미션이 칩스대신 "토큰(token)"으로 그 박스에 놓여져 게임자에게 알려주게 되어 있다. 한 슈(shoe)의 게임이 종료되었을 때 각 게임자가 발생하였던 커미션을 카지노가 지불 받는 것이 커미션 콜렉션(collection)의 절차이다. 여기에서 커미션의 콜렉션에는 2가지의 유형이 있다. 첫 번째는 발생 즉시 지불금액에서 카지노가 공제(take-out)하는 경우와 두 번째는 슈(shoe)의 게임이 종료되었을시, 카지노가 일괄 지불 받는 경우다. 전자(前者)는 주로 아시아(Asia)전 카지노에서 행해지고 있고, 후자(後者)는 미국의 카지노에서 행해지고 있다.

7) 셔플(The Shuffle)

커미션 콜렉션(commission collection)이 완료되면 "콜러(caller)"는 새로운 카드를 공급받아 테이블 위에서 완벽하게 믹스(mix)시키고, 게임의 다른 형식에 구별 없이 8덱의 스텍(stack)을 만들고 난 다음 톱-카드를 오픈시킨다. 오픈시킨 카드의 숫자는 "버닝(burning)"카드의 장수를 표시한다. 그리고 버닝한 카드를 모아 테이블의 중앙에 부착된 보울(bowl)에 집어넣어 "디스카드(discard)"시킨다. 마지막 위닝핸드(winning-hand)가 플레이어 핸드였다면 다음 게임자에게 슈(shoe)가 옮겨져 다시 시작할 준비를 한다. "셔플(shuffle)"관련 기술적인 사항은 실무 절차편에서 그 절차와 진행을 다시 학습하기로 한다.

Chapter IV 바카라 게임의 룰과 수칙

1. 플레이어-핸드 룰(Player-hand Rule)

바카라 게임의 모든 룰(rule)중 가장 기억하기 쉬운 룰은 "내추럴(natural)"이라고 불리우는 "8"과 "9"이고, 이는 가장 높은 핸드를 표시한다. 만약 뱅커 핸드나, 플레이어 핸드 양쪽중 어느 핸드라도, 이니셜(initial)2카드에서 8이나 9를 가지면 양 핸드에 세 번째 카드를 드로우(draw)하지 않는다. "내추럴(natural)"이면 핸드가 멈춰지고 그 상황에서 승자(勝者)가 결정된다.

"내추럴 8"은 "내추럴 9"에 지는 것은 당연하고 내추럴 9는 질 수 없다. 물론 내추럴 9는 다른 내추럴 9와 타이(tie)가 될 수 있고 결과는 "타이-핸드(tie-hand)"라고 콜링한다. 게임 절차상 더 멋있는 용어(term.)가 사용되기도 하지만 양 핸드가 같은 숫자의 어떤 값으로 종료되었을시, 명백히 "타이핸드"라고 불리운다. 핸드가 타이가 되었을 경우 게임자의 벳(bet)은 노-액션(No-action)이 된다. 타이핸드가 나온 후 게임자는 그들의 벳(bet)을 증가시키거나, 줄이거나, 가져오거나, 핸드사이드를 바꾸는 것은 자유이다.

카지노가 제공한 아래의 "플레이어－핸드"룰은 살펴보면 바카라 룰에 동의한 대부분의 카지노 매니저들은 디자인과 전문 용어 안내의 부족으로 간혹 혼란스럽게 만들어진 것을 지적할 수 있다. 놀랍게도

모든 카지노들이 실제로 똑같은 룰－카드를 사용하고 있다는 것이다. 다음 목차에서 아주 쉽게 이해할 수 있도록 디자인(design)한 룰－카드를 소개하기로 하고우선 카지노가 제공한 도표에 따라 설명하기로 한다.

PLAYER－HAND RULES

Having	
1－2－3－4－5－10	draws a card
6－7	stands
8－9	Natural turn over

플레이어 핸드는 항상 핸드토탈(hand total)이 6과 7이면 스탠드 온(stand on)이다. 다시 설명하면 기본적으로 이니셜 2장의 카드합이 6과 7또는 8, 9이면 세 번째 카드를 안 받는다고 생각하면 틀림없다. 룰－카드는 핸드의 합이 1, 2, 3, 4, 5, 10이면 플레이어 핸드에 세 번째 카드를 드로우(draw)한다고 되어있다. 여기에서 "10"은 바카라에서 "0"으로 간주하는 바, 카지노가 적용하게 원하는 것은 핸드의 합이 0, 1, 2, 3, 4, 5이면 항상 세 번째 기드를 드로우 힌디는 것이다. 플레이이 헨드 룰(rules)은 사실 암기가 필요없이 매우 쉽다. 다만 플레이어 핸드가 먼저 움직이며, 플레이어 핸드가 결정되었을 때 뱅커 핸드가 결정되었을 때 뱅커 핸드가 바뀐다는 사실을 주시하면 된다. 다시 정리하면 합이 0, 1, 2, 3, 4, 5일 경우 세 번째 카드를 드로우하고 6, 7, 8, 9는 항상 스탠드 온(stand on)한다. 그러나 8과 9는 핸드가 멈추고 뱅커핸드는 드로우 할 수 없고, 그대로 핸드가 끝남을 기억하자.

2. 뱅커 – 핸드 룰(Banker – hand Rules)

뱅커 핸드-룰은 훨씬 더 복잡하지만 간단하게 할 수 있는지 분석하여 본다. 뱅커는 항상 핸드의 합이 0, 1, 2이면 세 번째 카드를 드로우한다. 그리고 7, 8, 9는 스탠드 온(stand on)이다. 그러나 만약 뱅커 핸드가 3, 4, 5, 6이면 세 번째 카드 드로윙(drawing)의 권한이 플레이어 핸드의 세 번째 카드에 달려있다. 아래의 도표에 의하면 뱅커핸드의 합이 3이고 플레이어 핸드의 세 번째 카드가 1, 2, 3, 4, 5, 6, 7, 9, 10이면 뱅커 핸드에 세 번째 카드를 드로우 해야 한다.

카지노의 룰-카드(rules-card)도표가 이해력이 부족하게 표현된 것은 플레이어 핸드가 세 번째 카드를 드로우 하지 않으면, 뱅커 핸드가 어떻게 드로우 하느냐는 것이다. 이 경우 오직 플레이어 핸드의 세 번째 카드가 "8"이고 뱅커 핸드의 합이 "3"을 가지면 핸드의 진행은 중단된다. 부연하여 "카지노 용어"로 설명하자면 "when giving the player – hand a 3rd card"는 "draw"와 "Does not draw"로 구분하여, 아래의 도표

에 보여준 것은 플레이어 핸드의 세 번째 카드 유용성을 표기한 것이다. 도표의 오른쪽 편을 활용하는 것이 뱅커 핸드의 룰(rules)을 이해하기 더 쉽다. 가운데의 세로칸(column)은 무시하고 "Does not draw"로 나와있는 오른 편 컬럼(column)은 핸드를 중단시키는 행위만 나타낸다. 바카라 딜러들은 이와 같은 게임룰을 게임자에게 쉽게 가르칠 수 있어야 한다. 예를 들면 뱅커 핸드가 5이면 0, 1, 2, 3, 8, 9 숫자의 카드를 플레이어 핸드가 세 번째 카드로 받으면 핸드는 끝난다. 반면에 뱅커 핸드는 거의 세 번째 카드를 받으며, 플레이어 핸드가 세 번째 카드를 받지 않아도 드로잉 할 수 있다는 등의 설명이 필요할 것이다.

BANKER-HAND RULES

having	Draws when giving	Does not when giving
1-2-10	draw	
3	1-2-3-4-5-6-7-9-10	8
4	2-3-4-5-6-7	1-8-9-10
5	4-5-6-7	1-2-3-8-9-10
6	6-7	1-2-3-4-5-8-9-10
7	Stands	
8-9	Natural, player cannot draw	

※ 그림카드와 10 숫자카드는 수치가 없다(Pictures and tens have no value)만약 플레이어 핸드에 세 번째 카드가 없다면 뱅커 "6"는 스탠드 된다(If player takes no cards, Banker stands on 6)

3. 쉽게 배울 수 있는 룰-카드(An easier Rules-card to use)

룰(rules)을 암기(remember)하는 것을 도우려고 본 교재에서는 더욱더 감각적으로 룰-카드 변형(version)을 시도하여 보았다.

PLAYER-HAND

Stand on 6-7-8-9
Otherwise, draw third card
8-9 Stops the hand

※ 6-7-8-9는 세 번째 카드를 받지 않고, 그 밖에 0-1-2-3-4-5는 세 번째 카드를 드로우하며 8-9는 그 핸드가 종료된다.

BANKER – HAND

Stand on 7-8-9	and when ：
	and Player's
Having	Third card is
3	8
4	0-1-8-9
5	0-1-2-3-8-9
6	0-1-2-3-4-5-8-9
	(or no card)
	Otherwise draws third card
	8-9 stops the hand

※ 7-8-9는 세 번째 카드를 받지 않으며, 위의 도표는 세 번째 카드를 드로윙(drawing)하지 않는 숫자만 암기하도록 되어있다. 단 "6"인 경우 플레이어가 6~7을 가졌다면, 플레이어 6, 7은 스탠드 온(stand on)이므로 세 번째 카드가 없으므로 그 상황대로 핸드를 마감한다.

4. 룰의 실지활용(Practice hand)

다음은 정확한 활용을 표현하는 바카라 핸드의 부분적인 사례이다. 그 룰(rules)이 이해될 때까지 계속적인 연습이 필요한 것이다. 본 항목에서는 룰을 이해하기위한 핸드적용이므로 테이블에서 실시되는 게임진행콜링(calling)과는 차이가 있다. 테이블 게임 진행 관련 콜링은 실무진행편에서 다루기로하고 본항에서는 룰(rules)의 활용에만 주안점을 두기로하며, 영문으로 표기하기로 한다.

사례 : 1)

Player has 0, Banker has 4, Player draws 8, Banker must stand, Player wins 8 over 4

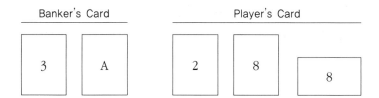

    플레이어 이니셜 핸드합이 0이고 뱅커가 4인 경우 플레이어 0은 세 번째 카드를 드로우하여야 하므로 8이 나온 경우 뱅커룰에 뱅커가 4를 가지고 플레이어의 세 번째 카드가 8이라면 그대로 핸드가 종료되므로 플레이어 8, 뱅커 4로 플레이어가 이기게 된다.

사례 : 2)

Player has 2, Banker has 1, Player draws 5, Banker draws 6,
Tie hand 7 to 7. Nobody wins

사례 : 3)

Player has 7, Banker has 5, Player must stand, Banker draws 6,
Player wins 7 over 1.

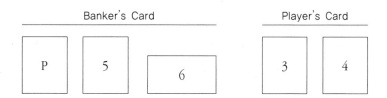

플레이어가 6~7인 경우 뱅커도 6~7이었다면 세 번째 카드없이 그대로 핸드가 종료되나 뱅커 핸드가 0-1-2-3-4-5이면 뱅커 핸드에 세 번째 카드를 드로우 한다.

사례 : 4)

Player has 9, Banker has 6, Player wins 9 over 6.

Banker's Card		Player's Card	
5	A	9	P

플레이어 핸드가 내추럴(natural) 9이므로 핸드는 종료된다. 또한 어느 사이드 간에 내추럴 8이나 9가 이니셜(initial) 2카드에서 만들어지면 핸드는 종료된다.

사례 : 5)

Player has 3, Banker has 6, Player draw 6, Banker draws 2, Player wins 9 over 8.

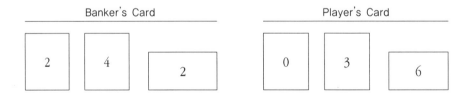

Banker's Card			Player's Card		
2	4	2	0	3	6

플레이어가 3을 가지고 뱅커가 6, 플레이어의 세 번째 카드가 6이었다면 핸드의 진행을 여기서 멈추지 않고, 뱅커 핸드 룰에 의해 세 번째 카드를 드로우 해야 한다.

사례 : 6) 그림

Player has 5, Banker has 3, Player draws 9, Banker draw 0, Player wins 4 over 3.

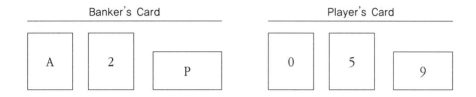

위의 카드에서 뱅커핸드의 세 번째 카드 "P"는 픽쳐(picture)카드로 "0"이다.

사례 : 7)

Player has 4, Banker has 4, Player draws 5, Banker draw 9, Player wins 9 over 3.

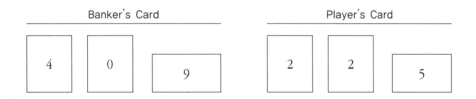

사례 : 8)

Player has 1, Banker has 5, Player draws 0, Banker must stand, Banker wins 5 over 1.

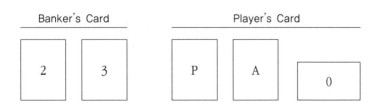

사례 : 9)

Player has 2, Banker has 7, Player draws 3, Banker must stand, Banker wins 7 over 5.

Banker's Card			Player's Card		

| P | 7 | | 2 | 0 | 3 |

사례 : 10)

Player has 6, Banker has 4, Player must stand, Banker draws 3, Banker wins 7 over 6.

Banker's Card			Player's Card	

| 2 | 2 | 3 | A | 5 |

본 장에서 우리는 게임의 절차, 베팅의 요건, 딜링방법, 카드의 수치와 특히 세 번째 카드룰에 관하여 개략적으로 배웠으며

게임룰을 핸드에 적용하여 연습까지 하여 보았다. 그러나 아직 게임준비가 퍼펙트(perfect)한 것은 아니므로 배운 것을 재검토하고 충분히 준비하여 아직 완성되지 않은 부분을 체크(check)한 후 실무에 대비 실기를 하여 보는 것이 좋을 것이다.

V 바카라게임의 수학적 원리

1. 바카라의 수학적 응용(The Mathematics of Baccarat)

뱅커 핸드의 위닝 확률(probability of winning)은 45.86%이고, 플레이어 핸드의 위닝확률은 44.62%이다. 남은 9.52%는 핸드의 타이(tie)를 나타낸다. 수치에 나타난 것과 같이 뱅커 핸드는 플레이어 핸드보다 실제 1.24%의 어드밴티지(advantage)가 있는 것을 알 수 있다. 만약 뱅커 핸드가 이기면 지불하는 커미션이 없다고 가정하여, 게임자가 플레이어 핸드에 벳(bet)을 하였다면, 카지노가 1.24%의 하우스 어드밴티지를 가진다고 말할 수 있고, 게임자가 뱅크 핸드에 베팅하면 그 스스로가 1.24%의 어드밴티지를 갖는다. 이러한 상태 즉, 커미션이 없는 상태에서 게임자는 항상 "뱅커 핸드"에 베팅할 가치가 있고 이는 결국 카지노도 동등한 가치의 어드밴티지를 가지게 되는 것이다.

1) 커미션의 실제의 값

커미션의 실제의 값(The actual cost of commission)을 뱅커 핸드가 이겨서 5%의 커미션을 지불하는 것으로 이해하는 것은 뱅커 핸드의 퍼센티지(percentage)에 확실한 영향을 미친다. 실례로서, 간단한 동전던지기를 대입하여 확률이 같지 않은 뱅커의 플레이어 대신 확률이 같은 동전의 앞면(head)와 뒷면(tails)을 사용하여 비교하여 보기로 하자. 만약 카지노가 가상적으로 "동전던지기(coin-flip)"를 유치한다면, 게임자의 웨이저(wager)에 1대1 지불을 제공하지 않을 것이라는 것은 자명한 사실이며, 이는 장기간 진행하여도 카지노에게는 어떤 이익(profit)도 없기 때문이다. 그러므로 대부분의 사람들은 카지노 룰은 이겼을 때 1대1로 지불하고 5%의 커미션을 받는 것이라고 생각하고 있다. 그러나 많은 사람들의 생각과 정반대로 이러한 이의(異義)를 제기한 카지노 어드밴티지(advantage)는 5%가 아니라 단지 2.5%를 가진다는 사실이다. 하우스 어드밴티지를 산정(compute)함에 있어 게임에

대한 모든 확률대비가 게임자의 손수 손실분을 항상 고려해야 할 것이다. 이러한 경우 헤드(head)또는 테일(tails)2곳을 가진 경우와 볼(ball)이 떨어질 확률이 38개인 룰렛게임의 경우가 있다. "코인－플립(coin－flip)"을 예로 들자면 하우스는 두개의 확률 결과로 2.5%를 만든다. 가장 쉬운 사례로 설명할 수 있는 방법은 "Head"와 "Tails"양쪽에 베팅(betting)하여 보는 것이다.

1,000원을 "Head"에 1,000원을 "Tails"에 걸어보자. 카지노는 오리지날(original) 금액은 그대로 두고 위닝웨이저(winning wager)에 950원을 지불하고 진쪽의 1,000원은 가져갈 것이다. 따라서 승률계산은 2,000원에 대한 50원이므로 하우스에 대한 어드밴티지는 3.5%가 되는 것이다. 카지노의 공식룰이 1대1 승산(勝算)에 5%의 커미션(winning bet의 0.5/1)을 지불된다는 것에 바카라를 더욱 좋아하는 이유는 카지노가 플레이어 핸드가 아닌 뱅커핸드가 이길때만 5%의 커미션을 지불한다는 것이다. 이 경우 그들의 어드밴티지는 1.25% 줄어드는 요인이 된다.

그러면 바카라 테이블에서 커미션 5%는 게임자의 실제 비용인지, 기술적으로 뱅커핸드와 플레이어 핸드의 확률을 예로 들어 설명하여 본다.

어떤 게임에 확률(確率)이 모든 핸드에 똑같고 카지노의 어드밴티지를 적용하였다는 것은 "헤드(head)"와 "테일(tails)"양편에 웨이저를 1.25%어드밴티지를 응용하는 "Coin－flip"의 경우로 간다는 것이다. 그러나 바카라의 경우 플레이어 핸드가 이겼을 경우 커미션이 없다는 것은 뱅커핸드에만 적용하여 1.25%어드밴티지를 2배인 2.5%로 한다는 것이며, 뱅커 핸드 한 곳으로 정리하여 어드밴티지를 유지하는 것이다.

뱅커 핸드의 실지 하우스 어드밴티지(advantage)는 1.06%이고, 커미션 발생으로 인해 게임자의 손실차이 비율은 2.3%이다. (1.06%＋1.24%＝2.3%)여기에서 2.5%대 2.3%의 차이점은 이미 언급한 바와 같이 확률의 차이 때문인 것이다. 플레이어 핸드는 하우스에 1.24%의 가치가 있으며 우리가 알 듯이 뱅커핸드는

1.06%이다. 그러므로 우리는 비록 카지노가 양핸드를 다 좋아한다고 알려져 있지만 플레이어 핸드 벳(bet)보다 뱅커핸드가 더 좋은 벳(bet)으로 결론을 내린다. 긴 시간 뱅커와 플레이어 양쪽에 거의 같은 베팅으로 게임을 한다면, 전체적인 평균 어드밴티지는 1.15%로 판단된다.

$$1.06\% + 1.24\% \div 2 = 1.15\%$$

일반적으로 많은 게임자들이 믿는 뱅커 핸드가 이겨서 지불하는 5%의 커미션은 실질적(true)인 하우스 어드밴티지가 아니다. 확실히 5%커미션의 가치를 증명하는 쉬운 방법은 뱅커 핸드 위닝 확률 지수 45.86에 단순히 0.95(커미션을 공제한 지수)를 곱하고, 플레이어 핸드 위닝 확률 지수 44.62를 빼고, 커미션 전에 뱅커 핸드 어드밴티지 1.24를 플러스 한다. 그 등식은 다음과 같다.

$$0.95 \times 45.86 - 44.62 + 1.24 = 2.3$$

2) 하우스 어드밴티지의 견해차이

바카라의 수학적인 관점(mathematical aspect)을 파악한다는 것은 그리 쉽지만은 않다. 몇몇의 전문가들은 실지확률(true probabilities)과 하우스 어드밴티지(house advantage)와는 차이(差異)있음을 알았다. 예를 들면, 권위 있는 세명의 수학자로부터 하우스 퍼센티지로 정하여였던 세 가지 지수(indices)에 차이가 있음을 발견하였다. 수학자들이 그들의 연구로 간단히 사용하는 매개지수로 또는 평가를 하기 위한 조건으로 하우스 어드밴티지를 사용하는 것은 무난하나, 계산(computation)의 결과가 진행한 많은 핸드의 수를 기본으로 하였거나, 이론상(theoretical)으로 분석(分析)된 핸드의 수에 근거하였다면, 중대한 치이기 있는 사례(事例)가 만들어진다. 놀랍게도 슈(shoe)안의 카드덱의 수 역시 퍼센티지를 변하게 한다. 통계관련 카지노 전문가들은 뱅커핸드 어드밴티지는 1.2%로 1.06%보다 높고, 플레이어 어드밴티지는 1.4%로, 1.24%보다 높다고 주장한다.

3) 바카라게임의 이해요약

숫자와 관계없이 모든 게임지식을 가지는 것은 매우 중요하다. 실지 여러분에게 중요한 것은 바카라가 카지노 어드밴티지가 매우 적은 게임으로 게임자에게는 흥미있고 매력적인 게임이라는 것이다. 이 내용은 반대급부적으로 많은 고객이 선호할 수 있는 확률적인 요소가 내재되어있어 충분히 대중화될 수 있는 여건이 되므로 향 후 카지노의 최고 게임이 되는 것은 자명한 사실이다. 이미 국내는 물론 마카오, 필리핀, 말레시아등 동남아 시장에 게임테이블 보유대수 60%이상 점유율을 보이고 있는 바 메인 게임(main game)으로 자리잡은 지 오래되었다. 게임의 구조적 기능(structure function)으로 보았을 때, 싱글(single)또는 더블아스(double odds)를 한 크랩스 게임의 "패스-라인 벳(pass-line bet)"보다 좋은 웨이저(wager)임을 증명하였고, 룰(rules)역시 단순하며 가장 공정성 있는 게임으로 평가받고 있지만, 아직 게임자들에게는 고액(高額)게임이라는 인식 아래 의식적으로 두려워해온 것은 사실이다. 바카라게임이 카지노에서 할 수 있는 좋은 게임이라는 것을 아는 것이 중요하다. 여기에서 게임자에게 쉬운 게임일수록 상대적으로 실무자가 이 게임을 배우는 여러분에게는 가장 어려운 게임이 될 수 도 있다. 부디 직업적(職業的)인 감각으로 연습하고 훈련하여야 하며, 특히 바카라게임의 본질이 어디에 있는지를 간과해서는 안 된다.

2. 카지노의 드롭퍼센티지(The Casino's drop percentage)

카지노는 기초 수학에 의지하는 것 보다 하우스 어드밴티지(houses advantage)를 증명하는 더 좋은 방법이 있다. 모든 카지노는 매일 테이블 액션을 모니터링(monitoring)하고 매주 컴퓨터 프린터 출력으로 핸들(handle), 홀드(hold), 그리고 각 게임의 퍼센티지를 카지노 관리자가 보고서에 공개한다. "핸들(handle)"은 벳팅한 모든 금액의 합계를 나타내고 "홀드(hold)"는 게임의 어드밴티지를 기본으로한 카지노의 영업이익(매출액)을 뜻하며 단순히 퍼센티지(percentage)로 명시될 수 있다.

카지노는 슬롯머신(slot machine)에
모든 코인(coin)입출금이 기입되기 때
문에 그들의 퍼센티지를 정확하게 알
수 있다. 그러나 테이블 게임에서의 벳
(bet)의 정확한 액수는 확인하기가 어렵
다. 일반적으로 카지노는 각 게임 테이

블에 부착되어있는 금속드롭박스(drop box)를 수거하여 그 박스에 들어있는 내용
물, 즉 캐쉬(cash)와 크레딧 슬립(credit slip)등을 합계한 금액을 근거로 하여 "드
롭(srop)"퍼센티지와 관련지운다. 카
지노의 관례로는 매일 각 드롭의
20%를 "위닝포인트(winning point)"
로 계산하나, 이 계산과 하우스퍼센
티지를 혼돈해서는 안 된다.

"드롭퍼센티지(drop percentage)"
는 게임자의 오리지날 스테이크(original stake) 즉, 칩스를 구매하여 최초로 베팅
한 금액과 최종으로 남은 금액을 비교하여 정확하게 측정한다.

"하우스 퍼센티지(house percentage)"는 영업상의 모든 웨이저(wager), 핸드
(hand), 롤(roll), 그리고 스핀(spin)등 게임이 카지노에 제공하는 어드밴티지(advantage)
이다.

일반적으로 카지노는 "홀드퍼센티지"를 각 테이블 드롭과 칩스 카운트에 근거하
여 계산한다. 비록 슬롯머신 만큼 확실히 정확하지는 않지만 카지노는 50년 넘는
바카라 갬블링 비즈니스를 해온 노-하우(know-how)로 분명한 사실에 근거하여
접근할 수 있다.

3. 바카라 게임의 매출액(Baccarat Game Revenue)

다음은 비국 네바다주 게임통제위원회(Nevada State Control Board)가 발표한
「게이밍 리베뉴 리포트(Gaming Revenue Report)」이다.

도표를 보고 분석하기로 한다.

테이블당 게임 승률 및 점유율A 〈단위 : $1,000〉

게임종류	설치카지노 (개소수)	테이블 (대수)	점유율 (%)	매출액 ($)	승률 (%)	매출액점유율 (%)
바카라	22	56	1.5	316,455	15.1	18
블랙잭	170	3,156	77.7	892,352	14.5	50.5
룰 렛	126	306	7.5	143,787	23.5	8
크랩스	133	391	9.6	371,165	14.4	21
포 커	68	152	3.7	43,406	20.4	2.5
합계	519	4,061	100%	1,776,165	17.6	100%

위의 도표에 나타난 것처럼 바카라의 매출 규모는 3억 1천 6백만 달러이지만, 매년 8%의 성장률을 보여 2000년 기준 한화 1조원에 육박되어있다. 바카라 게임의 테이블 수는 전 카지노의 점유율이 1.5%에 불과하지만 매출 점유율이 18%인 것은 얼마나 많은 하이롤러(high-roller)가 이 게임의 협력자인가를 알 수 있는 대목이다. 기록에 의한 수학적 승률은 3%인데 어떻게 승률이 15.1%까지 나타나는지 의아하게 생각될 수 있다. 바로 이점이 수학적논리와 카지노 회계관리와의 차이점인 것이다. 그 변수는 게임의 참여시간, 벳팅사이즈, 그리고 타이벳(tie-bet)이 주는 어드밴티지(약14%)일 것이다. 이 게임의 특징은 테이블수가 많다고, 대중화하기위해 게임리미트를 낮춘다고, 게임의 이익이 발생되는 것이 아니다. 비록 낮은 퍼센티지이기는 하나, 고액 베팅을 하는 하이롤러를 어떻게 유치하느냐에 따라 게임의 승패가 달려있다.

4. 미니-바카라(Mini-baccarat)

지금까지 설명하였던 바카라 게임은 메인 카지노지역에서 벗어난 지역에 특별히 만들어진 피트(pit)의 "라지테이블(large table)"에서의 진행을 말한다. 그러나 미니바카라 테이블은 블랙잭 테이블처럼 크기와 모양이 같으며 메인 카지노 지역(일

반피트)에 위치해있다. 바카라 룰에 의
해 게임이 진행되지만, 게임절차가 이미
설명하였던 라지 바카라 와는 다소 차이
가 있으며 흥분과 형식이 거의 없으며,
벳팅(betting)금액 수준도 블랙잭 게임
정도이다. 이 테이블을 운용하는 것은
바카라를 두려워하는 게임자에게 쉽게

접근할 수 있도록 기본적으로 게임을 이해시키는데 그 목적이 있다. 게임의 특징은
한명의 딜러가 모든 액션을 담당하고, 게임자는 베팅을 선택하는 것 외에는 진행에
참여하지 않으므로 보통 대단히 빠르게 딜러가 카드를 다룬다는 것과 라지테이블
에서와 같은 서스펜스(suspense)도 없고, 게임자가 슈(shoe)를 다루지도 않으며,
때로는 카지노가 룰(rules)을 바꾸기도 하고, 타이(tie)를 없애기도 한다. 베팅 미니멈
(betting minimum)을 ₩20,000 이상으로 책정하는 것은 화폐의 단위를 1,000원
이하는 사용하지 않기 때문이다.

　따라서 미니-바카라(mini-baccarat)
의 선호도가 매우 낮은 바, 그 대안으로
출현한 것이 "미들 바카라(middle-baccarat)"
이다. 오히려 국내에서 가장 인기있는 테
이블로 자리잡은 이유는 모든 특권은 라
지 바카라와 같이 누리며 게임의 진행이
빨라 순간적인 싫증없이 흥분을 자아낸다

는 것이며, 라지바카라와 같은 큰 금액의 부담에서 벗어날 수 있다는 것일 것이다.
현재 국내에서는 미니넘(minimum)이 봉상적으로 ₩100,000정도이며, 또한 여러 형
태의 리미트(limit)를 정하여 게임자에게 적정한 테이블을 선택할 수 있도록 하였다.
　여기에서 특기할만한 것이, 미니 바카라는 개인별 한도액(personal limit)을 정
하고 있지만, 미들바카라는 "차액금(difference)"으로 리미트를 적용하며, 위 게임
모두 5%의 커미션레이트(commission rate)를 적용한다.

VI 바카라 게임의 시스템

1. 스코어카드(The Score card)

바카라에서 위닝(winning)할 수 있는 방법은 순수한 행운(fortune)에 의존하는 방법 이외에는 없다고 서두에서 언급한 바 있다. 그러나 분석한 자료에 의하면 대부분의 게임자는 어떤 행운의 요소에 기대심리를 가지고, 그들의 방식대로 시스템(system)을 만들어 사용한다는 것이다. 실지 행운에는 의지할 요인이 없는 것은 확실하지만, 어떤 방식으로 게임을 할 것인지는 게임자만이 가지고 있는 나름대로의 메카니즘(mechanism)일수도 있다. 바카라에는 의지할 기술(skill)도 없고, 연구할 시스템도 없고, 수학적으로 근거하여 설명할 방법이나 전략(strategy)이 없다는 것이다.

그러나 분명히 있는 것을 자세히 관찰하여보면 핸드의 결합패턴 (combination pattern)에서 종종 예측할 수 있는 시스템(system)이 나타난다는 것이다. 바로 이 기회(chance)를 포착하는 것이 승패의 관건이며, 그 판단 여하에 따라 시스템의 적용이 유용성(有用性)여부가 결정될 것이다. 바카라 테이블에서 가장 인기있는 시스템은 카지노"스코어카드(score card)"에 근거한 시스템일 것이다. 카지노는 스코어를 보전하는 게임자를 좋아하고, 요청하는 게임자에게 스코어 카드와 연필을 제공한다. 아이디어(idea)는 플레이어-윈 "P", 뱅커-윈에 "B", 타이에는 "T"로 모든 결정에 표시한다. 몇몇의 게임자들은 오랫동안 타이(tie)가 나오지 않은 결과를 찾아서 타이에 베트를 하고 8 to 1의 시상을 노린다.

게임자가 플레이어 핸드와 뱅커핸드의 확률에서 벗어나서 찾는 것은 간단하다.

뱅커와 플레이어 의해 만들어진 비율(ratio)k에 근거하여 기다리는 결과를 이븐 (even)을 만들기 위해 갑작스럽게 한 그룹의 게임자가 한사이드로 벳팅하기도 한 다. 이러한 점은 바카라테이블이 아니면 어느 곳에서도 이루어지지 않는다. 짧은 진행은 항상 확률의 편차가 상존(常存)해 있고, 아무도 예측할 수 없으며, 또 믿을 수도 없고, 자료가 아직 형성되지 않아 패턴(patterns)도 없고 아직 사이클(cycles) 도 존재하지 않는다.

만약 플레이어─핸드가 열 번이상 계속 이기지 못하였다면, 플레이어가 다음 핸 드에서 이기는 것은 의심할 여지가 없으나, 이는 가능성만 있을 뿐이지 실제로는 아무도 장담할 수 없는 것이다. 이런 경우 플레이어가 이길 확률은 다른 타입과 같 으며, 뱅커─핸드보다 조금 적다는 것 뿐이며 그 승산은 이븐(even)이다. 이러한 "승산(odds)"은 룰렛 테이블의 휠(wheel)과 같이 이전의 결정이 앞으로 일어날 결 고과와는 아무런 관계가 없다. 만약 룰렛─볼이 믿어지지 않게 연속적으로 12번 블 랙(black)에 떨어졌다면, 아마도 대부분의 게임자들은 다음의 휠(wheel)에 초자연 적인 영향이 있더라도 레드(red)에 베팅할 것이다. 그러나 룰렛 휠은 바카라 슈의 결과보다 더 트랙(track)의 결과가 일정치 않다. 또한 휠(wheel), 슈(shoes), 다이 스(dice), 코인(coin)모두다 기억력을 가지고 있지 않다는 것이 승산의 본질 속성 (intrinsic attribute)인 것이다. 룰렛 볼이 레드(red)의 칸(compartment)에 떨어 질 확률은 매번 휠을 스핀할 적마다 18/38 또는 9/10의 승산이 있을 뿐이다.

2. 카드 카운팅(Counting the card)

바카라에서 블랙잭게임과 같이 카드가 진행되고 남은 카드에 영향을 주는 감각 이 약간 나트시만, 세임자는 진행한 카드의 영향을 결정하는 실질직인 빙법이 없기 때문에 게임은 무작위(random)의 과정 절차를 합계하여 추정해왔다. 블랙잭에서 는 슈에 남아있는 (remaining)카드를 "리드(read)"하는 획기적인 방법이 있지만, 바카라에는 없으며, 바카라 슈에 남아있는 카드를 리드하는 방법은 이 지구상에 태 어난 어느 누구도 할 수 없다. 많은 게임자들의 대부분은 바카라 카드 카운트로 "어드밴티지"를 가진다는 것은 사실상 극소수(infinitesimal)일 것이라는데 의견을

일치하고 있다. 왜냐하면 균형잡히지 않은 액션 조화와 양쪽 핸드를 지배(支配)하는 룰과 8덱의 카드 수량 때문이라고 생각할 수 있다. 따라서 "카운팅(counting)"은 실용적(實用的)인 시스템이 아님을 알 수가 있다.

3. 시스템과 방법(System & Methods)

라스베가스(LasVegas)의 "Gambler's Book Club"은 갬블링 서적 전문서점으로 세계에서 가장 크며 Louis Holloway의 저서 「System and Method」의 원본을 지금껏 소장하고 있다. 베팅시스템하면 "갬블러스북클럽"이 발간한 「System and Method」이란 제목의 훌륭한 책 시리즈를 회상케한다. 시리즈는 1974년에 시작되었고, 시스템 수백장의 통계로 얻어진 계수를 근거로 유명작가 Louis Holloway에 의하여 집필되었으나 그들에 대한 강한 양심의 가책으로 자취를 감추어 버렸다. 그는 부도덕한 우편주문 판매없자(mail-order sellers)에 의해 희생되는 많은 게임자들이 그의 저서가 매개체(mediation)였다는 사실에 섬뜩하게 하였다. 이에 그는 그의 저서를 가치없는 시스템으로 재검토하고, 정직하게 카운트 할 수 있는 전문가적인 의견만을 제시하는 수준으로 독자에게 어필하였으며 이는 모두가 평가하듯이 적은 시스템도 Holloway에게는 대단히 좋은 품질이 되었다. 그는 가치 없는 주장에 질책하는 데 주저하지 않았고, 판매업자에게는 경고의 의미를 주지시켰다. 어찌되었던 소수의 시스템은 메리트(merit)를 가진 내용으로 그의 책상위에 도착하였다. 대부분의 흥미있는 시스템들은 보통 경마와 스포츠 베팅에 국한되어있고, 이와 관련된 연구와 시스템의 영역은 현실적이고, 적절한 결과를 근거로 실지로 개발되었다.

카지노에서 우리가 아는 몇 가지 시스템들은 블랙잭에 관련되어있고 "Computer-proven strategy"에 근거한 게임자의 정확한 의사 결정은 오랜 시간이 지나 유효성이 증명되었던 바, 10 여전에 소개했던 카드 카운팅의 많은 시스템들이 아직도 실행하는 것은 그 정교함을 증명하는 것이다. 불행하게도 이 강력한 시스템이 게이밍 대중에게 소개되어졌을 때, 부실하고 시시한 가치의 것들이 새로운 블랙잭 전략(blackjack strategy)으로 바뀌었고, 많은 저자(著者)들은 자신의 이름을 적어왔다. 오늘날에도 원래의 기초연구에 모두 근거한 블랙잭 시스템은 수백권이 있다. 갬블링 시스템은 결코 변하지 않는가 보다. 이에 본 장은 수학적 접근으로 본 시스템과 방법의 배경만 설명하기로 한다.

4. 스트리크 베팅(Betting a streak)

몇몇 바카라 게임자들이 게임의 일정한 방식이 없이 기대하는 것보다 "스트리크(streak)"가 있다고 주장하는 것은 바카라 게임 구조가 주어진 좋은 테스트(test)이다. 이는 바카라 경험자라면 누구라도 알수 있는 현상이며, 하우스에는 위기, 게임자에게는 행운을 가질 수 있는 기회이기도 하나, 이 기회와 행운이 역동적으로 작용할 수 있었음을 많이 경험하였을 것이다. 만약 바카라 테이블에서 실제로 나타난 "스트리크"가 수학적으로 정상적인 게임의 수보다 더 있다면 이길 때 벳(bets)을 늘리고, 패할때는 벳(bets)을 줄이든지 또는 아예 포기하라는 통상적인 조언이 바카라게임에 확실히 적용될 것이다.

유능한 갬블러의 원칙은 갬블링의 형태에 연관시키고 "루징스트리크(losing streak)"에 대항하여 보호하는 것이므로, 이와는 반대로 좋은 "위닝 스트리크(winning streak)"동안 네트(net)로 이기도록 베트를 늘리고, 위닝한 금액의 재투자를 지속하는 것은 당연한 것이다. 그러나 누구도 이기든, 지든 스트리크가 끝날 때를 예측할 수는 없을 것이다. 반면에 갬블링은 우리 모두에게 쉽다. 감각(sense)이 있던지, 없던지 간에 게임자들은 윈(win)이 지속되도록 비교적 안전한 액수로 벳팅(betting)을 증가시키고, 루징 핸드(losing hand)가 많아질 때, 그만두는 방법도 갬블링이다.

만약 바카라에서 "스트리크(streak)" 현상이 자수 있는 것이 사실이라면 "스드리크 베터(Streak bettor)"는 그의 방법 뒤에는 믿을 수 있는 확실한 이유가 있었을 것이다. 그러나 이미 언급했던 바와 같이 "스트리크 루머(streak rumor)"에 의존할 수 없는 것이다. 대부분의 게임자들은 행운을 환상적으로 찾아서 스크리크를 쫓는 경향이 있다. 이는 최근 게임 동향의 추세이며, 세계 어느 카지노에가도 비슷한 패턴으로 가고 있으며 카지노들은 이 현상을 방어하느라 무던히 노력하고 있으며 게임자들은 고집스럽게 이 방식을 선호(選好)하는 것은 사실이다. 그러나 가장 좋은 시스템은 갬블링을 조절할 수 있다는 것이지, 방식 또는 형식에 있지 않다는 것이다.

5. 바카라의 수학적 분해(Can baccarat be beaten)

카지노의 바카라와 블랙잭사이에 두드러진 유사점은 두 게임 모두 통상적으로 "리셔플"하지 않은 카드의 덱으로 딜링되는 게임이다. 그러므로 갬블러는 승산이 핸드에서 핸드로 변화하는 상황에 직면하게 된다. 따라서 블랙잭에서는 알려진 방법으로 웨이저(wager)를 증가시키는 연출을 활용하는 상황이 적절히 이루어지곤 한다.

1982년 3월에 발행한 「Gambling Times」지에 발표한 내용을 보면 뱅커/플레이어 양쪽 혹은 타이 베트(bets)를 위하여 대단히 적극적인 기대치를 가진 확실한 "6" 카드의 부분집합(바카라 핸드가 리셔플없이 확실히 끝날 수 있는 카드의 가장 적은 수)을 보여주었다. 이 대목에서의 반론으로 Joel Friedman은 얼마나 자주 벳(bet)에 동의하였는지, 얼마나 많이 이용함으로서 얻어졌는지, 정확히 결정한 8덱 바카라 슈의 모든 가능한 부분 집합을 분석하여 보았다.

$\begin{bmatrix} 416 \\ 6 \end{bmatrix} = 6,942,219,827,088$ 이므로 각 6-카드의 부분집합 $\begin{bmatrix} 6 \\ 2 \end{bmatrix} \times \begin{bmatrix} 4 \\ 2 \end{bmatrix} \times 2 = 180$ 가지의 집합 수(무관한 슈트 한 벌의 계산과 10, J, Q, K 사이의 구별에 근거)의 차이를 분류하는 주의깊은 노력으로 크기와 양을 5,005개로 축소하였다. Joel은 개인적으로 이러한 결과를 공표하였으며, 그의 계산은 검증되었고, 정확성을 인정받아 Joel은 관련학술지에 발표하게 되었다.

Six Card Baccarat 부분 집합

(단위 : %)

Wager	Chance it is favorable	Average expectation when favorable	Expection Per hand played
Player	150967	3.20	4831
Bank	270441	3.26	8818
Tie	339027	72.83	24.6909

타이벳(tie-bet)에 대한 계수는 1982년 여름 블랙잭 홍보지 「The Experts」에 초판으로 발행되었고, Edward O. Thorp박사는 유명한 저서 「Beat the Dealer」의 저자로(1963)IBM의 컴퓨터 전문가인 Jullian H. Braun과 함께 "카드 카운트 시스템(card count system)"을 고안하였으며 현재까지도 그들의 기본적인 원리를 인용하고 있다. Dartmouth 대학의 John Kemeny와 Laurie Snell교수는 무수한 덱의 최초의 영향, 계산법의 접근으로 제자리로 돌아오는 원리와 일치하게 되었고, Thorp와 Walelen은 각 카드의 이동으로 파급되는 변환의 계산에 들어갔다. 그리고 장시간 존재하지 않는 "Natural 8"과 "Natural 9"베트를 이용한 효과적인 카운팅전략을 연구하여 왔다.

Thorp박사는 「Fundamental Theory of Card Counting」과 「실질적 카드 카운팅 시스템은 가능하지 않다.」는 논문의 논증을 위하여 시뮬레이션(simulation)을 한정하여 인용하였다. 현재 통용되고 있는 바카라 셔플절차인 "6-카드"부분 집합의 이해(理解)는 환상적이고, 공상이지 결코 현실감을 주는 것이 아니다. 셔플과정(shuffle procedure)이 엄격하게 통제하는 NewJersy에서는 10-카드 부분 집합이 15슈에 한 번 정도로 나타난다. Nevada에서의 가능성은 더욱 더 희박하다고 할 수 있다. 다음의 데이터(data)를 양편으로 나누어 플레이(play)되지 않은 카드 숫자의 양으로 변동의 기회가 어떻게 빠르게 나타나는지 도표로 예를 들어보았다. 8덱 슈에 남아있는 카드의 다양한 숫자들은 이전의 블랙잭 게임에서의 데이터와 같이 비슷한 바카라 데이터를 제공한다.

"플레이어"와 "뱅커"벳(bet)은 거의 대등하게 일차적인 라인(line)으로 예측산정하여 결합시켰다.

2000으로 가정된 부분 집합일지라도 변동하기 쉬운 타이벳(tie-bet)에 대하여 다소 신뢰할 수 없는 부분이 있지만, 그 논리는 명백하게 견고하므로 이는 Thorp의 주장을 지원하게 되는 것이다. 남아있는 10-카드로서 가장 극단적인 낙관치로 가정하여야만 우리는 3.22%의 기댓값을 가질 수 있다. 어드밴티지가 아주 적을지라도 나타나는 유리한 상황을 만드는 것이 기본적인 카운팅의 개념이다. 16-카드는 0.7%로 떨어지고, 20-카드는 약 0.11%이다. 이 수준을 넘어서려고 실제 노력할 아무것도 없다. 그러나 모범적인 슈(shoe)라도 "Atlantic city"에서 조차 정확

Player & Bank Rate			Tie Bet	
카드의 수	상호관계	기회(%)	상호관계	기회(%)
6	301	36(.16)	122	4.69(.33)
10	64	24(.07)	35	2.98(.08)
13	74	12(.04)	50	1.11(.04)
16	78	09(.02)	52	.61(.02)
26	89	03(.004)	73	.08(.003)
52	94		85	
104	98		96	
208	99		98	

※ 모든 6-카드의 부분 집합(subsets)을 분석하여 본다면, 데이터의 나머지를 부분 집합으로 10 과 13장 카드로는 2000, 16장 크기는 1000, 26장 크기는 500으로 그 밖에 크기는 200으로 가 정하고, 왼쪽으로 52카드를 단지 유리한 벳으로 갈 수 있고 0.7% 플레이어 기댓값은 이 표준차 의 한계의 범위를 넘어 웨이저(wager)로서 어드밴티지가 없다.

히 10-카드가 남아 있는대로 웨이저(wager)를 좀처럼 제공하지 않는 바, 냉철하 게 실험한 기회의 평균을 참고한다. 만약, 마주친 바카라 부분집합을 위하여 정확 히 계산된 기대치에 유용한 컴퓨터를 가졌고, 어느 정도 슈(shoe)가 좋아질 때에는 언제든지 고액을 베팅할 수 있는 자금(資金)을 가졌더라도, 우리지식과 기술로는 2%의 비율을 가지는 것으로 예측한다. 이는 천만원의 벳팅(betting)자금은 한 슈에 이십만원의 이익이 있을 것이라고 추정하는 금액이다. 바카라 한 슈의 진행시간이 2시간 소요되는 것과 위에서 언급한 확률승산을 고려한 과학적인 방법보다 더 좋 은 방법은 없을 것으로 보인다. 매슈(per/shoe)에 평균적인 어드밴티지 보다 더 있 을 것 같지 않은 어느 베트(bet)에 요행수를 노린다는 것은 흥미로울 수는 있지만, 만약 1%의 "디스어드밴티지(disadvantage)"표본(컴퓨터에 의해 가장 나쁜 벳을 선 정)을 산정(算定)하여 25만원씩 80회 벳팅하였다면, 스스로의 기만 수단 (deception)이 모든 이익을 잠식시키는 결과가 될 것이다.

6. 얼티미트 포인트 카운트(ultimate point counts)

지금부터 복잡한 산술의 필요성을 "얼티미트 포인트 카운트"를 사용하여 게임테 이블 위의 종이와 연필을 쉽게 버리게 하겠다. 다음의 시스템(system)은 Peter A

Griffin이 개발한 시스템으로 그는 미국 서부 해안의 이름없는 대학의 수학교수 출신으로 그의 주요저서로 「Beat the Dealer」, 「The Memory of Blackjack」등이 있다. 그는 위 저서 출판 이후 네바다(Nevada)의 카지노 보스들에게 테러와 숱한 위협을 당해 치밀하게 변장하고 신분을 감추고 있으나, 백만장자로 부(富)를 거머쥐었다는 소문과 그의 일대기를 영화화한다는 루머도 무성하다.

Peter A. Griffin 이 개발한 시스템은 전장에서 언급(言及)한 "Thorp와 Walden"의 8덱 바카라 슈의 다양한 베트(bet)에 대한 게임자의 기대치를 한 수 더 연장한 시스템이다. 어떻게 이 숫자를 사용할 것인가는 다른 블랙잭(blackjack)게임의 포인트 카운트 시스템과 유사하다. 그러면 "뱅커벳(banker-bet)"을 모니터한다고 가정해보자. 런닝(running)카운트는 슈(shoe)에서 "제로"로 시작하여 관측된 카드(observed card)의 포인트 값을 플러스(plus)하여 런닝 카운트를 유지하는 것이다.

Ultimate Point Count Values

Denomination	Player Bet	Banker Bet	Tie Bet
A	1.86	1.82	5.37
2	−2.25	2.28	−9.93
3	−2.79	2.69	−8.88
4	−4.96	4.80	−12.13
5	3.49	−3.43	−10.97
6	4.69	−4.70	−48.12
7	3.39	−3.44	−45.29
8	2.21	−2.08	27.15
9	1.04	−0.96	17.68
10, J, Q, K	−0.74	0.78	21.28
Full Shoe %	−1.23508	−1.05791	−14.356

자연적으로 만약 값(value)이 반대에 있다면 "더하기(add)"의 뜻은 "빼기(subtract)"가 된다. 어떤 타임에 "뱅커벳"의 순간적인 기대치를 산정한다는 것은 , 그 순간 슈안에 남아있는 게임 되지 않은 카드 즉, 관측되지않은 카드의 수에 의해 런닝 카운트를 나누는 것으로 전체 덱(full deck)의 기대치인 −1.057919%를 표준으로 맞추어 종결 못으로 사용한다.

예를 들면 슈(shoe)의 첫 번째 핸드 아웃이 플레이어 3과 4, 뱅커 9와 10을 사용하여 가정하면 런닝카운트는

$$2.69 + 4.80 - 0.96 + 0.78 = 7.31$$

이 때 확신하는 카운트를 가졌다고 해서 "뱅크벳"에 뛰어 들어가서는 안된다. 오히려 남은 카드의 수를 나누는 것이다.

$$416 - 4 = 412$$

따라서 뱅커(banker)의 기대치는

$$-1.05791 + 7.31/412 = -1.04016\%$$

가 되는 것이다. 그러므로 그 슈는 카운트를 위해 전혀 준비가 되지 않은 것이다. 마찬가지로 "플레이어 벳"의 산정도.

$$-1.23508 + (-2.79 - 4.96 + 1.04 - 0.74) \div 412 = -1.25316\%$$

그리고 타이는

$$-14.3596 + (-8.88 - 12.13 + 17.68 + 21.28) \div 412 = 14.3160\%$$

412장의 카드 부분 집합(subject)이 베트(bet)에 대한 실지 계산은 −1.04006, −1.25326, 그리고 −14.3163으로 차별화하여 큰 부분집합으로 "얼티미티(ultimate)"카운트를 정확하게 증명할 것이다. 다음은 다른 측면에서의 시도로 다양한 사이즈의 싱글부분집합(single subset)와 부분집합으로 기록된 카드만큼 잘 결합되어진 플레이어 기대치를 컴퓨터가 "out−put"하였으며 모든 기대치는 %로 나타낸다.

남아있는 카드의 명칭	Number Remaining Cards					
	312	208	104	52	26	13
A	24	15	12	6	3	0
2	22	22	4	4	2	2
3	26	18	9	0	2	1
4	23	18	3	4	1	0
5	25	15	6	5	3	1
6	22	14	11	6	3	2
7	19	14	8	3	2	0
8	23	15	9	9	3	0
9	26	14	11	3	3	1
0	102	63	31	12	4	6
Player (평가)	−1.159 (−1.159)	−0.98 (−0.99)	−1.48 (−1.59)	−1.69 (−1.81)	−1.94 (−1.91)	−2.28 (−1.40)
Banker (평가)	−1.137 (−1.137)	−1.30 (−1.30)	−0.82 (−0.72)	−0.61 (−0.50)	−0.36 (−0.40)	−0.09 (−.090)
Tie (평가)	−15.91 (−15.83)	−14.3 (−14.4)	−13.7 (−14.8)	−12.2 (−14.7)	−10.4 (−11.2)	−33.0 (−14.9)

※ 이러한 포인트 카운트(point count)를 사용하여 이해하려는 실험으로 그 계산은 추정된 평가를 재연(rerunning)하려고 노력해야 할 것이며, 각 등급에 움질일 수 없는 카드의 수는 32−10이 아닌 카드의 나머지이고, 128−10인 카드의 나머지이다.

이러한 18가지 샘플(sample)결과에서 제외한 부분은 "얼티미트 포인트 카운트"가 불리한 웨이저(wager)를 받아들이도록 판단을 그르치게 한다. 기대치변화의 방향(정상적인 full shoe의 구성)은 비록 타이(tie)에 대하여서는 항상 그렇지는 않지만 모든 플레이어와 뱅카벳에 대해 정확학 일체감을 주었다. 그러나 이 연구에서 가장 중요한 것은 평가할 수 있는 크기는 "슈(shoe)"의 카드를 전부 소요 되었을 때 산정할 수 있는 방식과 종료가 가까웠을 때이다. "얼티미트 포인트 카운트(ultimate point count)"값은 무익한 바카라 슈의 카운팅 다운을 간파하도록 제공하기도 한다. 예를 들어 카드의 이동으로 플레이어 벳(bet)의 기대가치를 가장 높이는 5, 6 과 7 이 있다. 슈에서 처음 나온 96장의 카드 중 32장이 5, 6, 7였다면 놀랄만한 기대치의 변화일 것이다. 그럼에도 포인트 카운트는 플레이어에 대한 어드밴티지(advantage)를 암시하는 것은 아니다.

$$-1.2350 + 32(3.49 + 4.69 + 3.39) / 320 = -0.078\%$$

실제로 포인트 카운트를 놓친 상황이더라도 정확한 계산으로 실지 기대치 값은 +0.016%이므로 $1,000의 웨이저로 단지 16%의 이익(利益)이 기대되어진다는 것은 거의 웨이저의 가치가 아닐 것이다. 이는 또한 포인트 카운트가 어떠한 영향을 미치는지 잘 설명하고 있는 것이다. 실제

측정값이 1.251%이더라도 어드밴티지의 변화는 오히려 1.157%의 작은 이익의 베트(bet)로 잘못가는 경향도 있다. 그리고 바카라에서 나타나는 어드밴티지는 대부분 아주 적다. 다음은 광범위한 시뮬레이션(simulation)으로 게임자에게 다음과 같은 "얼티미트 카운트"의 요령을 제시해 본다.

Ultimate Count 의 요령

① 만약 게임자가 적어도 마이너스 기대치 값을 찾아 내려고 사용되어졌고(이익이 생길것이라는 예측으로 베트를 늘리기 위함) 그리고 최상으로 카운트 값에 의해 제안되어진 웨이저를 선택하였다면 매핸드 평균 0.09에 의해 뱅커의 기대치는 −1.06%향상시킬 수 있다. 모든 핸드에 똑같은 금액을 베팅하여 최고로 평가되어진 기댓값을 찾으면 일정한 웨이저의 0.97%손실이 기대되는 플레이(play)가 될 것이다.

② "얼티미트 카운트"는 타이벳(tie−bet)의 유리한 진단에 대하여 분석할 가치가 없다. 이 타이벳은 이익을 제공하는 가장 많은 기회를 준다.

③ 뱅커(banker)혹은 플레이어(player)에 베팅할 때 언제든지 "얼티미트 카운트"가 어드밴티지를 제시하는 것은 아니다. 애틀랜틱시티(Atlantic city)에서 매슈(per shoe)의 최고 벳에 동의할 때 이익이 0.7%로 산출된다.

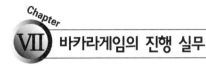

바카라게임의 진행 실무

1. 게임의 기구(Baccarat Game Equipment)

바카라테이블은 메인 바카라(main baccarat), 미들 바카라(middle baccarat), 미니바카라(mini baccarat)테이블 3종류가 있다. 테이블은 14인용, 12인용, 6인용으로 제작되고 미니 바카라는 일반적으로 블랙잭테이블과 크기와 모양이 같다. 또한 각 테이블에는 시큐리티 캐쉬박스(drop box)가 부착되어 있다. 레이아웃(layout)의 바탕색은 여러 가지 색상이 있으나 주로 그린, 블루, 레드의 펠트(felt)천에 베팅장소(bet place)를 인쇄할 것이다. 카드(playing card)는 특별히 프라스틱 코팅으로 처리하여 탄력성있게 굽어져야 하며, 뒤틀리거나, 쉽게 꺽이거나 잘라지지 않아야 하며, 바카라 게임에 사용되는 카드-덱(card-deck)의 수는 일반적으로 미니 바카라는 4덱부터 미들바카라는 6덱, 메인 바카라는 8덱을 사용한다.

Mini Baccarat Table

Middle Baccarat Table

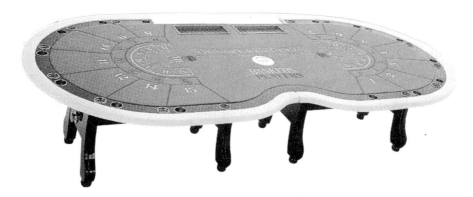

Large Baccarat Table

2. 바카라 게임의 실무개요

1) 바카라의 기본 용어 및 명칭

• Baccarat : 카드 3장의 합이 제로(zero)를 말한다.

• Scoop : 손이 미치는 곳보다 먼곳에 카드를 보내거나, 회수를 하는데 사용하는 도구

• Natural : 플레이어, 뱅커핸드, 모두 또는 어느 한 쪽이 이니시얼(initial)2장의 카드 합이 "8"또는 "9"인 경우를 말한다. 이 경우 세 번째 카드없이 게임이 종료된다.

• Mark : 플레이어와 뱅커의 넘버를 지정하는 도구로서, 벳팅금액이 가장 많은 고객에게 카드를 "스퀴즈(squeeze)할 수 있는 권한을 부여한다는 표시이다.

• Scooper : 스쿠프(scoop)를 사용하여 딜링(dealing)하는 바카라 딜러.

• Pay-man : "베이스 맨(base man)"이라고도 하며, 루징 웨이저를 콜렉션(collection)하기도 하고 위닝 벳에 지불하기도 하며, 커미션(commission)을 수거하기도하는 딜러.

- Squeeze : 카드를 오픈(open)하는 행위를 말한다.
- Discard Cylinder : 한 게임이 끝난 후, 게임에 사용한 카드를 넣는 통으로 디스카드랙(discard rack)과 같다.

2) 바카라 딜러의 일반적인 자세(General conduct)

① 게임테이블(game table)을 항상 주시하고 고객에게 게임진행 관련 서비스를 제공한다.

② 커미션(commission)을 가져오거나, 지불하기전에 항상 커미션 금액을 콜링한다.

③ 테이블 관리자와의 대화는 게임관련 사항에만 한다.

바카라 딜러의 게임 진행 장면

④ 슈(shoe)는 테이블 중앙을 향하도록 하여 모든 게임자들이 카드(card)를 볼 수 있도록 한다.

⑤ 테이블에 고객이 있을 때, 잡담 및 업무 이외의 행동을 금한다.

⑥ "Please"와 "Thank you"를 적절히 사용한다.

⑦ 게임자가 있는 자리에서 딜러간의 대화는 있을 수 없으며, 게임자에게 칩스(chips)를 던지는 행위는 절대 있어서는 안 된다.

⑧ 항상 자신감을 가지고 게임을 진행한다.

3) 게임 오픈/카드(Opening game/Card)

① 카드덱(card-deck) : 바카라 게임에서 사용하는 카드덱은 미니바카라 4덱, 미들바카라 6덱, 라지바카라 8덱이며 컷팅카드 두장을 가지고 게임을 시작한다.

② 각 덱에 들어있는 카드의 "점수"는 다음과 같다.

- 숫자 2~9의 카드 점수는 카드 인덱스(index)내용의 숫자와 같다.
- 10, Jack, Queen 또는 King 카드의 점수는 "제로(Zero)"이다.

• "Ace"카드의 점수는 "1"점이다.

③ 각 핸드에 대한 피겨아웃(figure out)은 0~9의 한 자리수로 계산하며, 핸드의 카드점수합계가 두 자리수가 될 경우에는 10의 자리수는 버리고 끝수가 점수가 된다.

• 에이스 2, 4의 카드로 이루어진 핸드의 점수는 "7"이다.
• 에이스, 2, 9로 이루어진 핸드의 합계는 12가 되나 10의 자리수는 버리므로 점수는 "2"가 된다.

---

4) 웨이저(wager)

다음 같은 바카라 게임의 웨이저(wager)로 승부를 게임자에게 적용한다.

① 뱅커의 핸드 점수가 플레이 핸드 점수보다 높을 경우에는 윈(win)이 되고, 플레이어 점수보다 낮을 경우에는 로스(loss)된다.

② 플레이어 핸드 점수가 뱅커의 핸드 점수보다 높을 경우에는 윈(win)이 되고, 뱅커의 점수보다 낮은 경우에는 로스(loss), 뱅커핸드의 점수와 같은 경우에는 무승부가 된다.

③ 타이-벳(tie-bet)인 경우 뱅커핸드의 점수가 같은 경우는 승부가 없다.

④ 딜러가 "No more bets"라고 콜링한 후에는 웨이저(wager)를 추가시키거나 철회할 수 없다.

5) Payment/Commission

① 플레이어 핸드에 베팅하여 윈(win)하였을 경우 1 : 1로 지불한다.

② 뱅커의 핸드에 베팅하여 윈(win)하였을 경우 오리지날(original)금액의 5%를 커미션(commission)으로 공제한다.

③ 위닝 타이벳(winning tie bet)에 대해서는 8 : 1로 지불한다.

6) 오프닝 게임 절차

① 각 게임테이블(game table)에서 딜러는 카드를 분류하고 체크(check)한다.

② 딜러와 담당테이블 관리자가 카드검사를 마친 후 카드의 앞면(face up)이 보이도록 테이블 위 양쪽에 4(라지), 3(미디), 2(미니)덱씩 스프리드(spread)하여 고객이 볼 수 있어 확인할 수 있도록 한다.

③ 게임자에 의해 카드확인을 마치면 카드를 뒷면(back up)으로 보이도록 하여 2덱씩 워싱(washing)을 하되 1덱은 상단에 오른손으로 왼쪽에서 오른손으로, 1덱은 하단엔 왼손으로 오른쪽에 왼쪽으로 스프리드 한 다음 "워싱"한다.

④ 워싱된 스텍(stack)의 카드를 지그, 재그로 박싱한 다음 셔플(shuffle)한다. 셔플된 카드는 앞면이 위로 향해있는지, 유무를 체크한다.

⑤ 절차가 끝난 카드의 스텍을 건네어 컷팅(cutting)하도록 한다.

   ※ 이 때 딜러는 가장 높은 번호에 앉아 있는 게임자부터 시계 방향으로 시작하며 컷팅을 수락하는 게임자가 없을 경우에는 딜러가 직접한다.

⑥ 카드를 커트(cut)할 때는 컷팅-카드를 스텍에 끼우되 컷팅 카드 양쪽에 최소한 10장의 카드가 있어야 한다.

⑦ 컷팅의 카드를 스텍에 끼운 후에 딜러는 컷팅카드를 집어서 스텍의 뒤쪽에 놓은 다음 컷팅카드 하나를 스텍의 뒤쪽에서부터 적어도 한덱이나 한덱반이상에 인서트(insert)시키고, 두 번째 컷팅카드는 스텍의 말미에 놓은 후딜링 슈에 넣어 게임을 시작하도록 한다.

⑧ 게임시작에 앞서 딜러는 슈(shoe)에서 처음 한 장의 카드를 뽑은 다음, 그 한 장의 카드 접수만큼 카드를 드로우(draw)하여 버닝(burning)시킨다.

   ※ 픽쳐카드(picture)와 텐카드(ten card)는 10점으로 계산히고 에이스카드(ace card)는 1점으로 계산한다.

baccarat card showing

baccarat card washing

card shuffling & Cutting

Burning card

7) 플레이어/뱅커핸드 분배절차

각 핸드에 처음 두장(initial 2 card)을 디바이드(divide)한 다음 절차에 따라 각 핸드(hand)에 한 장의 추가카드가 분배(分配)될 수 있다.

① 바카라 게임에서는 카드를 디바이드(divide)할 수 있는 핸드가 두 곳으로 하나는 "플레이어 핸드(player hand)"라고 부르며, 또 하나는 "뱅커스 핸드(bankers hand)"라 부른다.

② 매회게임 시작할때마다 딜러는 "No more bets"라고 콜링한 후 딜러는 슈(shoe)에서 카드를 드로우(draw)한다.

③ 딜러는 슈(shoe)에서 처음 4장의 카드를 디바이드한다. 이 때 첫 번째, 세 번째 드로윙되는 카드가 "플레이어 핸드"의 처음 두 장의 카드가 되고, 두 번째, 네 번째 드로윙되는 카드가 "뱅커스 핸드"의 처음 두장의 카드가 된다.

④ 각 핸드에 "이니시얼 2장 카드"를 딜링한 다음, 딜러는 "플레이어 핸드"의 점수를 먼저 발표한 다음 "뱅커스 핸드"의 점수를 발표한다.

⑤ 세 번째 카드를 드로우 하여야 할 경우, 우선 "플레이어스 핸드"에 카드의 앞면이 보이도록 딜링하며, 어떤 경우에도 한 장만 받을 수 있다.

⑥ 딜링중에 컷팅-카드가 나오면 "Last hand"라고 콜링한 후 라운드의 플레이를 종료한 후 게임을 마친다.

8) 세 번째 카드 분배 여부 결정 Rules

① "Players Hand"와 "Bankers Hand"에 딜링한 각각 두 장의 카드 합산 점수가 두 핸드 중 어느 한쪽이 "8" 또는 "9"일 경우 "Natural" 이 되어 더 이상 카드를

드로우 하지 않는다.

② "Bankers Hand"의 처음 두 장 카드의 합산 점수가 "0"에서 "7"이 될 경우 "Players Hand"는 아래의 룰(rules)기준에 따라 세 번째 카드 분배를 결정한다.

Player	Third Card
0~5	Draws
6~9	Stays

③ "Banker Hand"에 대한 세 번째 카드 분배결정은 아래의 룰(rules)기준에 따라 결정한다.

구분	세 번째 카드를 안받을 경우	0	1	2	3	4	5	6	7	8	9
0 1 2		뱅커스 핸드는 카드를 받는다									
3	D	D	D	D	D	D	D	D	D	S	D
4	D	S	S	D	D	D	D	D	D	S	S
5	D	S	S	S	S	D	D	D	D	S	S
6	S	S	S	S	S	S	S	D	D	S	S
7 8 9		뱅커스 핸드는 카드를 받는다									

※ D=draw, S=stays

〈Player〉

Having Card	
1-2-3-4-5-10	Draw a card
6-7	Stands
8-9	Turns cards over

〈Banker〉

Having	Draws when giving	Does not draw when giving
3	1, 2, 3, 4, 5, 6, 7, 9, 0,	8
4	2, 3, 4, 5, 6, 7	1, 8, 9, 0
5	4, 5, 6, 7	1, 2, 3, 8, 9, 0
6	6, 7	1, 2, 3, 4, 5, 8, 9, 0
7	Stands	
8, 9	Turns card over	

④ 3항의 표 좌측 세로 라인(line)의 숫자는 뱅커핸드의 처음 2 장의 카드 합산 점수를 나타낸 것이다.

⑤ 3항의 표 최상단 가로 라인의 숫자는 "플레이어 핸드"의 처음 2장의 카드 합산 점수와 구별하여 "플레이어 핸드"의 세 번째 카드 점수를 나타낸 것이다.

⑥ 3항의 표 "D"는 "Banker Hand"가 세 번째 카드를 받아야 하며, "S"는 "Banker Hand"가 세 번째 카드를 받지 못함을 나타낸 것이다.

⑦ 3항의 표를 이용하는 방법을 먼저 "Banker Hand"의 합산 점수를 찾은 다음 "Players Hand"의 셋째 카드 점수가 나올때까지 수평이동한다. 두 숫자가 만나게 되면 "Banker Hand"가 셋째 카드를 받아야 하는지 여부가 가려진다.

"뱅커"의 2장의 카드 합이 5이고 "플레이어"의 세 번째 카드가 4일 경우 "뱅커핸드"는 드로우 해야 한다.(draw : 4-5-6-7)

---

⑧ 지불(payment)은 두 핸드의 최종 점수를 발표하여 승자를 가리게 되며 딜러는 루징 벳(losing bets)을 테이크하고, 위닝벳(winning bets)을 페

이하며 "뱅커스핸드"가 위닝하였을 경우 벳팅어마운트(betting amount)의 5%를 커미션으로 수거한다. 동점일 경우 "타이핸드(tie hand)"라고 콜링한 후 넥스트 라운드(next round)로 넘어간다.

9) 베이스 딜링(Pay & Take)

스쿠퍼(scooper)가 핸드에 판정을 내리면 페이맨은(payman)은 모든 루징벳(losing bets)을 테이크하고, 위닝 벳(winning bets)은 지불한 다음, 뱅커의 위닝 벳에 대하여 커미션을 받는다.

(1) Losing Bets을 테이크하는 절차

① "스쿠퍼"는 테이블 양쪽의 맨 바깥 쪽에 있는 처음 두 곳의 "루징벳"을 테이크한다. 이때 "페이맨"은 이를 잘 주시한다.

② "페이맨(payman)"은 나머지 루징벳 을 테이크하되, 가장 안쪽의 것부터 바깥쪽 순으로 한다.

③ 모든 "루징벳(losing bets)"은 테이블 중앙에 놓아두었다가 "위닝벳(winning bets)"에 대한 지불이 끝나면 락(rack)으로 옮긴다. 이때 루징 벳은 액면가에 따라 분류하여 락속에 넣는다.

(2) Winning Bets을 지불하는 절차

① 벳팅금액 확인은 지불하기전에 중앙에서 체크(check)한다.

② 위닝금액을 지불하려고 락(rack)으로부터 칩스를 준비할때는 고액의 칩스부터 먼저한다.

③ 지불을 위한 모든 칩스는 그 금액을 눈으로 확인할 수 있도록 테이블에서 스프리트(spread)한다.

④ 베이스딜러는 지불할 금액이 계산되었다면, 반드시 그 액수를 "어나운스멘트(ment)"해야 한다.

⑤ 베이스딜러는 항상 위닝벳
(winning bets)을 먼저 지
불한 다음 커미션을 공제하
는 요령으로, 뱅커와 플레이
어 벳에 대해서는 동등하게
지불하고, 위닝뱅커에서 5%
의 커미션을 받는다.

⑥ 타이핸드의 위닝벳에 대한 지불은 8 : 1이고, 칩스 5개 이상의 모든 위닝벳에
대해서는 확인한 후 지불한다.

⑦ 베이스딜러는 고객이 벳팅하는 단위의 칩스가 모자라지 않도록 충분한 양을
게임자에게 공급해준다. 게임자가 칩스를 높은 단위로 체인지(change)하기
를 요구할 경우, 이 사실을 테이블 감독자와 게임자가 잘 들을수 있도록 확실
하게 콜링(calling)한다.

※ Ex : Paying 5 million won with 1 million won, taking 5 million won

10) 딜러의 게임 보호 및 책임(Game Protect & Responsibility)

① 딜러는 항상 슈(shoe)를 주시(注視)
하며 슈에서 일어날 수 있는 어떤 액
션(action)도 감지할 수 있어야 한다.

② 딜러는 카드를 딜링하는 동안에도 각
핸드를 주시히며 카드를 바꿔치기하
거나, 카드에 마크(mark)를 하는 등
의 불법적인 행위가 있는지 주시한다.

③ 스쿠퍼(scooper)의 옆자리는 가능한한 비워 놓으며, 매슈(per shoe)게임마다
새로운 카드를 사용해야 한다.

④ 고객을 좌석에 안내할때는 스쿠퍼나 카드를 핸들링(handling)하기 편한 좌석
으로 유도한다.

⑤ 딜러의 팁(tip)은 테이블 관리자에게 확인시킨 후 디스카드 캔(discard can)에 넣는다.

⑥ 게임스코어 카드(score card)는 하우스가 제공한 용지와 펜을 사용하도록 한다.

3. 라지 바카라 게임의 실무 진행(Large Baccarat Proceeding)

1) 카드 셔플/컷팅 절차

① 디스카드 실린더(discard cylinder)의 모든 카드와 슈(shoe)안에 남은 카드를 합쳐서 테이블 관리자에게 전해준 다음, 뉴-카드(new card)를 제공받는다.

② 뉴-카드를 제공 받은 다음, 스프리드(spread), 워싱(washing), 스텍(stack) 등 절차에 따라 셔플(shuffle)한다.

③ 셔플(shuffle)을 마친 후 다음의 절차에 따라 컷팅(cutting)한다.

 Cutting의 절차

1. 스쿠퍼(stick person)는 카드-스텍의 뒷면이 안보이게 하여 게임자에게 건네어 컷팅하도록 한다. 이 경우 스쿠퍼는 테이블의 가장 높은 넘버의 "시트 플레이어(seat player)"부터 시작한다. 리-셔플의 경우(mini 바카라)는 컷팅을 수락하는 게임자가 나올 때 까지 시계방향(clock-wise)로 카드스텍을 건넨다.

2. 카드를 컷팅할때는 컷팅카드(indicator)를 끼우되, 컷팅카드 양쪽에 최소한 10장 이상의 카드가 있어야 한다.

3. 컷팅-카드를 스텍(stack)에 끼운 후에 스쿠퍼(scooper)는 컷팅-카드 앞쪽 전체의 카드스텍을 컷팅-카드 뒤쪽으로 한다.

2) Insert/Burn

① 스쿠퍼(scooper)는 카드덱의 정면(top)에서 약 15장의 카드를 집어서 "페이스 다운(face down)"으로 스프리드 한 다음 정확히 15장을 카운트하여 두 번째 컷-카드를 끼운다. 슈(shoe)의 바깥쪽에서 바르게 어렌지(arrange)한 다음

카드의앞면이 노출되지 않도록 항상 유
의하여 그 덱(deck)을 완전한 하나의 단
위로 만들어 슈(shoe)를 덮개로 덮는다.

② 게임을 시작하기 전에 스쿠퍼는 슈
(shoe)에서 첫 카드(top card)를 드로우
하고, 그 카드의 인덱스 숫자 만큼의 카드를 추가로 드로윙(drawing)하여 버
닝(burning)시키고 디스카드 캔에 집어 넣는다. 실수로 드로우된 카드는 앞
면이 노출되지 않았을 경우, 이는 버닝(burning)시키지 말고, 다음 핸드의 첫
번째 카드로 사용한다. 게임자가 모두 떠나서 데드게임(dead game)이 될 경
우 슈(shoe)에 남아있는 카드를 칩스락(chips rack)의 정면에 놓는다.

3. Scoop Handling

① 그루피어들(croupiers)은 게임자에게 "Make you bets please, Are you all
bets down"이라고 어나운서 멘트(anouncement)함으로서 고객들의 베트
(bet)을 유도한다.

② 스쿠퍼는 "card for player", "card for banker"라고 콜링하면서 4장의 카드를
뒷면으로 드로우 한 다음, 먼저 플레이어 핸드에 "player's card"라고 콜링하면
서, 건네 준 다음 플레이어 핸드의 게임자에게 앞면이 보이도록 펼칠 것을 요
구하고, 카드를 오픈하면 "The Player's hand show"라고 콜링하고 나서, 뱅커

에게 "Bankers card"라고 콜링
한 다음 카드를 건네준다. 뱅커
가 카드를 오픈하면 "The Bank
has ……"이라고 발표한다.

③ 두 핸드 중 하나가 "Natural
8/9"일 경우 스쿠퍼는 : Player/Banker wins with a Natural 8/9"이라고 발
표한다.

④ 타이(tie)인 경우 스쿠퍼는 "It is a tie, Ladies and Gentleman, You may

press, change, or make a new bet"이라고 말해준다.

⑤ 바카라 룰(baccarat rules)에 따라 플레이어 핸드가 세 번째 카드를 받을 수 있는 자격이 주어질 경우, 스쿠퍼는 "One card"라고 말해준다.

⑥ 뱅커의 핸드도 역시 또 한 장의 카드를 받을 자격이 주어지면, 스쿠퍼는 "One card for the Bank"라고 콜링한다음 슈(shoe)에서 한 장을 드로우하여 뱅커에게 건네주고 앞면이 보이도록 펼칠 것을 요구하는 의미로 "The Bank hand, please"라고 콜링하고 카드를 펼치면 "The Bank has ……"라고 한 다음 핸드의 결과를 발표한다 "Bank/Player wins over".

⑦ 바카라 룰(baccarat rules)에 따르면 플레이어 핸드의 세 번째 카드에 의해 뱅커 핸드가 세 번째 카드를 받아야 할 의무가 있다.

• Banker가 세 번째 카드를 받을 수 없을 경우, 스쿠퍼는 Banker에게 제스츄어를 보이며, "Stand Player/Banker wins over"라고 콜링한다.

• Banker 가 세 번째 카드를 받을 수 있는 경우 스쿠퍼는 "One more card for the Bank"라고 콜링한다음, 슈(shoe)에서 카드 한 장을 드로우하여 뱅커 핸드에 건네준 다음, 앞면이 보이게 쇼윙(showing)되면, 스쿠퍼는 핸드의 결과를 발표한다. "Player/Banker wins over"

4. 비정상 게임의 교정(Baccarat Irregularities)

① 게임규칙(game regulation)을 무시하고 "플레이어 핸드"에 주어진 세 번째 카드는 "뱅커 핸드"의 룰에 따라 세 번째 카드를 받아야 할 경우, 이는 뱅커 핸드의 세 번째 카드가 된다. 이때 뱅커 핸드가 세 번째 카드를 받지 않은 경우, 잘못된 카드가 앞면이 노출되지 않았다면, 다음 게임의 첫 번째 카드가 된다. 만약에 세 번째 카드가 노출되었다면, 노출된 카드(exposed card)의 숫자만큼의 카드를 슈(shoe)에서 드로우 하여 앞면이 보이게 한 후 디스카드 캔에 넣는다.

② 슈(shoe)에서 카드를 드로우 할 때, 필요량을 초과하여 드로우(draws)되어진 카드는 앞면이 노출되지 않았을 경우 다음 핸드의 첫 번째 카드가 된다. 앞면

이 노출되었을때는 1항에서 제시한 절차에 따라 처리한다.

③ 슈(shoe)안에 보여진 카드(exposed card)가 들어있을 때 게임에 사용할 수 없으며, 노출된 카드는 그 카드 숫자 만큼의 카드를 추가로 드로우하여 이와 함께 디스카드 캔(discard can)에 집어 넣는다.

④ 슈(shoe)에 남아있는 카드가 해당 게임을 종료하기에 부족할 경우, 그 게임은 무효(void)로 하고, 새로운 카드 세트(new-card set)로 셔플하여 다음 게임을 시작한다.

⑤ 바카라게임(baccarat game)중에 조커(joker)카드를 고객이 가졌을 때, 그 라운드의 벳팅 금액만 "하우스 페이(house pay)"하고 다음게임(next game)은 계속 진행된다.

⑥ 딜러의 실수로 플레이어 핸드에 "뱅커카드"를 주어 오픈되었을 경우, 다시 정리하여올바르게 순서를 만든다음 승자에게는 "위닝페이"를 하고, 패자의 "루징칩스"는 테이크하지 않는다.

⑦ 딜러의 실수로 슈(shoe)에서 카드를 드로우하여 앞면이 노출되었을 때, 이는 "하우스페이"가 아니다. 또한 딜러에게 언급없이 칩스를 테이블에 놓고 좌석을 떠나 잃어버린 칩스의 책임은 카지노가지지 않는다.

⑧ 게임 중 딜러의 실수로 두 장의 카드가 드로우 되었더라도 "톱카드(top card)"부터 절차에 따라 진행한다.

참고문헌

고택운·김정국,(2002),「카지노 게임의 실무이론II」, 한올출판사.

고택운, (2006),「카지노 게임의 실무이론I」, 한올출판사.

고택운, (2007),「카지노 실무 용어 해설」, 백산출판사.

Thomas Clark, (1986),「The Dictionary of Gambling and Gaming」.

Peter A. Griffin, (1988),「The Theory of Blackjack」Huntington Press LasVegas.

Arnold Snyder, (1983),「Blackbelt in Blackjack」RGE Berkereley. CA.

C. C. L Casino, (1986),「Blackjack/Roulette Game Instruction」C. C. L Miami. FL.

Edward O. Thorpe, (1982),「Beat the Dealer」Random House. New York.

John Gollehen, (1985),「All about Blackjack/Roulette/Baccarat」GDC Michigan.

Revere, Lawrence, (1997),「Playing Blackjack as a Business」Lyle Stewart. NJ.

John Patrick, (1990),「John Patrick's Blackjack」.

Lance Humble, (1987),「The World's Greatest Blackjack Book」Doubleday. NY.

Ron Shelly, (1987),「A Roulette Wheel Study」.

J. Edward Allen, (1987),「The Basic of Roulette」.

Vie Tauler, (1990),「Roulette Dealer & Supervision」.

Lyle Stuart, (1997),「Lyle Stuart on Baccarat」.

John Patrick, (1990),「John Patrick's Baccarat」.

저자소개

─ 고택운

- 경기대학 관광학과 졸업
- 제주대학교 경영대학원 연구과정 수료
- 한국 워커힐 카지노
- 미국 C.C.L 서레브레이션 카지노(크루즈라인)
- 바하마 파라다이스 아일랜드 카지노
- 프에르토 리코 로얄 카지노
- 미국 라스베이거스 리베라 카지노
- 한국 제주 하얏트 리젠시 카지노
- 전 카지노협회 위촉강사
- 전 문화관광부 카지노관련 자문위원
- 전 베트남 하롱베이 로얄 카지노 상임고문
- 현) 제주관광대학 카지노 경영학과 초빙 전임조교수
- 주요저서 및 논문
  「카지노게임의 실무이론」 독서당(1992)
  「블랙잭게임 이론과 실무」 백산출판사(2000)
  「카지노게임의 실무이론 II」 한올출판사(2002)
  「현대카지노 산업관리론 상」 한올출판사(2003)
  「카지노게임의 실무이론 ㄴ」 한올출판사(2003)
  「현대카지노 산업관리론 하」 한올출판사(2003)
  「카지노 서베일런스 시스템의 이해」 백산출판사(2006)
  카지노사업의 수익타당성분석 연구보고서(1993)
  카지노사업의 환경분석 및 관광산업에 미치는 영향평가의 연구(1999)
  강원랜드 스몰카지노 운영방안 및 사회적 부작용 최소화방안(1999)
  카지노 보안시스템 운영방안(2000)
  베트남 로얄 카지노의 관리시스템 및 운영방안(2002)
  외 다수 용역보고서 연구원으로 참여

─ 김정국

- 제주대학교 일어일문과
- 탐라대학교 정책개발대학원 관광경영학 석사
- 제주하얏트호텔 리젠시 카지노
- 미국 라스베가스 카지노 연수
- 현) 제주관광대학 카지노경영과 학과장
- 논문 및 저서
  「카지노 종사원의 직무만족요인에 관한 연구」 탐라대학교, 2003
  「카지노게임의 실무이론 II」 한올출판사, 2003
  「카지노 운영실무 일본어」 대왕사, 2005
  「카지노게임 운영실무」 대왕사, 2007

─ 정록용

- 제주탐라대학교 관광경영과
- 제주대학교 경영대학원 관광경영학 석사
- 파라다이스 워커힐 카지노
- 파라다이스 제주그랜드 카지노
- 전 제주관광대학 카지노경영과 겸임교수
- 현) 그랜드코리아레저㈜ 세븐럭카지노 피트메니저
- 논문 및 저서
  「딜러실무 매뉴얼」 그랜드카지노, 2002
  「Surveillance 매뉴얼」 그랜드카지노, 2003
  「카지노 이용객의 이용속성에 관한 비교연구」 제주대학교, 2004

─ 김수학

- 제주탐라대학교 호텔경영과
- 한양대학교 국제관광대학원 호텔경영학과
- 인천 올림푸스호텔 카지노
- 제주 그랜드호텔 카지노
- 제주 크라운프라자호텔 카지노
- 전 제주관광대학 카지노경영과 겸임교수
- 현) 제주 더호텔 엘베가스카지노 영업팀장
- 논문 및 연구보고서
  「제주지역 카지노활성화 방안에 관한 연구」 한양대학교, 2006
  「북마리아나 연방정부 Saipan Charity NLP Casino 운영관리 방안에 관한 연구」
  ㈜Woody 엔터테인먼트, 2007

카지노게임의 실무이론

2009년 3월 5일 초판 1쇄 발행
2012년 3월 10일 초판 2쇄 발행

저　자　고택운·김정국
　　　　정록용·김수학

발행인　寅製 진 욱 상

발행처　🔖 백산출판사

서울시 성북구 정릉3동 653-40
　등록 : 1974. 1. 9. 제 1-72호
　전화 : 914-1621, 917-6240
　FAX : 912-4438
　http://www.ibaeksan.kr
　editbsp@naver.com

저자와의
합의하에
인지첩부
생략

값 17,000원
ISBN 978-89-6183-179-6